電気・電子系 教科書シリーズ 24

# 電波工学

博士(工学) 松田 豊稔
工学博士 宮田 克正 共著
博士(工学) 南部 幸久

コロナ社

## 電気・電子系 教科書シリーズ編集委員会

| | | |
|---|---|---|
| **編集委員長** | 高橋　　寛 | （日本大学名誉教授・工学博士） |
| **幹　　事** | 湯田　幸八 | （東京工業高等専門学校名誉教授） |
| **編集委員** | 江間　　敏 | （沼津工業高等専門学校） |
| （五十音順） | 竹下　鉄夫 | （豊田工業高等専門学校・工学博士） |
| | 多田　泰芳 | （群馬工業高等専門学校名誉教授・博士（工学）） |
| | 中澤　達夫 | （長野工業高等専門学校・工学博士） |
| | 西山　明彦 | （東京都立工業高等専門学校名誉教授・工学博士） |

(2006年11月現在)

# 刊行のことば

　電気・電子・情報などの分野における技術の進歩の速さは，ここで改めて取り上げるまでもありません。極端な言い方をすれば，昨日まで研究・開発の途上にあったものが，今日は製品として市場に登場して広く使われるようになり，明日はそれが陳腐なものとして忘れ去られるというような状態です。このように目まぐるしく変化している社会に対して，そこで十分に活躍できるような卒業生を送り出さなければならない私たち教員にとって，在学中にどのようなことをどの程度まで理解させ，身に付けさせておくかは重要な問題です。

　現在，各大学・高専・短大などでは，それぞれに工夫された独自のカリキュラムがあり，これに従って教育が行われています。このとき，一般には教科書が使われていますが，それぞれの科目を担当する教員が独自に教科書を選んだ場合には，科目相互間の連絡が必ずしも十分ではないために，貴重な時間に一部重複した内容が講義されたり，逆に必要な事項が漏れてしまったりすることも考えられます。このようなことを防いで効率的な教育を行うための一助として，広い視野に立って妥当と思われる教育内容を組織的に分割・配列して作られた教科書のシリーズを世に問うことは，出版社としての大切な仕事の一つであると思います。

　この「電気・電子系 教科書シリーズ」も，以上のような考え方のもとに企画・編集されましたが，当然のことながら広大な電気・電子系の全分野を網羅するには至っていません。特に，全体として強電系統のものが少なくなっていますが，これはどこの大学・高専等でもそうであるように，カリキュラムの中で関連科目の占める割合が極端に少なくなっていることと，科目担当者すなわち執筆者が得にくくなっていることを反映しているものであり，これらの点については刊行後に諸先生方のご意見，ご提案をいただき，必要と思われる項目

## 刊行のことば

については，追加を検討するつもりでいます。

　このシリーズの執筆者は，高専の先生方を中心としています。しかし，非常に初歩的なところから入って高度な技術を理解できるまでに教育することについて，長い経験を積まれた著者による，示唆に富む記述は，多様な学生を受け入れている現在の大学教育の現場にとっても有用な指針となり得るものと確信して，「電気・電子系 教科書シリーズ」として刊行することにいたしました。

　これからの新しい時代の教科書として，高専はもとより，大学・短大においても，広くご活用いただけることを願っています。

　1999年4月

編集委員長　髙　橋　　　寛

# まえがき

　電波工学は，電波を工学的に応用する技術であり，通信や放送をはじめとして計測や医療などさまざまな分野で利用されている。また，携帯電話に代表されるように，電波工学と情報技術との融合により，電波を用いた便利で高機能なサービスが実現され，私たちにとって電波がより身近な存在となっている。

　このように電波工学は，情報化社会を支える基盤技術の一つであり，電波の利用は，今後ますます伸展することが予想される。そこで，通信や放送など電波に直接携わる技術者を目指す学生はもちろんのこと，電気・電子・情報系の学生は，電波工学の基礎知識を身につけることが，これまで以上に必要となってきている。

　電波工学を初めて学習する人のなかには，「電波工学は，電気磁気学と数学を基礎とする難しい科目」という印象を持っている人も少なくないだろう。確かに電波工学では，説明に複雑な数式を用いることがあり，また，アンテナや給電線など高周波の機器は種類が多く，そのなかには専門的な知識を必要とするものもある。

　しかし，電波を利用した機器やサービスで用いられている電波の性質やその利用技術の考え方には共通しているものが多く，これらはいくつかの基本的なものに集約される。したがって，この基本事項を理解し習得しておけば，将来，電波工学の専門的な学習や知識が必要となったときに十分対応することができる。

　本書は，電波工学の入門書として，電波を利用する技術の中で特に身につけるべき基本事項をコンパクトにまとめたものである。読者としては，大学の学部生および工業高等専門学校の上級学年の学生を対象としている。

　執筆にあたっては，「読者が，電波工学の基礎を習得し，電波とその利用技術に興味を持てる」ように，つぎの点に留意した。

1) **電波の性質を理解し電波工学に慣れる。**

　　電波の現象や高周波機器の特性は，数式によって記述されることが多いが，本書ではその理論的取り扱いは最小限にとどめ，読者がその物理的イメージを把握できるよう努めた。

2) **問題を解いて理解を深める。**

　　学習内容をより具体的に理解できるように，随所に例題を設けた。また，例題と演習問題は，できるだけ実例に関連させた内容としており，自ら問題を解くことにより，電波工学で取り扱う値や単位を実感して欲しい。

3) **図や写真により実例を知る。**

　　アンテナや給電線など高周波機器の実例として多くの図や写真を示し，読者が電波工学の実際の技術をより身近なものとしてとらえられるよう配慮した。

　本書は，入門書という性質上，電波工学の全体の内容をカバーしてはいないこと，また説明において厳密性に欠けたり，引用的に式を与えているところもある。本書を通して電波工学に興味を持たれた読者は，さらに専門書を読まれることを期待する。

　筆者らの浅学非才のため，また，「厳密さ」よりも「わかりやすさ」と「イメージ」を重視したため，本書では説明不十分の箇所が見受けられると思うが，読者の批評や意見を承ることで，より充実した内容にしていきたい。

　本書の執筆にあたり，読者の理解のためにアンテナの写真や技術資料を提供いただいた，秋田県産業技術総合研究センター高度技術研究所　駒木根隆士上席研究員，電気興業株式会社　森幸一部長，三菱電機株式会社　牧野滋前部長，図の作成や数式のチェックに協力してくれた学生諸君に深謝します。また，コロナ社の方々には多大なるご支援およびアドバイスを賜りました。この場を借りて感謝の意を表します。

2008年2月

　　　　　　　　　　　　　　　　　　　　　　　　　　　著　　者

# 目　　　次

## 1.　序　　　論

1.1　電波と電磁波 …………………………………………………… *1*
1.2　電波の分類 ……………………………………………………… *3*
1.3　本書の構成 ……………………………………………………… *5*
演習問題 ……………………………………………………………… *7*

## 2.　伝送線路の基礎

2.1　分布定数回路 …………………………………………………… *8*
　2.1.1　伝送線路と分布定数回路 ………………………………… *8*
　2.1.2　分布定数回路の基本式 …………………………………… *10*
　2.1.3　伝搬定数 …………………………………………………… *12*
　2.1.4　減衰定数 …………………………………………………… *13*
　2.1.5　位相定数 …………………………………………………… *14*
　2.1.6　進行波とその複素表示 …………………………………… *18*
2.2　無損失線路の電圧と電流 ……………………………………… *19*
　2.2.1　無損失線路 ………………………………………………… *19*
　2.2.2　伝搬定数と特性インピーダンス ………………………… *19*
　2.2.3　無損失線路上の電圧と電流（送端からの距離 $z$ による表示）……… *20*
　2.2.4　無損失線路における電力の関係 ………………………… *21*
　2.2.5　無損失線路上の電圧と電流（受端からの距離 $d$ による表示）……… *23*
　2.2.6　無損失線路のインピーダンス …………………………… *24*
　2.2.7　無損失線路のインピーダンスの例 ……………………… *25*
2.3　無損失線路における反射と定在波 …………………………… *27*
　2.3.1　反射係数 …………………………………………………… *27*
　2.3.2　定在波と定在波分布 ……………………………………… *28*

2.3.3　定在波分布の例 …………………………………… *31*
　　2.3.4　電圧定在波比 ……………………………………… *33*
2.4　損失を考慮した伝送線路 ………………………………… *35*
　　2.4.1　伝搬定数と特性インピーダンス ………………… *35*
　　2.4.2　損失線路の電圧と電流 …………………………… *36*
演習問題 …………………………………………………………… *37*

## 3. 電磁波の基礎

3.1　電磁波の基本法則 ………………………………………… *38*
　　3.1.1　電磁波を表す量 …………………………………… *38*
　　3.1.2　構成方程式 ………………………………………… *38*
　　3.1.3　マクスウェルの方程式 …………………………… *39*
3.2　平面電磁波 ………………………………………………… *45*
　　3.2.1　正弦波的に変化する電磁波 ……………………… *45*
　　3.2.2　真空中の平面波 …………………………………… *47*
　　3.2.3　無損失誘電体中の平面波 ………………………… *50*
　　3.2.4　損失媒質中の平面波 ……………………………… *52*
　　3.2.5　任意の方向へ伝搬する平面波 …………………… *55*
　　3.2.6　偏波 ………………………………………………… *56*
演習問題 …………………………………………………………… *57*

## 4. 給電線と整合回路

4.1　各種伝送線路 ……………………………………………… *58*
4.2　TEM線路 …………………………………………………… *59*
　　4.2.1　平行二線式線路 …………………………………… *59*
　　4.2.2　同軸線路 …………………………………………… *61*
　　4.2.3　マイクロストリップ線路 ………………………… *63*
4.3　給電線の整合 ……………………………………………… *64*
　　4.3.1　1/4波長整合回路によるインピーダンス整合 …… *65*
　　4.3.2　集中定数回路による整合 ………………………… *66*

| | |
|---|---|
| *4.4* 平衡線路と不平衡線路の接続 | 67 |
| *4.5* 共用回路と電力分配器 | 68 |
|    *4.5.1* 共用回路 | 69 |
|    *4.5.2* 電力分配器 | 70 |
| *4.6* 導波管 | 71 |
|    *4.6.1* 矩形導波管 | 71 |
|    *4.6.2* 矩形導波管と $TE_{10}$ モード | 73 |
|    *4.6.3* 円形導波管 | 79 |
| *4.7* 導波管回路素子 | 80 |
|    *4.7.1* 同軸導波管変換器 | 81 |
|    *4.7.2* 空胴共振器 | 82 |
|    *4.7.3* 方向性結合器 | 83 |
|    *4.7.4* マジックT | 85 |
|    *4.7.5* 整合素子 | 87 |
| 演習問題 | 88 |

## 5. アンテナの基礎

| | |
|---|---|
| *5.1* 微小ダイポールからの電波の放射 | 91 |
|    *5.1.1* 微小ダイポール | 91 |
|    *5.1.2* 微小ダイポールの放射特性 | 93 |
| *5.2* 半波長アンテナ | 97 |
|    *5.2.1* 半波長アンテナ | 97 |
|    *5.2.2* 半波長アンテナの放射特性 | 98 |
|    *5.2.3* 実効長 | 101 |
|    *5.2.4* 入力インピーダンスと放射インピーダンス | 102 |
| *5.3* 接地アンテナ | 103 |
|    *5.3.1* 影像アンテナと電流分布 | 103 |
|    *5.3.2* $\lambda/4$ 垂直接地アンテナとその放射特性 | 104 |
| *5.4* アンテナの利得 | 106 |
|    *5.4.1* 利得の定義 | 106 |

## 目次

    *5.4.2* 等方性アンテナ ································· *108*
    *5.4.3* 利得を用いた電界強度の表示 ················· *108*
 *5.5* 受信アンテナ ············································ *110*
    *5.5.1* 受信開放電圧と受信電流 ························ *110*
    *5.5.2* 受 信 電 力 ········································ *111*
    *5.5.3* 受信アンテナの利得 ······························ *113*
    *5.5.4* 受信アンテナの実効面積 ························ *113*
    *5.5.5* フリスの伝達公式 ································· *115*
 *5.6* アンテナの配列 ········································ *117*
    *5.6.1* 配列と指向性 ······································ *117*
    *5.6.2* アンテナの自己インピーダンスと相互インピーダンス ············ *120*
    *5.6.3* 半波長アンテナの自己インピーダンスと相互インピーダンス ········ *121*
 演 習 問 題 ······················································ *123*

## 6. アンテナの実際

 *6.1* 線状アンテナ ············································ *125*
    *6.1.1* 半波長アンテナ ··································· *125*
    *6.1.2* 垂直アンテナ ······································ *127*
    *6.1.3* 逆Lアンテナ ······································ *129*
    *6.1.4* ループアンテナ ··································· *130*
    *6.1.5* ヘリカルアンテナ ································· *132*
    *6.1.6* ロンビックアンテナ ······························ *135*
 *6.2* アレーアンテナ ········································ *138*
    *6.2.1* 八木・宇田アンテナ ······························ *138*
    *6.2.2* 対数周期アンテナ ································· *140*
    *6.2.3* スーパーターンスタイルアンテナ ·············· *141*
    *6.2.4* 金属反射板付きアンテナ ························ *142*
    *6.2.5* 双ループアンテナ ································· *147*
 *6.3* 平面アンテナ ············································ *150*
    *6.3.1* スロットアンテナ ································· *151*
    *6.3.2* 導波管スロットアレーアンテナ ················ *152*

6.3.3　マイクロストリップアンテナ ………………………………… 156
　　　6.3.4　無給電アンテナ ………………………………………………… 157
　6.4　開口面アンテナ ……………………………………………………… 159
　　　6.4.1　電磁ホーンアンテナ …………………………………………… 159
　　　6.4.2　中央給電パラボラアンテナ …………………………………… 164
　　　6.4.3　オフセットパラボラアンテナ ………………………………… 166
　　　6.4.4　交差偏波識別度 ………………………………………………… 168
　　　6.4.5　カセグレンアンテナ …………………………………………… 169
　　　6.4.6　ホーンリフレクタアンテナ …………………………………… 171
　　　6.4.7　誘電体レンズアンテナ ………………………………………… 172
　6.5　アンテナの分類 ……………………………………………………… 173
　　　6.5.1　指向性による分類 ……………………………………………… 173
　　　6.5.2　偏波による分類 ………………………………………………… 175
　　　6.5.3　周波数特性による分類 ………………………………………… 176
　　　6.5.4　使用周波数帯による分類 ……………………………………… 176
　6.6　アンテナに関する計測 ……………………………………………… 177
　　　6.6.1　利　得　の　測　定 …………………………………………… 177
　　　6.6.2　放射パターンの測定 …………………………………………… 180
　　　6.6.3　電　波　暗　室 ………………………………………………… 182
　　　6.6.4　コンパクトレンジ ……………………………………………… 185
　演　習　問　題 …………………………………………………………… 187

# 付　　　　録 …………………………………………………………… 190
　　1.　接頭語と基礎定数（本書で使用するもの）……………………… 190
　　2.　電波工学で用いられるデシベル単位 ……………………………… 190
　　3.　導波管回路の整合の実例 …………………………………………… 191
　　4.　電波伝搬の概要 ……………………………………………………… 200

# 引用・参考文献 …………………………………………………………… 206

# 演習問題解答 ……………………………………………………………… 207

# 索　　　　引 ……………………………………………………………… 221

# 1

## 序　　論

電波工学を学習するための準備として，本章では最初に電波に関する基本事項を整理する。つぎに本書の構成を図にまとめ，学習の指針を示す。

### *1.1* 電波と電磁波

**電波** (radio wave) は，電界と磁界が同時に振動しながら真空や媒質中を伝わる**電磁波** (electromagentic wave) の一種である。光や X 線も同じ電磁波の仲間であり，これらは共通の物理的性質を有し，数式的にも同じように表現される。そこでまず，電磁波について簡単に説明しよう。

**図 *1.1*** は，電磁波の最も基本的なモデルである真空中を伝搬する**平面電磁波**[†1] (plane wave) のイメージ図である。図では平面波の電界と磁界の空間分布[†2]が示されており，電界と磁界の方向はたがいに直交し，さらにこれらは進行方向とも直交している。電磁波のイメージとしては，この電界と磁界の空間分布が，速度 $c = 3 \times 10^8$ [m/s]（より正確には $2.99792458 \times 10^8$ [m/s]）で進行方向へ移動していく現象と理解しておけばよい。

**図 *1.1*** に示すように電界と磁界の空間分布は $\lambda$ ごとに繰り返され，この $\lambda$ を**波長** (wavelength) と呼ぶ。電磁波の**周波数** (frequency) を $f$ とすると，速度 $c$ [m/s]，波長 $\lambda$ [m]，周波数 $f$ [Hz]の間には，つぎの関係が成立する。

---

[†1] 平面波と呼ぶことも多い。
[†2] 電界の空間分布は，ある時刻における $z$ 軸上の各点での電界ベクトルの終点を結んだ曲線で与えられる。磁界の空間分布についても同様である。

# 1. 序論

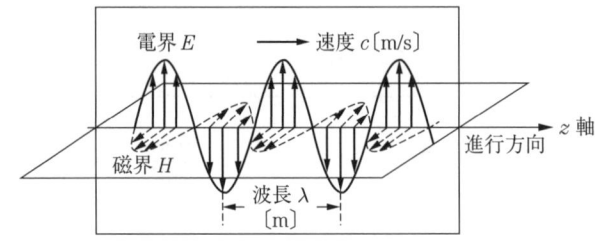

図 **1.1** 電磁波のイメージ(平面波)

$$c = f\lambda \qquad (1.1)$$

なお,実際に波長や周波数を計算する場合には,以下の式がよく用いられる†。

$$\lambda[\mathrm{m}] = \frac{300}{f\,[\mathrm{MHz}]}, \quad \text{または}, \quad \lambda[\mathrm{mm}] = \frac{300}{f\,[\mathrm{GHz}]} \qquad (1.2)$$

**例題 1.1** (1) 周波数 $f = 60$ [Hz]の商用電源の波長 $\lambda$ を求めよ。
(2) 波長 $\lambda = 0.1$ [mm]の電磁波の周波数 $f$ を求めよ。

【解答】 (1) 式 $(1.1)$ より $\lambda = c/f = 3 \times 10^8/60 = 5 \times 10^6$ [m] $= 5\,000$ [km]
(2) 式 $(1.2)$ より $f\,[\mathrm{GHz}] = 300/0.1\,[\mathrm{mm}] = 3\,000\,[\mathrm{GHz}]$。よって $f = 3$ [THz] ◇

電磁波は,周波数によりその性質が異なり,図 **1.2** に示すように,周波数の

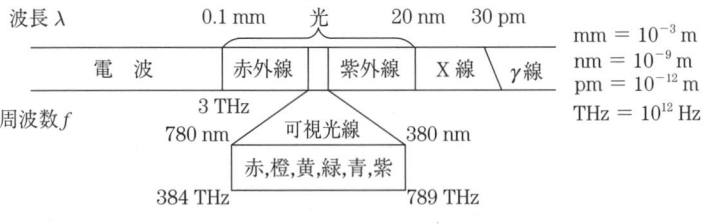

図 **1.2** 電磁波の周波数による分類(波長は真空中での値)

---

† より正確な値が必要な場合は,300 を 299.792 458 に置き換えればよい。

低いほうから電波,光(赤外線,可視光線,紫外線),X線そしてγ線と分類されている.電波は,周波数が $3 \times 10^{12}$ Hz (= 3 [THz]) 以下の電磁波である[†1].

## 1.2 電波の分類

電波は,周波数によりさらに細かく分類され,図 **1.3** に示すように各周波数帯ごとに HF や VHF などの呼称が定められている.例えば,HF は high frequency の略語で,周波数が 3〜30 MHz までの電波[†2]を表している.また,電波の呼称として,短波や超短波のように波長に基づく名称が用いられることもある.なお,1 GHz より高い周波数の電波は,慣用的に**マイクロ波** (microwave) と呼ばれることがある[†3].

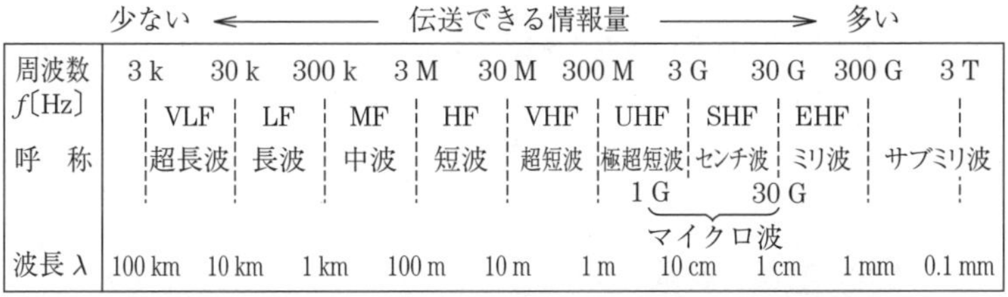

| 周波数 $f$[Hz] | 3 k | 30 k | 300 k | 3 M | 30 M | 300 M | 3 G | 30 G | 300 G | 3 T |
|---|---|---|---|---|---|---|---|---|---|---|
|  |  | VLF | LF | MF | HF | VHF | UHF | SHF | EHF |  |
| 呼称 |  | 超長波 | 長波 | 中波 | 短波 | 超短波 | 極超短波 | センチ波 | ミリ波 | サブミリ波 |
| 波長 λ |  | 100 km | 10 km | 1 km | 100 m | 10 m | 1 m | 10 cm | 1 cm | 1 mm | 0.1 mm |

伝送できる情報量:少ない ← → 多い
マイクロ波: 1 G 〜 30 G

注 1) $k = 10^3$(キロ), $M = 10^6$(メガ), $G = 10^9$(ギガ), $T = 10^{12}$(テラ)
注 2) 周波数の範囲は,下限を含まず上限を含む.

図 **1.3** 電波の分類

**表 1.1** には,私たちの身近にある電波の使用例を示しているが,周波数帯により電波の用途に違いがあることがわかる.これは電波の周波数帯ごとの性質に基づいて,電波の有効な利用法が定められているからである.

---

[†1] 電波法(第二条の一)によれば,「電波とは,三百万メガヘルツ以下の周波数の電磁波をいう」と定義されている.
[†2] 下限の 3 MHz は含まない.
[†3] マイクロ波には特に定められた定義はなく,1〜30 GHz までの電波の総称として用いられることが多い.

# 1. 序論

**表 1.1** 電波のおもな用途

| 呼称 | | 身近な電波の使用例 | 呼称 | | 身近な電波の使用例 |
|---|---|---|---|---|---|
| VLF | very low frequency | 研究用 | VHF | very high frequency | FM 放送, 陸上移動通信 |
| LF | low frequency | 標準電波（電波時計） | UHF | ultra high frequency | テレビ放送, 携帯電話, 無線 LAN |
| MF | medium frequency | 中波放送（AM ラジオ） | SHF | super high frequency | 衛星放送, レーダ, マイクロ波通信 |
| HF | high frequency | 国際短波放送 航空機通信 | EHF | extremely high frequency | レーダ |

このように周波数は，電波の性質に関係した重要なパラメータであり，電波工学の学習においては，「つねに周波数（あるいは波長）と関連させながら，電波の特性や利用技術を調べる」ことを心掛けて欲しい．

---

**コーヒーブレイク**

図のアンテナは，宇宙からの電波を観測するために建設された Max-Planck 研究所（ドイツ，Effelsberg）の世界最大の可動形電波望遠鏡である．直径 100 m の巨大なパラボラ反射鏡により，宇宙から飛来する微弱な電波をとらえることができる．

図　Effelsberg の電波望遠鏡（撮影：宮田克正 1987 年 6 月）

**例題 1.2** 電波のおもな用途を挙げ，その使用例を示せ．

【解答】 表 1.2 に電波の用途とその使用例を示す．

表 1.2 電波のおもな用途とその使用例

| 用途 | 使用例 |
|---|---|
| 放送 | テレビ，ラジオ，衛星放送など |
| 通信 | 携帯電話，マイクロ波通信，無線 LAN など |
| 測位 | GPS (global positioning system)，レーダなど |
| 認証 | RFID (radio frequency identification)，ETC (electronic-toll collection) など |
| その他 | 電子レンジ（加熱），電波時計，電波望遠鏡など |

◇

## 1.3 本書の構成

本書は，序論を含む 6 章から構成されている．各章の内容および関係を図 1.4 に示す．なお，図中の ( ) 内は，執筆担当を示す．

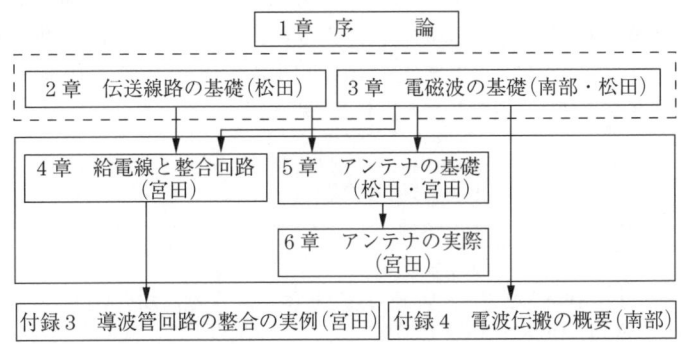

図 1.4 各章の構成

**2** 章では伝送線路の基礎として，電波の基本的な伝送を分布定数回路から学習する．分布定数回路は電波の伝送を回路的に，つまり電界を電圧に，磁界を電流に対応させて考えるもので，電波工学を理解する第一歩である．

**3** 章では電磁波の基本法則について述べたあと，平面電磁波（平面波）を導

く。平面波は電磁波を理想化したモデルであるが，伝送線路を伝わる電波やアンテナから放射される電波など，実際の電波の様子を理解するのに役立つ。

4章では伝送線路の実例として，給電線つまり送信機とアンテナあるいはアンテナと受信機を結ぶ伝送線路について説明する。さらに，給電線やアンテナなど高周波機器を接続するときに重要となる整合回路について述べる。

5章ではアンテナの基礎として，電波の放射の基本的な考え方について述べ，アンテナの特性や性能を表す諸定数について説明する。

6章では実際に用いられている代表的なアンテナを紹介し，その構造や動作原理そして特徴について述べる。また，アンテナの特性の測定法や測定環境について概説する。

また，付録3.にマイクロ波の伝送線路として用いられる導波管における整合の実例を示す。高周波の線路や機器を取り扱うには整合の知識は不可欠であり，

---

**コーヒーブレイク**

19世紀になると電気と磁気に関する多くの法則が発見される。そして，マクスウェルにより電磁波の存在が理論的に予測され，ヘルツによって電磁波の一種である電波が実験的に確認される。それからまもなく電波の通信への利用が提案され，マルコーニらによって無線通信が実用化されていく。表に19世紀における電気と磁気の発展に貢献した人物をまとめた。

表 19世紀における電気と磁気の発展と人物（* 印の人物は，本書のコーヒーブレイクで紹介）

| 年 | 人物 | 功績 |
|---|---|---|
| 1799年 | A. Volta（ボルタ） | 電池の発明 |
| 1820年 | H. Oersted（エルステッド）<br>J.B. Biot（ビオ）と F. Savart（サバール）<br>A.M. Ampere（アンペア） | 電流の磁気作用 |
| 1827年 | G.S. Ohm（オーム） | オームの法則 |
| 1831年 | M. Faraday（ファラデー）* | 電磁誘導の法則 |
| 1864年 | J.C. Maxwell（マクスウェル）* | 電磁波の理論を確立 |
| 1887年 | H. Hertz（ヘルツ）* | 電波の発生に成功 |
| 1892年 | W. Crookes（クルックス） | 電波を用いた通信の提案 |
| 1896年 | M. Marconi（マルコーニ）* | 電波による無線通信の開始 |

整合の実例を通して伝送線路に関する理解を深めて欲しい。

最後に，**付録4.** に電波伝搬の概要について述べる。送信アンテナから放射された電波が受信アンテナに到達するまでのさまざまな伝搬形態について概説する。

## 演 習 問 題

【1】 周波数 $f = 300$ [MHz] の電波が空気中を伝搬している。この電波の周期 $T$ と波長 $\lambda$ を計算せよ。ただし，大気中の電波の速度を $c = 3 \times 10^8$ [m/s] とする。

【2】 問図 **1.1** に示すように，A 市の放送局から B 市に向けて地上波放送と衛星放送で同じ番組（アナログ放送）が送信されている。地上波放送での A 市と B 市の送受信点間距離を $d = 900$ [km]，地上から衛星 S までの距離を $h = 36\,000$ [km] とする。A 市の放送局から同時に番組が送信されたとして，B 市で受信される地上波放送と衛星放送の番組の到達時間の差を求めよ。ただし，人工衛星内での電波の遅延はないと仮定する。また，大気中での電波の速度を $c = 3 \times 10^8$ [m/s] とする。

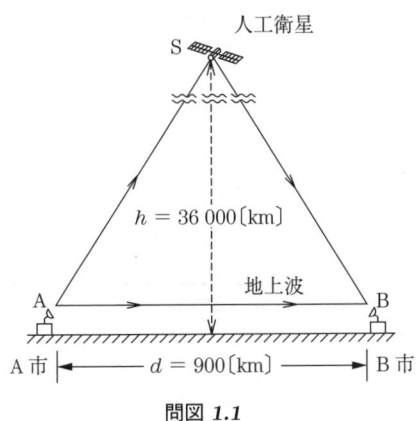

問図 **1.1**

# 2

# 伝送線路の基礎

本章では，伝送線路の電圧と電流を分布定数回路の理論から求め，線路上を電圧と電流が波動として伝搬することを示す．この分布定数回路の考え方は，給電線やアンテナなど電波工学を学習する基礎となるものである．

## 2.1 分布定数回路

### 2.1.1 伝送線路と分布定数回路

図 *2.1* は，送端に電源が，受端に負荷がそれぞれ接続された伝送線路を示したものである．伝送線路の長さを $\ell$ として，線路に沿って $z$ 軸をとり，$z = 0$ は送端を，$z = \ell$ は受端を表す．

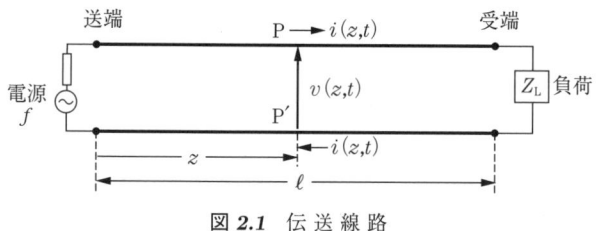

図 *2.1* 伝 送 線 路

電源電圧（信号源）は，周波数 $f$（角周波数 $\omega = 2\pi f$）の正弦波とし，送端から $z$ の距離にある線路上の 2 点 P と P' 間の電圧（線間電圧）を $v(z,t)$ で表す．また，点 P で負荷側に流れ込む電流を $i(z,t)$ とし，点 P' では $i(z,t)$ と逆方向の電流 $-i(z,t)$ が流れているとする．

図 *2.1* の伝送線路は，商用電源のように電源電圧の周波数が低い場合は**集中**

定数回路 (lumped constant circuit)†として取り扱われる。このとき，線路上の電圧または電流は，同一時刻には線路上のすべての点で同じ値となり，場所 $z$ には依存しない。すなわち，線路上の電圧 $v(t)$ と電流 $i(t)$ は時間 $t$ だけの関数として表される。これに対して電源電圧の周波数が高くなってくると，図 **2.1** の線路は**分布定数回路** (distributed constant circuit) として取り扱わなければならない。つまり，高周波の信号を伝える伝送線路は，図 **2.2** に示すような，抵抗やインダクタンスそしてキャパシタンスといった回路定数が線路上に一様に分布している等価回路によって表される。

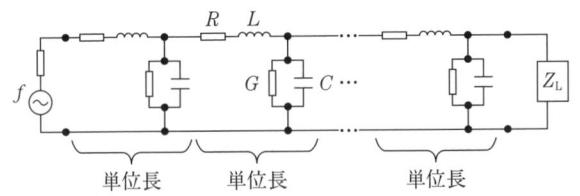

図 **2.2** 伝送線路の分布定数回路による等価回路

分布定数回路では，線路上の電圧 $v(z,t)$ と電流 $i(z,t)$ は，時間 $t$ とともに場所 $z$ の関数となる。そして，電圧と電流は線路上を波動として伝搬する。

---

**例題 2.1** 長さ $\ell$ の線路を分布定数回路として取り扱うときの目安を答えよ。

---

【**解答**】 集中定数回路と分布定数回路の区別は，線路長 $\ell$ と電源電圧の波長 $\lambda (= c/f)$ との大小関係によって定まり，線路長が波長に比べて十分に短い $(\ell \ll \lambda)$ ならば集中定数回路，そうでなければ分布定数回路として取り扱われる。 ◇

図 **2.2** の $R$ 〔Ω/m〕，$L$ 〔H/m〕，$G$ 〔S/m〕，そして $C$ 〔F/m〕は，それぞれ線路の単位長当りの往復導線抵抗，往復導線インダクタンス，線間漏れコンダクタンス，そして線間キャパシタンスである。これらの回路定数は，線路の**一次定数** (primary constant) と呼ばれ，線路の構造（形状や寸法）と材料により定まる。実際の伝送線路の一次定数の例は **4** 章に示す。

---

† 抵抗，インダクタンス，キャパシタンスなどの回路定数がその素子の大きさに関係なく，一点に集中しているとして取り扱うことができる電気回路のこと。

### 2.1.2 分布定数回路の基本式

伝送線路上の電圧 $v(z,t)$ および電流 $i(z,t)$ を図 **2.2** の等価回路から求める。線路に加える電圧は単一周波数の正弦波を考えているので，交流理論の記号法を適用することができる。すなわち，電圧と電流の複素表示（フェーザ）を $\dot{V}(z)$ と $\dot{I}(z)$ で表し，その瞬時値 $v(z,t)$ と $i(z,t)$ は，次式で与えられるものとする。

$$v(z,t) = \mathrm{Re}\{\sqrt{2}\dot{V}(z)e^{j\omega t}\}, \quad i(z,t) = \mathrm{Re}\{\sqrt{2}\dot{I}(z)e^{j\omega t}\} \qquad (2.1)$$

ここに，$\mathrm{Re}\{\ \}$ は複素数の実部を表す記号である。また，複素表示の絶対値 $|\dot{V}(z)|$ と $|\dot{I}(z)|$ は，それぞれ点 P における電圧と電流の実効値†を表す。

図 **2.3** に示すように，線路上に波長に比べて十分小さい $\Delta z(\ll \lambda)$ の微小区間（破線枠）を考える。この微小区間は集中定数回路として取り扱うことができ，キルヒホッフの法則から電圧 $\dot{V}(z)$ と電流 $\dot{I}(z)$ が満たす回路方程式が導かれる。微小区間 $\Delta z$ での電圧降下 $-\Delta \dot{V}$ は，PQ 間の電位差であり

$$\dot{V}(z) - \{\dot{V}(z) + \Delta \dot{V}\} = R\Delta z \dot{I}(z) + j\omega L \Delta z \dot{I}(z) \qquad (2.2)$$

となる。この式の両辺を $\Delta z$ で割り，$\Delta z \to 0$ とすれば次式が得られる。

$$-\frac{d\dot{V}(z)}{dz} = (R + j\omega L)\dot{I}(z) \qquad (2.3)$$

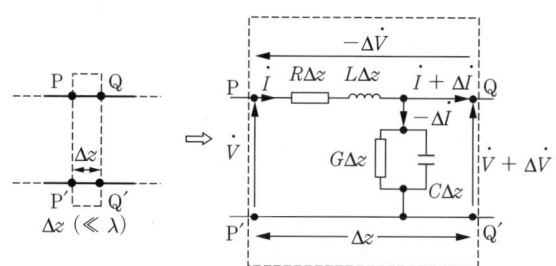

図 **2.3** 伝送線路の微小区間 $\Delta z$ に対する等価回路

---

† $|\dot{V}(z)| = \sqrt{\dfrac{1}{T}\int_0^T |v(z,t)|^2 dt}, \ |\dot{I}(z)| = \sqrt{\dfrac{1}{T}\int_0^T |i(z,t)|^2 dt}$

$T(=1/f)$ は周期を表す。

また，微小区間 $\Delta z$ における電流の減少分 $-\Delta \dot{I}$ は，線間のコンダクタンス ($G\Delta z$) とキャパシタンス ($C\Delta z$) を流れる電流との和

$$\dot{I}(z) - \{\dot{I}(z) + \Delta \dot{I}\} = (G + j\omega C)\Delta z\{\dot{V}(z) + \Delta \dot{V}\} \tag{2.4}$$

である。この式から，式 (2.3) の導出と同様にして次式が得られる[†]。

$$-\frac{d\dot{I}(z)}{dz} = (G + j\omega C)\dot{V}(z) \tag{2.5}$$

式 (2.3) と式 (2.5) から電流 $\dot{I}(z)$ を消去すると，微分方程式

$$\frac{d^2\dot{V}(z)}{dz^2} - \dot{\gamma}^2 \dot{V}(z) = 0 \tag{2.6}$$

が求められる。ここに，$\dot{\gamma}$ は**伝搬定数** (propagation constant) であり

$$\dot{\gamma} \equiv \sqrt{(R + j\omega L)(G + j\omega C)} \tag{2.7}$$

と定義される。本書では $\dot{\gamma}$ のように，複素量には「・」を付けて表す。また，$\sqrt{\ }$ は実部が非負である平方根を表す。

式 (2.6) の微分方程式の解は，積分定数 $\dot{V}_1$ と $\dot{V}_2$ を用いて

$$\dot{V}(z) = \dot{V}_1 e^{-\dot{\gamma}z} + \dot{V}_2 e^{\dot{\gamma}z} \tag{2.8}$$

と表される。式 (2.8) の $\dot{V}(z)$ を式 (2.3) に代入すると，線路上の電流

$$\dot{I}(z) = \frac{\dot{V}_1}{\dot{Z}_0} e^{-\dot{\gamma}z} - \frac{\dot{V}_2}{\dot{Z}_0} e^{\dot{\gamma}z} \tag{2.9}$$

が求められる。ここに，$\dot{Z}_0$ は

$$\dot{Z}_0 \equiv \sqrt{\frac{R + j\omega L}{G + j\omega C}} \ [\Omega] \tag{2.10}$$

---

[†] $\Delta z \to 0$ のとき，$\dot{V}(z) + \Delta \dot{V} \to \dot{V}(z)$ を用いた。

と定義され，**特性インピーダンス** (characteristic impedance) と呼ばれている．

式 (2.8) と式 (2.9) は，伝送線路上での電圧と電流を表す一般的な式であり，本書ではこれらを**分布定数回路の基本式**と呼ぶ．式中の積分定数 $\dot{V}_1$ と $\dot{V}_2$ は，境界条件（例えば，送端または受端での電圧と電流）を与えることにより定まる．

また，一次定数と角周波数から求められる伝搬定数 $\dot{\gamma}$ と特性インピーダンス $\dot{Z}_0$ は，電圧と電流の伝送特性を表す重要な量であり，線路の**二次定数** (secondary constant) と呼ばれる．

### 2.1.3 伝 搬 定 数

式 (2.7) の伝搬定数 $\dot{\gamma}$ は一般に複素数であり，非負の実数 $\alpha$ と $\beta$ を用いて

$$\dot{\gamma} = \alpha + j\beta \tag{2.11}$$

と表される．伝搬定数 $\dot{\gamma}$ の実部 $\alpha$ は**減衰定数** (attenuation constant)，虚部 $\beta$ は**位相定数** (phase constant) と呼ばれる．式 (2.11) を式 (2.7) に代入すると，減衰定数 $\alpha$ と位相定数 $\beta$ がそれぞれ

$$\alpha = \sqrt{\frac{1}{2}\left\{\sqrt{(R^2 + \omega^2 L^2)(G^2 + \omega^2 C^2)} + (RG - \omega^2 LC)\right\}} \tag{2.12}$$

$$\beta = \sqrt{\frac{1}{2}\left\{\sqrt{(R^2 + \omega^2 L^2)(G^2 + \omega^2 C^2)} - (RG - \omega^2 LC)\right\}} \tag{2.13}$$

と求められる（導出は **2** 章の演習問題【**1**】の解答参照）．

伝送線路上の電圧と電流を把握するには，減衰定数と位相定数の意味を理解しておく必要がある．そこで，式 (2.8) と式 (2.9) の右辺の第 1 項をそれぞれ

$$\begin{cases} \dot{V}_1(z) = \dot{V}_1 e^{-\alpha z} e^{-j\beta z} \\ \dot{I}_1(z) = \dfrac{\dot{V}_1}{\dot{Z}_0} e^{-\alpha z} e^{-j\beta z} \end{cases} \tag{2.14}$$

とおき，この電圧 $\dot{V}_1(z)$ と電流 $\dot{I}_1(z)$ を用いて減衰定数 $\alpha$ と位相定数 $\beta$ の意味を調べることにする．

### 2.1.4 減衰定数

電圧 $\dot{V}_1(z)$ の瞬時値は，$V_1$ を実数として $V_{1\mathrm{m}} = \sqrt{2}V_1$ とおけば

$$v_1(z,t) = \mathrm{Re}\{\sqrt{2}\dot{V}_1(z)e^{j\omega t}\} = V_{1\mathrm{m}}e^{-\alpha z}\cos(\omega t - \beta z) \tag{2.15}$$

で表される。電圧 $v_1(z,t)$ は $z$ を固定して考えると，角周波数 $\omega$ の正弦波振動をしており，その振幅は $V_{1\mathrm{m}}e^{-\alpha z}$ である。

図 **2.4** は，電圧 $v_1(z,t)$ の振幅 $V_{1\mathrm{m}}e^{-\alpha z}$ を $z$ の関数として示したものであり，送端 $z=0$ での振幅 $V_{1\mathrm{m}}$ が $1/e$ 倍の $V_{1\mathrm{m}}/e$ になるまでの距離が $1/\alpha$ である。つまり，$\alpha$ の値が大きくなると電圧の振幅は $z$ の増加とともに急激に減衰するようになり，$\alpha$ が小さいほど減衰は少ない。

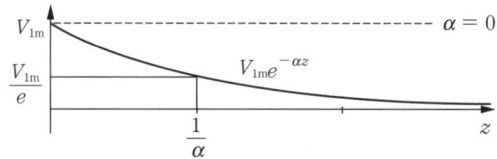

図 **2.4** 減衰定数の意味

減衰定数 $\alpha$ は，電圧の**振幅（実効値）**が線路の単位長当りに減衰する程度を示す量であり，単位は〔Np/m〕や〔dB/m〕が用いられる†。

---

**例題 2.2** 減衰定数が $\alpha = 0.125$〔dB/m〕で，長さが $\ell = 48$〔m〕の伝送線路がある。この線路の送端に実効値 $V_\mathrm{T} = 5.0$〔V〕の電圧を加えたとき，受端での電圧の実効値 $V_\mathrm{R}$ を求めよ。ただし，線路上の電圧は式 (2.15) で与えられるものとする。

---

【解答】 $\alpha = 0.125$〔dB/m〕より，線路長 $\ell = 48$〔m〕での減衰量は $0.125 \times 48 = 6$〔dB〕となる。これより 6〔dB〕$= 20\log_{10}(V_\mathrm{T}/V_\mathrm{R})$ であり，$V_\mathrm{T}/V_\mathrm{R} = 2$ が求められ，

---

† Np（ネーパ）は，電圧が $Ve^{-\alpha z}$ の形で変化するときに用いられる減衰量であり，基準点の電圧を $V_\mathrm{A}$，それと比較する点の電圧を $V_\mathrm{B}$ とするとき Np $= \log_e(V_\mathrm{A}/V_\mathrm{B})$ と定義される。一方，デシベルは dB $= 20\log_{10}(V_\mathrm{A}/V_\mathrm{B})$ であり，1〔Np〕$\approx 8.686$〔dB〕の関係がある。

14   2. 伝送線路の基礎

受端での電圧は $V_R = 5/2 = 2.5$ 〔V〕である。　　　　　　　　　　◇

式 (2.14) の第 2 式から確かめられるように，電流 $\dot{I}_1(z)$ の振幅も電圧 $\dot{V}_1(z)$ と同様に，$z$ の増加とともに $e^{-\alpha z}$ に比例して減衰する。このように電圧と電流の振幅が線路に沿って減衰するのは，線路上での電力の損失によるものであり，その原因は線路の抵抗およびコンダクタンスでのジュール損である。

線路の抵抗およびコンダクタンスが零 ($R = 0, G = 0$) ならば，式 (2.12) から減衰定数は $\alpha = 0$ となり，電圧や電流はその振幅が減衰することなく線路上を伝搬する。減衰定数が零の線路は**無損失線路**と呼ばれる理想的な線路である。

### 2.1.5 位 相 定 数

伝送線路を無損失 ($\alpha = 0$) とすれば，式 (2.15) の電圧 $\dot{V}_1(z)$ の瞬時値は

$$v_1(z, t) = V_{1m} \cos(\omega t - \beta z) \tag{2.16}$$

となる。ここでは式 (2.16) から位相定数 $\beta$ の意味を調べ，そして電圧 $v_1(z, t)$ が線路上をどのように伝わっていくかについて述べる。

〔**1**〕 **電圧の時間変化**　　電圧 $v_1(z, t)$ は，場所 $z$ と時間 $t$ の関数なので，まず $z$ を固定して $t$ を変化させたときの電圧について調べよう。

**1**）**線路の送端 A での電圧**　　送端 ($z = 0$) での電圧 $v_1(0, t) = V_{1m} \cos(\omega t)$ を，図 **2.5** ($a$) に示すように，動径が $V_{1m}$ で O を中心とする回転ベクトル†に対応させる。位相が零の基準ベクトルを $\overrightarrow{OS}$ にとり，時刻 $t$ における電圧 $v_1(0, t)$ は，S を始点として反時計方向に角周波数 $\omega$ で回転するベクトルの縦軸 OS への正射影で表す。

例えば，時刻 $t_1$ での回転ベクトルの位相角は $\omega t_1$ であり，図の $\overrightarrow{OA_1}$ の正射影 $\overrightarrow{OA_1'}$ が $t = t_1$ における電圧の値 $v_1(0, t_1) = V_{1m} \cos(\omega t_1)$ である。そして，時間 $t$ を横軸に，電圧の値 $v_1(0, t)$ を縦軸にとると，送端 A での電圧の時間変化が図 **2.5** ($a$) の実線で与えられる。図 **2.5** ($a$) のベクトル図で，ベクトル $\overrightarrow{OA_1}$ が 1 回転する（つまり位相が $\omega t = 2\pi$ となる）時間を**周期** (period) $T$ 〔s〕

---

† 回転の向きは，位相の進み (+) を反時計方向に，遅れ (−) を時計方向にとる。

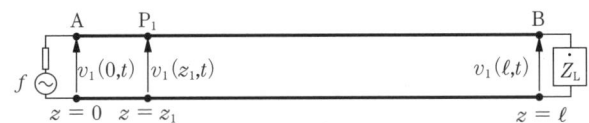

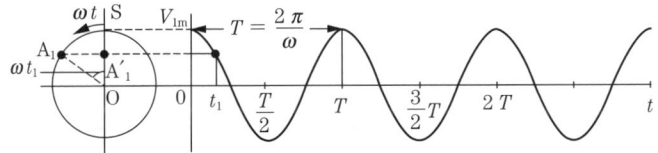

(a) 送端A($z=0$)での電圧 $v_1(0,t) = V_{1m}\cos(\omega t)$ の時間変化

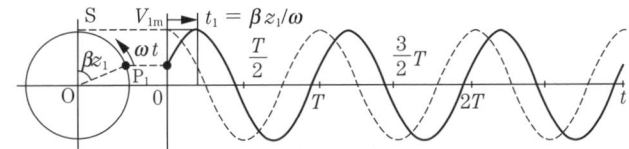

(b) 点$P_1$($z=z_1$)での電圧 $v_1(z_1,t) = V_{1m}\cos(\omega t - \beta z_1)$ の時間変化

図 **2.5** 線路上の点での電圧の時間変化

である．周期と角周波数の間には $\omega = 2\pi/T$〔rad/s〕の関係があり，角周波数は**単位時間当りの位相を表している**．

**2)　送端から距離 $z_1$ にある点 $P_1$ での電圧**　点 $P_1$ の電圧は，$v_1(z_1,t) = V_{1m}\cos(\omega t - \beta z_1)$ であり，ベクトル図では S から位相が $\beta z_1$ だけ遅れた $P_1$ を始点として $\omega t$ で反時計方向に回転するベクトルに対応する．したがって，線路上の点 $P_1$ での電圧の時間変化は**図 2.5** (b) の実線で表され，送端 A の電圧（破線）から位相が $\beta z_1$〔rad〕(時間にして $t_1 = \beta z_1/\omega$〔s〕) だけ遅れた波形である．

〔**2**〕**電圧の場所に関する変化**　つぎに，時間を一定としたときの，つまりある時刻における線路上の電圧の分布を求める．時刻 $t=0$ における電圧 $v_1(z,0) = V_{1m}\cos(-\beta z)$ は，**図 2.6** のベクトル図で $z$ の増加とともに S を始点として位相 $\beta z$ で時計方向に回転するベクトルで表される．このベクトルが 1 回転つまり位相が $\beta z = 2\pi$ となる距離 $z$ が，**波長** (wavelength) $\lambda$ である．

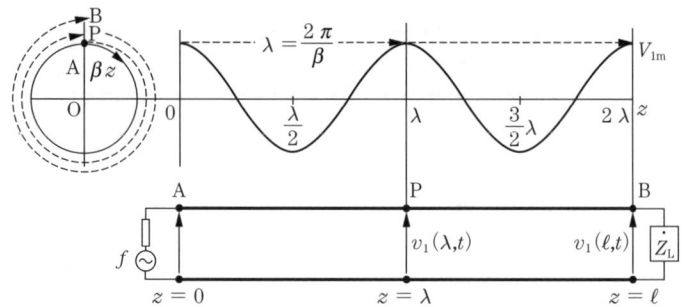

図 2.6 時間を一定としたときの線路上の電圧分布

したがって，$z$ を横軸に，電圧の値を縦軸にとった $t=0$ における線路上の電圧分布は，図 2.6 に示す波長 $\lambda$ の正弦波となる．図では線路長を $\ell = 2\lambda$ としており，ベクトルは点 P で 1 回転，そして受端 B までで 2 回転する．

伝送線路の電圧 $v_1(z,t)$ は，距離が $z$ だけ増すと位相が $\beta z$ だけ遅れる．このように位相定数 $\beta$ は，線路の**単位長当りに遅れる位相**を表しており，波長 $\lambda$ とつぎの関係にある．

$$\beta = \frac{2\pi}{\lambda} \ \text{[rad/m]} \tag{2.17}$$

**例題 2.3** $\ell = \lambda/4$ の線路において，送端と受端での電圧の位相差を求めよ．

**【解答】** 受端の電圧は，送端のそれより位相が $\beta\ell = \dfrac{2\pi}{\lambda}\dfrac{\lambda}{4} = \dfrac{\pi}{2}$ [rad]だけ遅れる． ◇

〔**3**〕**伝搬速度** 伝送線路上の電圧 $v_1(z,t) = V_{1m}\cos(\omega t - \beta z)$ が，線路を伝わる様子について述べ，その伝搬速度を求める．

時刻 $t_0$ における電圧 $v_1(z,t_0) = V_{1m}\cos(\omega t_0 - \beta z)$ の線路上の分布は，図 2.7 のベクトル図において，S から反時計方向に $\omega t_0$ だけ進んだ $A_1$ を始点として，時計方向に $\beta z$ で回転するベクトルに対応し，図の実線で表される．

また，時刻 $t_0$ から $\Delta t$ 秒経過したときの電圧分布 $v_1(z, t_0 + \Delta t)$ は，ベクト

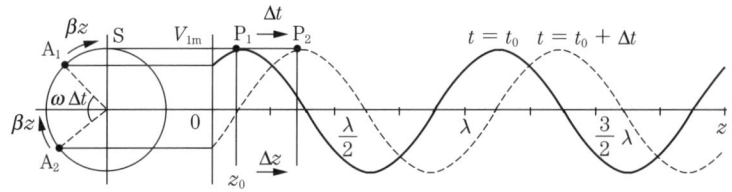

図 2.7 電圧分布が伝搬する様子

ル図の $A_1$ から位相が $\omega\Delta t$ だけ進んだ $A_2$ を始点として時計方向に $\beta z$ で回転するベクトルで示され,図 2.7 の破線のようになる。

このように伝送線路上の電圧分布 $v_1(z,t) = V_{1m}\cos(\omega t - \beta z)$ は,時間の経過とともに $z$ 軸の正方向へ移動していく。この電圧分布が線路を移動する速度が電圧 $v_1(z,t)$ の伝搬速度 $v$ であり,つぎのようにして求められる。

図 2.7 において,時刻 $t = t_0$ における電圧分布の山を $P_1$ で表し,その線路の場所を $z = z_0$ とする。この $P_1$ が,時間 $\Delta t$ [s] で距離 $\Delta z$ [m] だけ移動して,時刻 $t_0 + \Delta t$ における電圧分布の山 $P_2(z = z_0 + \Delta z)$ になったとする。このとき,電圧分布が移動する速度は,$v = \Delta z/\Delta t$ である。

電圧分布の山 $P_1$ と $P_2$ では,位相は等しく $\omega t_0 - \beta z_0 = \omega(t_0 + \Delta t) - \beta(z_0 + \Delta z)$ が成立する。これより電圧 $v_1(z,t)$ の伝搬速度が

$$v = \frac{\Delta z}{\Delta t} = \frac{\omega}{\beta} \ [\text{m/s}] \tag{2.18}$$

と求められる[†]。

式 (2.18) に $\beta = 2\pi/\lambda$ と $\omega = 2\pi f$ を代入すると,周波数と波長の関係を示す

$$v = f\lambda \ [\text{m/s}] \tag{2.19}$$

が導かれる。

---

[†] このように速度 $v$ は,位相一定の状態(図 2.7 の例では回転ベクトル図の位相 S つまり電圧分布の山)が線路上を伝わる速さであり,**位相速度** (phase velocity) と呼ばれる。一般には,位相速度 $v$ は位相を一定 $\omega t - \beta z = $const. (定数) とおいて,この式を時間で微分して $v = dz/dt$ により求められる。

**例題 2.4** 伝搬速度が $v = 3 \times 10^8$ 〔m/s〕で,長さが $\ell = 1.5$ 〔m〕の伝送線路がある。この線路の送端に周波数 $f = 100$ 〔MHz〕の電圧を加えたとして,波長 $\lambda$ と位相定数 $\beta$ を計算せよ。また,電圧が線路の送端から受端に到達するまでの時間 $T_\ell$ と位相の遅れ $\theta_\ell$ を求めよ。

【解答】 式 (1.2) より

$$\lambda \text{〔m〕} = 300/f \text{〔MHz〕} = 300/100 = 3 \text{〔m〕}$$
$$\beta = 2\pi/\lambda = 2\pi/3 \text{〔rad/m〕}$$
$$T_\ell = \ell/v = 1.5/(3 \times 10^8) = 5 \times 10^{-9} = 5 \text{〔ns〕}$$
$$\theta_\ell = \beta\ell = (2\pi/3) \times 1.5 = \pi \text{〔rad〕} \qquad \diamond$$

### 2.1.6 進行波とその複素表示

一定の方向に一定の速度で伝わる波動は,**進行波** (traveling wave) と呼ばれる。前項で述べた無損失線路の電圧 $v_1(z,t) = V_{1\mathrm{m}} \cos(\omega t - \beta z)$ は,$z$ 軸の正方向へ速度 $v = \omega/\beta$ で伝搬する進行波である。進行波は,瞬時値 $v_1(z,t) = V_{1\mathrm{m}} \cos(\omega t - \beta z)$ とともにその複素表示 $\dot{V}_1(z) = \dot{V}_1 e^{-j\beta z}$ により表される。複素表示では時間依存性 $e^{j\omega t}$ が省略されており,位相項 $e^{-j\beta z}$ が進行波であることを示している。つまり

$$e^{-j\beta z} \text{ は,$z$ 軸の正方向に速度 } v = \frac{\omega}{\beta} \text{ で進む正弦波} \qquad (2.20)$$

を意味する。

**例題 2.5** 複素表示 $\dot{V}_2(z) = \dot{V}_2 e^{j\beta z}$ で表される電圧は,速さ $v = \omega/\beta$ で $z$ 軸の負方向へ伝搬する進行波であることを示せ。

【解答】 電圧 $\dot{V}_2(z)$ は,時間依存性を含めて書くと $\dot{V}_2(z) = \dot{V}_2 e^{j(\omega t + \beta z)}$ であり,位相が一定の式 $\omega t + \beta z = \mathrm{const.}$ から伝搬速度 $v = dz/dt = -\omega/\beta$ が得られる。速

度が負になるのは，位相一定の状態が時間経過とともに $z$ が減少する，つまり $z$ 軸の負方向へ伝搬することを表している。 ◇

## 2.2 無損失線路の電圧と電流

無損失線路は伝送線路の理想的なモデルであり，電圧や電流を表す式が簡単で，伝搬特性が理解しやすい。また，実際の伝送線路が無損失として取り扱われることも多い。本節では無損失線路の電圧と電流を求め，それから導かれる伝送電力および線路のインピーダンスについて考察する。

### 2.2.1 無損失線路

図 2.8 に示すような，線路の長さが $\ell$ で受端にインピーダンス $\dot{Z}_\mathrm{L}$ の負荷を接続した伝送線路を考える。線路は無損失と仮定し，一次定数の抵抗とコンダクタンスは零 $(R=0, G=0)$，そして $L$ と $C$ は既知とする。また，線路の受端 $z = \ell$ での電圧を $\dot{V}_\mathrm{L}$，電流を $\dot{I}_\mathrm{L}$ で表す。このとき，$\dot{V}_\mathrm{L} = \dot{Z}_\mathrm{L} \dot{I}_\mathrm{L}$ の関係がある。

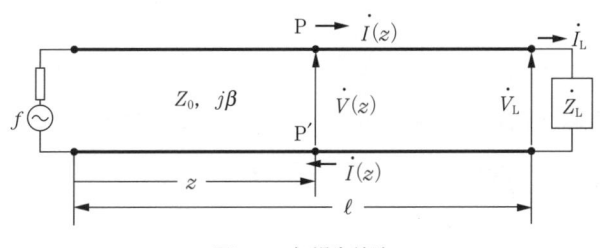

図 2.8 無損失線路

### 2.2.2 伝搬定数と特性インピーダンス

伝搬定数 $\dot{\gamma}$ の定義式 (2.7) に，$R=0, G=0$ を代入すると

$$\dot{\gamma} = \sqrt{(R+j\omega L)(G+j\omega C)} \Big|_{R=0, G=0} = j\omega\sqrt{LC} \tag{2.21}$$

が得られ，無損失線路の減衰定数 $\alpha$ および位相定数 $\beta$ がそれぞれ

2. 伝送線路の基礎

$$\alpha = 0 \text{ [Np/m]}, \quad \beta = \omega\sqrt{LC} \text{ [rad/m]} \tag{2.22}$$

と求められる。

特性インピーダンス $\dot{Z}_0$ は，式 (2.10) で $R=0, G=0$ として

$$Z_0 = \sqrt{\frac{R+j\omega L}{G+j\omega C}}\bigg|_{R=0,G=0} = \sqrt{\frac{L}{C}} \text{ [}\Omega\text{]} \tag{2.23}$$

となる。このように無損失線路では特性インピーダンスは純抵抗であり，その記号は $\dot{Z}_0$ の「・」を外して実数であることを示す $Z_0$ を用いる。

### 2.2.3 無損失線路上の電圧と電流（送端からの距離 $z$ による表示）

無損失線路の送端から距離 $z$ の点 P での電圧と電流は，分布定数回路の基本式† で $\alpha=0$ とおいて

$$\begin{cases} \dot{V}(z) = \underbrace{\dot{V}_1 e^{-j\beta z}}_{\text{入射波}} + \underbrace{\dot{V}_2 e^{j\beta z}}_{\text{反射波}} \\ \dot{I}(z) = \dfrac{\dot{V}_1}{Z_0} e^{-j\beta z} - \dfrac{\dot{V}_2}{Z_0} e^{j\beta z} \end{cases} \tag{2.24}$$

と表される。

〔**1**〕**境界条件** 積分定数 $\dot{V}_1$ と $\dot{V}_2$ はつぎのように決定される。受端 ($z=\ell$) での電圧が $\dot{V}_\mathrm{L}$，電流が $\dot{I}_\mathrm{L}$ であり，式 (2.24) で $z=\ell$ とおいて

$$\dot{V}_\mathrm{L} = \dot{V}_1 e^{-j\beta\ell} + \dot{V}_2 e^{j\beta\ell} \tag{2.25}$$

$$\dot{I}_\mathrm{L} = \frac{\dot{V}_1}{Z_0} e^{-j\beta\ell} - \frac{\dot{V}_2}{Z_0} e^{j\beta\ell} \tag{2.26}$$

を導き，この式で $\dot{V}_1$ と $\dot{V}_2$ について解けば次式が得られる。

$$\dot{V}_1 = \frac{\dot{V}_\mathrm{L} + Z_0 \dot{I}_\mathrm{L}}{2} e^{j\beta\ell}, \quad \dot{V}_2 = \frac{\dot{V}_\mathrm{L} - Z_0 \dot{I}_\mathrm{L}}{2} e^{-j\beta\ell} \tag{2.27}$$

---

† 分布定数回路の基本式である式 (2.8) と式 (2.9) は，$\alpha$ と $\beta$ を用いて次式で表される。

$$\dot{V}(z) = \dot{V}_1 e^{-\alpha z} e^{-j\beta z} + \dot{V}_2 e^{\alpha z} e^{j\beta z}$$

$$\dot{I}(z) = \frac{\dot{V}_1}{Z_0} e^{-\alpha z} e^{-j\beta z} - \frac{\dot{V}_2}{Z_0} e^{\alpha z} e^{j\beta z}$$

〔2〕 **入射波と反射波**　式 (2.24) の右辺の第 1 項と第 2 項をそれぞれ

$$\begin{cases} \dot{V}_1(z) = \dot{V}_1 e^{-j\beta z} \\ \dot{I}_1(z) = \dfrac{\dot{V}_1}{Z_0} e^{-j\beta z} \end{cases}, \quad \begin{cases} \dot{V}_2(z) = \dot{V}_2 e^{j\beta z} \\ \dot{I}_2(z) = -\dfrac{\dot{V}_2}{Z_0} e^{j\beta z} \end{cases} \tag{2.28}$$

とおく。電圧 $\dot{V}_1(z)$ と電流 $\dot{I}_1(z)$ は，**2.1.6** 項で説明したように $z$ 軸の正方向へ速度 $v = \omega/\beta$ で伝搬する進行波を表しており，電源側から負荷側に向けて進む波動であることから**入射波** (incident wave) と呼ばれる。また，式 (2.28) の $\dot{V}_2(z)$ と $\dot{I}_2(z)$ は，入射波と同じ速度 $v$ で $z$ 軸の負方向つまり負荷側から電源側へ伝わる進行波であり，**反射波** (reflected wave) と呼ばれる。

入射波と反射波の伝搬速度 $v$ は，式 (2.22) の $\beta$ を用いて

$$v = \frac{\omega}{\beta} = \frac{1}{\sqrt{LC}} \; [\text{m/s}] \tag{2.29}$$

となる。無損失線路では，伝搬速度 $v$ は周波数に依存しない定数であり，その値は一次定数の $L$ と $C$ により定まる。無損失線路では，特性インピーダンス $Z_0$ は純抵抗であり，図 **2.9** に示すように入射波の電圧 $\dot{V}_1(z)$ と電流 $\dot{I}_1(z)$ の線路上の分布は同位相となり，これらが同じ速度 $v$ で $z$ 軸の正方向へ伝搬している。一方，反射波の電圧 $\dot{V}_2(z)$ と電流 $\dot{I}_2(z)$ の線路上の分布は逆位相であり，これらが $z$ 軸の負方向へ伝搬している。

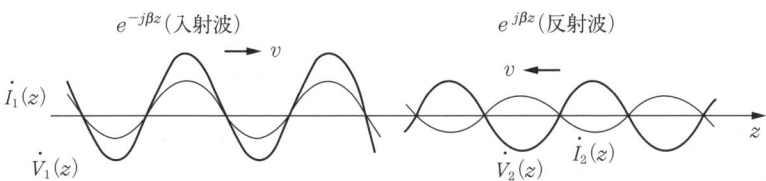

図 **2.9**　無損失線路の入射波と反射波

## 2.2.4　無損失線路における電力の関係

線路の送端から距離 $z$ の点 P での電圧と電流が $\dot{V}(z)$ と $\dot{I}(z)$ であるとき，点 P での伝送電力を交流理論における（有効）電力と同じように

22    2. 伝送線路の基礎

$$P(z) = \text{Re}\left\{\dot{V}(z)\dot{I}^*(z)\right\} \quad [\text{W}] \tag{2.30}$$

として求める†。ここに，∗は複素共役を表す記号である。

式 (2.24) の電圧 $\dot{V}(z)$ と電流 $\dot{I}(z)$ を式 (2.30) の右辺に代入すると，無損失線路における**伝送電力** $P$ が

$$P = \text{Re}\{\dot{V}(z)\dot{I}^*(z)\} = \frac{|\dot{V}_1|^2}{Z_0} - \frac{|\dot{V}_2|^2}{Z_0} \tag{2.31}$$

と求められる。ここで，$P_\text{i}$ および $P_\text{r}$ をそれぞれ

$$P_\text{i} = \frac{|\dot{V}_1|^2}{Z_0}, \quad P_\text{r} = \frac{|\dot{V}_2|^2}{Z_0} \tag{2.32}$$

とおけば，$P_\text{i}$ は入射波 $\dot{V}_1(z)$ と $\dot{I}_1(z)$ が運ぶ**入射電力**を，$P_\text{r}$ は反射波 $\dot{V}_2(z)$ と $\dot{I}_2(z)$ が運ぶ**反射電力**を表している。式 (2.31) で表される無損失線路の伝送電力 $P$ は，入射電力と反射電力の差 $P = P_\text{i} - P_\text{r}$ であり，**図 2.10** に示すように，この電力差 $P$ が線路上を伝送し，負荷に供給される。

このように伝送線路では，たとえ線路が無損失でも，反射波があると電源から入力した電力のすべてを負荷に供給することはできない。このため，伝送線路において最大の電力を負荷に供給するには，反射波をなくす必要がある。

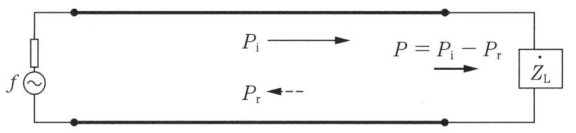

図 **2.10**  無損失線路における電力関係

---

**例題 2.6**  特性インピーダンスが $Z_0 = 50\,[\Omega]$ の無損失線路で，入射波と反射波の電圧（実効値）がそれぞれ $|\dot{V}_1| = 1\,[\text{V}]$ と $|\dot{V}_2| = 0.5\,[\text{V}]$ であるとき，負荷に供給される電力 $P\,[\text{W}]$ を計算せよ。

---

† 電力 $P(z)$ は，点 P における瞬時電力の 1 周期 ($T = 1/f\,[\text{s}]$) にわたる時間平均値 $\left[P(z) = \dfrac{1}{T}\displaystyle\int_0^T v(z,t)i(z,t)dt\right]$ である。

**【解答】** $P_\mathrm{i} = 1^2/50 = 20\,[\mathrm{mW}]$ と $P_\mathrm{r} = 0.5^2/50 = 5\,[\mathrm{mW}]$ である．したがって，負荷に供給される電力は $P = 20 - 5 = 15\,[\mathrm{mW}]$ となる．                              ◇

### 2.2.5　無損失線路上の電圧と電流（受端からの距離 $d$ による表示）

伝送線路の電圧や電流の表示式として，線路の送端を基準として考えるときは，送端からの距離 $z$ による式 (2.24) が用いられる．ところが伝送線路では，線路の受端を基準として考えることが多く，このときは，図 **2.11** に示すように受端からの距離 $d = \ell - z$ を用いて電圧と電流を表したほうが便利である．

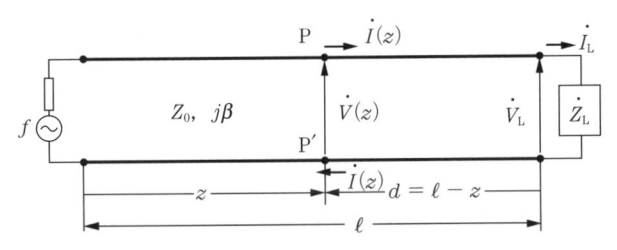

**図 2.11** 受端からの距離 $d$ で表す無損失線路

式 (2.24) に，式 (2.27) の $\dot{V}_1$ と $\dot{V}_2$ を代入すると

$$\begin{cases} \dot{V}(z) = \dfrac{\dot{V}_\mathrm{L} + Z_0 \dot{I}_\mathrm{L}}{2} e^{j\beta(\ell-z)} + \dfrac{\dot{V}_\mathrm{L} - Z_0 \dot{I}_\mathrm{L}}{2} e^{-j\beta(\ell-z)} \\ \dot{I}(z) = \dfrac{\dot{V}_\mathrm{L} + Z_0 \dot{I}_\mathrm{L}}{2Z_0} e^{j\beta(\ell-z)} - \dfrac{\dot{V}_\mathrm{L} - Z_0 \dot{I}_\mathrm{L}}{2Z_0} e^{-j\beta(\ell-z)} \end{cases} \quad (2.33)$$

が得られる．したがって，無損失線路上の電圧と電流は，変数 $d = \ell - z$ を用いて

$$\begin{cases} \dot{V}(d) = \underbrace{\dot{V}_\mathrm{i} e^{j\beta d}}_{\text{入射波}} + \underbrace{\dot{V}_\mathrm{r} e^{-j\beta d}}_{\text{反射波}} \\ \dot{I}(d) = \dfrac{\dot{V}_\mathrm{i}}{Z_0} e^{j\beta d} - \dfrac{\dot{V}_\mathrm{r}}{Z_0} e^{-j\beta d} \end{cases} \quad (2.34)$$

と表される．ここに，$\dot{V}_\mathrm{i}$ と $\dot{V}_\mathrm{r}$ は次式で与えられる．

$$\dot{V}_\mathrm{i} = \frac{\dot{V}_\mathrm{L} + Z_0 \dot{I}_\mathrm{L}}{2}, \quad \dot{V}_\mathrm{r} = \frac{\dot{V}_\mathrm{L} - Z_0 \dot{I}_\mathrm{L}}{2} \tag{2.35}$$

式 (2.34) の右辺の第 1 項は，$d$ 軸の負方向（電源側から負荷側）へ伝搬する進行波つまり入射波であり，第 2 項は負荷側から電源側へ伝搬する反射波を表している．以降では，無損失線路の電圧と電流として，受端からの距離 $d$ による表示式 (2.34) を用いて説明する．

---

**例題 2.7**

(1) 式 (2.34) の電圧 $\dot{V}(d)$ と電流 $\dot{I}(d)$ から伝送電力 $P$ を計算せよ．

(2) 式 (2.35) の $\dot{V}_\mathrm{r}$ と $\dot{V}_\mathrm{i}$ に対して，$|\dot{V}_\mathrm{r}| \leqq |\dot{V}_\mathrm{i}|$ が成り立つことを示せ．

---

【解答】 (1) 伝送電力は

$$P = \mathrm{Re}\{\dot{V}(d)\dot{I}^*(d)\} = \frac{|\dot{V}_\mathrm{i}|^2}{Z_0} - \frac{|\dot{V}_\mathrm{r}|^2}{Z_0}$$

で与えられる．

(2) 電力 $P$ が負荷に供給されている状態では，必ず $P \geqq 0$ である．したがって，$P = (|\dot{V}_\mathrm{i}|^2 - |\dot{V}_\mathrm{r}|^2)/Z_0 \geqq 0$ であり，これから $|\dot{V}_\mathrm{r}| \leqq |\dot{V}_\mathrm{i}|$ が導かれる．なお，$|\dot{V}_\mathrm{r}| = |\dot{V}_\mathrm{i}|$ となるのは，入射電力がすべて受端で反射されている状態である． ◇

### 2.2.6 無損失線路のインピーダンス

図 **2.12** に示すように，線路の受端から距離 $d$ の点 P における電圧と電流が $\dot{V}(d)$ と $\dot{I}(d)$ であるとき，この点から負荷側を見たインピーダンス $\dot{Z}(d)$ を求める．

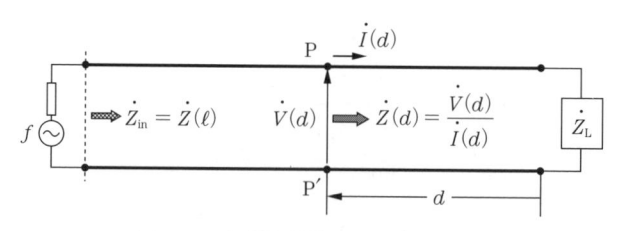

図 **2.12** 無損失線路のインピーダンス

式 (2.34) の右辺に式 (2.35) の $\dot{V}_\mathrm{i}$ と $\dot{V}_\mathrm{r}$ を代入し，オイラーの公式 $e^{\pm j\theta} = \cos\theta \pm j\sin\theta$ を適用して式を整理すると，最終的に点 P の電圧と電流は

$$\begin{cases} \dot{V}(d) = \dot{V}_\mathrm{L} \cos\beta d + jZ_0 \dot{I}_\mathrm{L} \sin\beta d \\ \dot{I}(d) = \dot{I}_\mathrm{L} \cos\beta d + j\dfrac{\dot{V}_\mathrm{L}}{Z_0} \sin\beta d \end{cases} \tag{2.36}$$

と表される。したがって，受端から距離 $d$ の点 P から負荷側を見たインピーダンスは

$$\dot{Z}(d) \equiv \frac{\dot{V}(d)}{\dot{I}(d)} = \frac{\dot{V}_\mathrm{L} \cos\beta d + jZ_0 \dot{I}_\mathrm{L} \sin\beta d}{\dot{I}_\mathrm{L} \cos\beta d + j\dfrac{\dot{V}_\mathrm{L}}{Z_0} \sin\beta d} \tag{2.37}$$

となる。受端の電圧は $\dot{V}_\mathrm{L} = \dot{Z}_\mathrm{L} \dot{I}_\mathrm{L}$ で与えられ，これを式 (2.37) に代入すると無損失線路上のインピーダンス $\dot{Z}(d)$ を表す式

$$\boxed{\dot{Z}(d) = Z_0 \frac{\dot{Z}_\mathrm{L} + jZ_0 \tan\beta d}{Z_0 + j\dot{Z}_\mathrm{L} \tan\beta d}} \tag{2.38}$$

が導かれる。特に，式 (2.38) で $d$ を線路長 $\ell$ とおけば，$\dot{Z}(d)$ は線路の送端から負荷側を見た線路の**入力インピーダンス** (input impedance) $\dot{Z}_\mathrm{in}$ となる。

**例題 2.8** 線路長 $\ell = \lambda/4$ の無損失線路（特性インピーダンス：$Z_0$）に $\dot{Z}_\mathrm{L}$ の負荷を接続したときの入力インピーダンス $\dot{Z}_\mathrm{in}$ を求めよ。

【解答】 線路長が $\ell = \lambda/4$ では $\beta\ell = \pi/2$ より，$\tan\beta\ell = \infty$ である。そこで，式 (2.38) を $\dot{Z}_\mathrm{in} = Z_0 \dfrac{(\dot{Z}_\mathrm{L}/\tan\beta\ell) + jZ_0}{(Z_0/\tan\beta\ell) + j\dot{Z}_\mathrm{L}}$ と変形して，この式に $\tan\beta\ell = \infty$ を代入すると，入力インピーダンス $\dot{Z}_\mathrm{in} = Z_0^2/\dot{Z}_\mathrm{L}$ が求められる。 ◇

### 2.2.7 無損失線路のインピーダンスの例

〔1〕 **整合がとれた線路** 負荷が線路の特性インピーダンス $Z_0$ に等しく

$$\dot{Z}_\mathrm{L} = Z_0 \tag{2.39}$$

が成立しているとき，線路の**整合** (matching) がとれているという．整合がとれた線路のインピーダンス $\dot{Z}(d)$ は，式 (2.39) と式 (2.38) から

$$\dot{Z}(d) = Z_0 \tag{2.40}$$

となり，線路上のすべての点で特性インピーダンス $Z_0$ に等しい．

式 (2.35) の反射波の係数 $\dot{V}_\mathrm{r}$ は，$\dot{V}_\mathrm{r} = \dfrac{\dot{V}_\mathrm{L} - Z_0 \dot{I}_\mathrm{L}}{2} = \dfrac{\dot{Z}_\mathrm{L} \dot{I}_\mathrm{L} - Z_0 \dot{I}_\mathrm{L}}{2}$ であり，整合がとれた線路では $\dot{V}_\mathrm{r} = 0$ となる．したがって，整合がとれた線路では，反射波は存在せず入射波だけであり，負荷に最大の電力が供給されている．

〔**2**〕**受端開放線路**  受端を開放した線路では $\dot{Z}_\mathrm{L} = \infty$ として，式 (2.38) は

$$\dot{Z}^\mathrm{o}(d) = Z_0 \dfrac{1 + j\dfrac{Z_0}{\dot{Z}_\mathrm{L}} \tan \beta d}{\dfrac{Z_0}{\dot{Z}_\mathrm{L}} + j \tan \beta d} = -jZ_0 \cot \beta d \tag{2.41}$$

となる．線路の受端からの距離 $d$ を変化させたときの，受端開放線路のインピーダンス $\dot{Z}^\mathrm{o}(d)$ を図 **2.13** (a) に示す．この図から，$\dot{Z}^\mathrm{o}(d)$ は，$0 < d < \lambda/4$ では

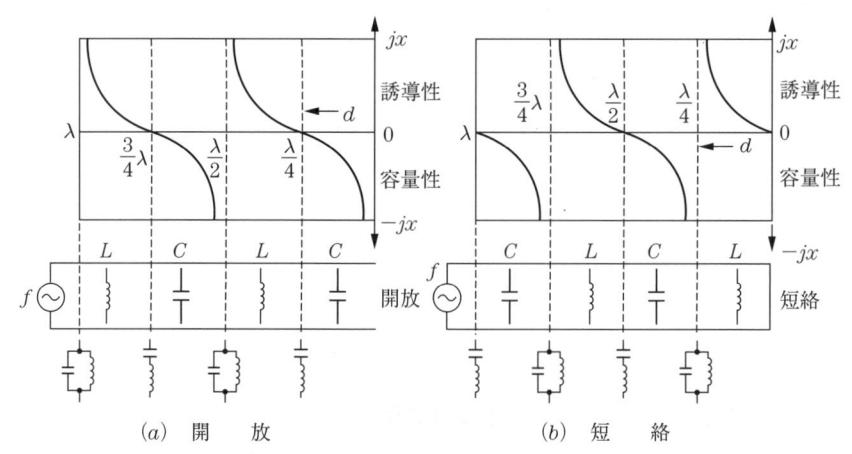

(a) 開 放　　　　　　　　　　(b) 短 絡

図 **2.13** 受端を開放または短絡したときの線路のインピーダンスの場所 $d$ に関する変化（グラフの縦軸はリアクタンスを表す）

容量性, $d = \lambda/4$ では直列共振, $\lambda/4 < d < \lambda/2$ では誘導性, そして $d = \lambda/2$ では並列共振を示し, これが $\lambda/2$ ごとに繰り返される.

〔3〕**受端短絡線路** 受端を短絡した線路では, 負荷を $\dot{Z}_L = 0$ として

$$\dot{Z}^s(d) = jZ_0 \tan \beta d \tag{2.42}$$

が求められる. 受端短絡線路のインピーダンス $\dot{Z}^s(d)$ は, 図 **2.13**(b) に示すように, $0 < d < \lambda/4$ では誘導性, $d = \lambda/4$ では並列共振, $\lambda/4 < d < \lambda/2$ では容量性, そして $d = \lambda/2$ では直列共振となる.

**例題 2.9** 無損失線路があり, 負荷を開放および短絡したときの入力インピーダンスをそれぞれ $\dot{Z}^o$ と $\dot{Z}^s$ とする. このとき, この線路の特性インピーダンス $Z_0$ を求めよ.

【解答】 式 (2.41) と式 (2.42) の両辺の積をとれば, $Z_0 = \sqrt{\dot{Z}^o \dot{Z}^s}$ が得られる. ◇

## 2.3 無損失線路における反射と定在波

伝送線路において, 負荷のインピーダンスが特性インピーダンスに等しくないとき, 受端で入射波の一部が反射し, 反射波として送端側へ戻ってくる. そして, 線路上では反射波と入射波が干渉して定在波が生じる.

### 2.3.1 反 射 係 数

電圧や電流が反射する程度を示す量として, **反射係数** (reflection coefficient) がある. 本書では, 受端 ($d = 0$) での反射電圧 $\dot{V}_r$ と入射電圧 $\dot{V}_i$ の比を電圧反射係数 $\dot{\Gamma}$ として定義する[†].

電圧反射係数 $\dot{\Gamma}$ は, 式 (2.35) の $\dot{V}_r$ と $\dot{V}_i$, そして $\dot{V}_L = \dot{Z}_L \dot{I}_L$ の関係を用いると

---

[†] 電圧反射係数は, 一般には, 線路上の任意の点 P での反射波の電圧と入射波の電圧の比 $\dot{\Gamma}(d) = \dot{V}_r(d)/\dot{V}_i(d)$ で定義され, 線路上の場所 $d$ の関数となる.

$$\dot{\Gamma} \equiv \frac{\dot{V}_\mathrm{r}}{\dot{V}_\mathrm{i}} = \frac{\dot{Z}_\mathrm{L} - Z_0}{\dot{Z}_\mathrm{L} + Z_0} = |\dot{\Gamma}|e^{-j\phi} \tag{2.43}$$

と表される。ここに，$|\dot{\Gamma}|$ は $\dot{\Gamma}$ の絶対値を，$-\phi$ は位相角を表す。**例題 2.7** の解答より $|\dot{V}_\mathrm{r}| \leqq |\dot{V}_\mathrm{i}|$ が成立しており，$0 \leqq |\dot{\Gamma}| \leqq 1$ である。

式 (2.43) の電圧反射係数を用いると，受端での反射電圧 $\dot{V}_\mathrm{r}$ は

$$\dot{V}_\mathrm{r} = \dot{\Gamma}\dot{V}_\mathrm{i} = |\dot{\Gamma}|\dot{V}_\mathrm{i}e^{-j\phi} \tag{2.44}$$

と表され，この $\dot{V}_\mathrm{r}$ が受端から送端側へ反射波 $\dot{V}_\mathrm{r}e^{-j\beta d}$ として戻ってくる。

---

**例題 2.10** 特性インピーダンスが $Z_0 = 75\,[\Omega]$ の無損失線路に $Z_\mathrm{L} = 50\,[\Omega]$ の負荷を接続したときの受端での電圧反射係数 $\dot{\Gamma}$ を求めよ。また，この線路の受端での入射電圧が $\dot{V}_\mathrm{i} = 0.5\,[\mathrm{V}]$ であるとき，反射電圧 $\dot{V}_\mathrm{r}$ を求めよ。

---

【解答】 式 (2.43) から $\dot{\Gamma} = (50-75)/(50+75) = -0.2$ であり，$|\dot{\Gamma}| = 0.2$ で $\phi = \pi\,[\mathrm{rad}]$。受端での反射電圧は，式 (2.44) から $\dot{V}_\mathrm{r} = \dot{\Gamma}\dot{V}_\mathrm{i} = 0.1e^{-j\pi}\,[\mathrm{V}]$ となる。 ◇

電流反射係数 $\dot{\Gamma}_\mathrm{I}$ は，受端での反射電流 $\dot{I}_\mathrm{r} = -\dot{V}_\mathrm{r}/Z_0$ と入射電流 $\dot{I}_\mathrm{i} = \dot{V}_\mathrm{i}/Z_0$ の比で定義され，式 (2.35) から

$$\dot{\Gamma}_\mathrm{I} \equiv \frac{\dot{I}_\mathrm{r}}{\dot{I}_\mathrm{i}} = \frac{Z_0 - \dot{Z}_\mathrm{L}}{Z_0 + \dot{Z}_\mathrm{L}} \tag{2.45}$$

となる。電流反射係数は電圧反射係数と $\dot{\Gamma}_\mathrm{I} = -\dot{\Gamma}$ の関係にあり，本章では受端での反射の程度を示す量として，電圧反射係数 $\dot{\Gamma}$ を用いて説明する。

### 2.3.2 定在波と定在波分布

入射波は電源側から負荷側へ，反射波は負荷側から電源側へ伝搬する進行波であり，伝送線路の電圧と電流は一般に，入射波と反射波を重ね合わせた合成波として表される。伝搬方向が異なる進行波を合成した波は，**定在波** (standing wave) と呼ばれ，進行波とは異なる性質が現れる。

## 2.3 無損失線路における反射と定在波

無損失線路の電圧の反射波 $\dot{V}_\mathrm{r}(d) = \dot{V}_\mathrm{r} e^{-j\beta d}$ は，入射波 $\dot{V}_\mathrm{i}(d) = \dot{V}_\mathrm{i} e^{j\beta d}$ と電圧反射係数 $\dot{\Gamma} = |\dot{\Gamma}| e^{-j\phi}$ を用いて，式 (2.44) から

$$\dot{V}_\mathrm{r}(d) = |\dot{\Gamma}||\dot{V}_\mathrm{i}| e^{-j(\beta d + \phi)} = \dot{V}_\mathrm{i}(d) |\dot{\Gamma}| e^{-j(2\beta d + \phi)} \tag{2.46}$$

と表される．したがって線路上の電圧 $\dot{V}(d)$ は入射波と反射波の合成波であり

$$\dot{V}(d) = \dot{V}_\mathrm{i}(d) + \dot{V}_\mathrm{i}(d) |\dot{\Gamma}| e^{-j(2\beta d + \phi)} \tag{2.47}$$

となる．式 (2.47) の電圧 $\dot{V}(d)$ の線路上での変化は，図 **2.14** (*a*) のベクトル図からつぎの手順で調べられる．なお，ここでは $\phi > 0$ として説明するが，$\phi \leqq 0$ の場合も同様である．

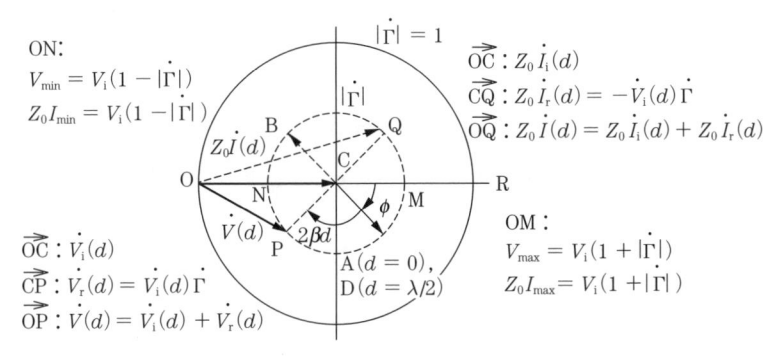

(*a*) 定在波のベクトル図

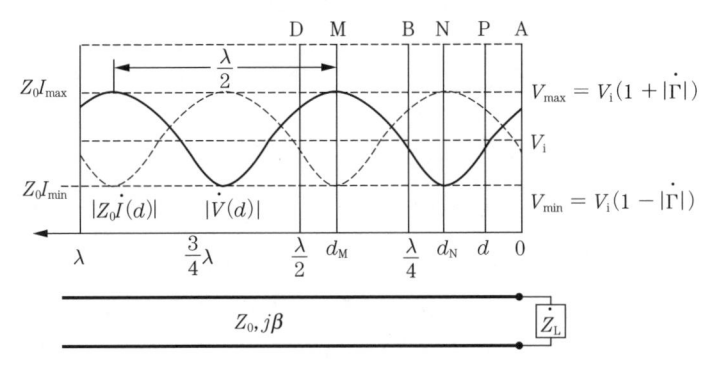

(*b*) 定在波の電圧・電流分布

図 **2.14** 定在波のベクトル図と電圧・電流分布

① 入射波 $\dot{V}_\mathrm{i}(d)$ を基準ベクトル $\overrightarrow{\mathrm{OC}}$ にとり，その絶対値 $|\overrightarrow{\mathrm{OC}}|$ は入射波の実効値 $V_\mathrm{i} = |\dot{V}_\mathrm{i}|$ とする．

② 点 C を中心とする半径 $|\dot{V}_\mathrm{i}||\dot{\Gamma}|$ の円を描き，この円周上に半直線 CR と角度 $\phi$ をなす点 A をとる．このとき $\overrightarrow{\mathrm{CA}}$ は，受端 $d=0$ での反射電圧 $\dot{V}_\mathrm{r}(0)$ を表し，$\overrightarrow{\mathrm{OA}}(=\overrightarrow{\mathrm{OC}} + \overrightarrow{\mathrm{CA}})$ が受端の電圧 $\dot{V}(0)$ に対応する．

③ 受端から距離 $d$ の点 P での電圧 $\dot{V}(d)$ は，点 A から時計方向に位相角 $2\beta d$ だけ回転した円周上の点 P のベクトル $\overrightarrow{\mathrm{OP}}(=\overrightarrow{\mathrm{OC}} + \overrightarrow{\mathrm{CP}})$ である．

したがって，横軸に受端からの距離 $d$，縦軸にその点での電圧 $\dot{V}(d)$ の実効値 $|\overrightarrow{\mathrm{OP}}|$ をプロットし，点 P を受端から移動させていくと，図 **2.14** (b) に示される**電圧定在波分布**が求められる．点 P は $2\beta d = 2\pi$ でベクトル図を 1 回転することから，電圧定在波分布 $|\dot{V}(d)|$ は，半波長 $d = \lambda/2$ ごとに繰返される周期関数である．

電圧の実効値 $|\dot{V}(d)|$ は，ベクトル図で点 P が N と M に到達したとき，それぞれ最小値 $V_\mathrm{min}(=\mathrm{ON})$ と最大値 $V_\mathrm{max}(=\mathrm{OM})$ をとり，次式で与えられる．

$$V_\mathrm{min} = V_\mathrm{i}(1 - |\dot{\Gamma}|), \quad V_\mathrm{max} = V_\mathrm{i}(1 + |\dot{\Gamma}|) \tag{2.48}$$

---

**例題 2.11** 電圧反射係数が $\dot{\Gamma} = |\dot{\Gamma}|e^{-j\phi}$ $(\phi = \pi/4)$ のときに，電圧定在波分布の最小点と最大点までの受端からの最短距離 $d_\mathrm{N}$ と $d_\mathrm{M}$ を求めよ．

---

【解答】 図 **2.14** から，電圧定在波分布の最小値となる点 N では $2\beta d_\mathrm{N} + \phi = \pi$ が成立し，これから $d_\mathrm{N} = (\pi - \phi)/(2\beta) = (3/16)\lambda$ が求められる．また，最大値の点 M では $2\beta d_\mathrm{M} + \phi = 2\pi$ であり，$d_\mathrm{M} = (7/16)\lambda$ が得られる． ◇

つぎに，無損失線路上の電流の定在波について述べよう．電流の入射波と反射波をそれぞれ，$\dot{I}_\mathrm{i}(d) = \dot{V}_\mathrm{i}(d)/Z_0$，$\dot{I}_\mathrm{r}(d) = -\dot{V}_\mathrm{r}(d)/Z_0$ とおく．ここで，式 (2.46) を参照すれば，入射波と反射波を重ね合わせた電流は次式で表される．

$$\dot{I}(d) = \dot{I}_\mathrm{i}(d) + \dot{I}_\mathrm{r}(d) = \frac{\dot{V}_\mathrm{i}(d)}{Z_0} - \frac{\dot{V}_\mathrm{i}(d)}{Z_0}|\dot{\Gamma}|e^{-j(2\beta d + \phi)} \tag{2.49}$$

したがって，電流 $\dot{I}(d)$ の代わりに $Z_0\dot{I}(d)$ を考えると，式 (2.49) から

$$Z_0\dot{I}(d) = \dot{V}_\mathrm{i}(d) - \dot{V}_\mathrm{i}(d)|\dot{\Gamma}|e^{-j(2\beta d+\phi)} \tag{2.50}$$

となり，その定在波分布は図 **2.14** のベクトル図から求められる．つまり，$Z_0\dot{I}(d)$ の入射波 $\dot{V}_\mathrm{i}(d)$ は $\overrightarrow{OC}$ であり，反射波 $-\dot{V}_\mathrm{i}(d)|\dot{\Gamma}|e^{-j(2\beta d+\phi)}$ には $\overrightarrow{CQ}$ が対応する．ここで，点 Q は点 P を $\pi$ だけ回転した円周上の点である．

したがって，$Z_0\dot{I}(d)$ の定在波分布は，図 **2.14** の破線で示されるように電圧定在波分布 $|\dot{V}(d)|$ を電源側へ $\lambda/4$ だけ平行移動したものである．これより，電流定在波分布 $|\dot{I}(d)|$ の最小値と最大値がそれぞれつぎのように求められる．

$$I_\mathrm{min} = \frac{V_\mathrm{i}}{Z_0}(1 - |\dot{\Gamma}|), \quad I_\mathrm{max} = \frac{V_\mathrm{i}}{Z_0}(1 + |\dot{\Gamma}|) \tag{2.51}$$

図 **2.14** に示すように，電圧定在波分布の波腹（例えば $d = d_\mathrm{M}$ の点）で，電圧は最大値 $V_\mathrm{max}$ を，電流は最小値 $I_\mathrm{min}$ をとる．一方，電圧定在波分布の波節（例えば $d = d_\mathrm{N}$）では，電圧が最小値 $V_\mathrm{min}$ で電流が最大値 $I_\mathrm{max}$ である．

### 2.3.3 定在波分布の例

無損失線路にいくつか代表的な負荷を接続したときの $\dot{V}(d)$ と $Z_0\dot{I}(d)$ の定在波分布を求め，その1周期分を表 **2.1** に示す．電流に対応する定在波分布 $Z_0|\dot{I}(d)|$ は，電圧定在波分布 $|\dot{V}(d)|$ を $\lambda/4$ だけ電源側へ平行移動したものである．以下の説明では $|\dot{V}(d)|$ について説明する．

〔**1**〕 **整合がとれた線路**　$Z_\mathrm{L} = Z_0$ のとき，式 (2.43) から電圧反射係数は $\dot{\Gamma} = 0$ となり，反射波は $\dot{V}_\mathrm{r}(d) = 0$ である．したがって，$|\dot{V}(d)| = |\dot{V}_\mathrm{i}(d)| = V_\mathrm{i}$ となり，整合線路では電圧定在波分布は線路上で一定である．

〔**2**〕 **受端開放線路**　この線路では $Z_\mathrm{L} = \infty$ であり，式 (2.43) から反射係数は $\dot{\Gamma} = 1$ となる．したがって $|\dot{\Gamma}| = 1$ および $\phi = 0$ であり，電圧 $|\dot{V}(d)|$ はベクトル図の点 M から始まり，その点で最大値 $2V_\mathrm{i}$ を，点 N で最小値零をとる．

〔**3**〕 **受端短絡線路**　受端短絡は，$Z_\mathrm{L} = 0$ として反射係数を求めると $\dot{\Gamma} = -1$ となり，$|\dot{\Gamma}| = 1$ および $\phi = \pi$ である．したがって，電圧 $\dot{V}(d)$ はベクトル図の点 N から始まり，その点で最小値零を，点 M で最大値 $2V_\mathrm{i}$ をとる．

**表 2.1** 代表的な無損失線路上の定在波分布

| 負荷 | 反射係数 | ベクトル図(電圧) | 定在波分布 |
|---|---|---|---|
| [1] 整合<br>$Z_L = Z_0$ | $\dot{\Gamma} = 0$<br>$\|\dot{\Gamma}\| = 0$ | | |
| [2] 開放<br>$Z_L = \infty$ | $\dot{\Gamma} = 1$<br>$\|\dot{\Gamma}\| = 1$<br>$\phi = 0$ | | |
| [3] 短絡<br>$Z_L = 0$ | $\dot{\Gamma} = -1$<br>$\|\dot{\Gamma}\| = 1$<br>$\phi = \pi$ | | |
| [4] 純抵抗<br>$Z_L = 3Z_0$ | $\dot{\Gamma} = 1/2$<br>$\|\dot{\Gamma}\| = 1/2$<br>$\phi = 0$ | | |
| [5] 純抵抗<br>$Z_L = Z_0/3$ | $\dot{\Gamma} = -1/2$<br>$\|\dot{\Gamma}\| = 1/2$<br>$\phi = \pi$ | | |

〔4〕 $Z_L = 3Z_0$ の線路　　式 (2.43) に $Z_L = 3Z_0$ を代入して，$\dot{\Gamma} = 1/2$ であり，$|\dot{\Gamma}| = 1/2$ および $\phi = 0$ となる．したがって，電圧定在波分布 $|\dot{V}(d)|$ は点 M で最大値 $(3/2)V_i$ を，点 N で最小値 $(1/2)V_i$ をとる．

〔5〕 $Z_L = Z_0/3$ の線路　　負荷が $Z_L = Z_0/3$ のとき，反射係数は $\dot{\Gamma} = -1/2$ であり，$|\dot{\Gamma}| = 1/2$ および $\phi = \pi$ となる．電圧定在波分布 $|\dot{V}(d)|$ は点 M で最大値 $(3/2)V_i$ を，点 N で最小値 $(1/2)V_i$ をとる．

## 2.3 無損失線路における反射と定在波

**例題 2.12** 特性インピーダンスが $Z_0 = 300\,[\Omega]$ の無損失線路に $Z_L = 200\,[\Omega]$ の負荷を接続した。この線路に $f = 300\,[\mathrm{MHz}]$ で $V_i = 15\,[\mathrm{V}]$ の電圧を加えたとき, 下記の問いに答えよ。伝搬速度は $c = 3 \times 10^8\,[\mathrm{m/s}]$ とする。

(1) 波長 $\lambda$ を求めよ。
(2) 電圧反射係数 $\dot{\Gamma}$ を求めよ。
(3) 電圧と電流の定在波分布を線路の受端から1波長の点 $(d = \lambda)$ まで描け。

【解答】(1) 式 (1.2) より

$$\lambda\,[\mathrm{m}] = 300/f\,[\mathrm{MHz}] = 300/300 = 1\,[\mathrm{m}]$$

(2) 式 (2.43) から $\dot{\Gamma} = (200 - 300)/(200 + 300) = -0.2$ であり, $|\dot{\Gamma}| = 0.2$ で $\phi = \pi\,[\mathrm{rad}]$。

(3) $V_{\max} = V_i(1 + |\dot{\Gamma}|) = 18\,[\mathrm{V}]$, $V_{\min} = V_i(1 - |\dot{\Gamma}|) = 12\,[\mathrm{V}]$。また, $I_{\max} = V_{\max}/Z_0 = 60\,[\mathrm{mA}]$, $I_{\min} = V_{\min}/Z_0 = 40\,[\mathrm{mA}]$。電圧と電流の定在波分布を図 **2.15** に示す。

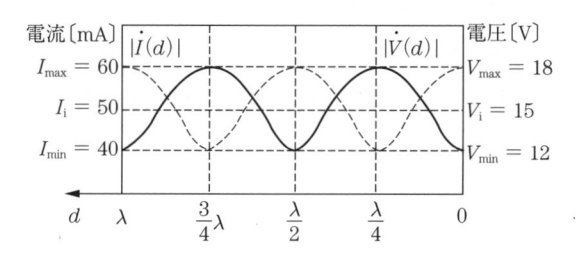

**図 2.15** 電圧と電流の定在波分布

◇

### 2.3.4 電圧定在波比

伝送線路における電圧または電流の反射の程度を示す量として, 反射係数 $\dot{\Gamma}$ とともに, **電圧定在波比** (voltage standing wave ratio: VSWR) $S$ が用いられる。電圧定在波比は図 **2.16** に示すように, 電圧定在波分布の最大値 $V_{\max}$ と最小値 $V_{\min}$ の比

**34**　　2. 伝送線路の基礎

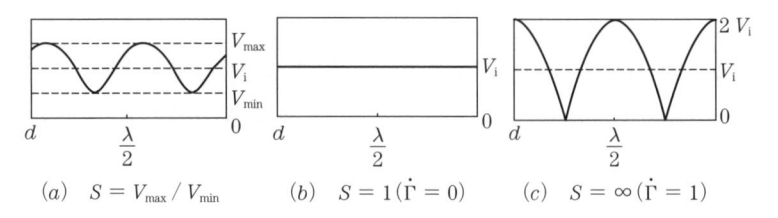

(a)　$S = V_{\max} / V_{\min}$　　　(b)　$S = 1 (\dot{\Gamma} = 0)$　　　(c)　$S = \infty (\dot{\Gamma} = 1)$

図 **2.16**　電圧定在波分布と定在波比

$$S \equiv \frac{V_{\max}}{V_{\min}} = \frac{1 + |\dot{\Gamma}|}{1 - |\dot{\Gamma}|} \quad (S \geq 1) \tag{2.52}$$

で定義され，無損失線路では $S$ は 1 以上の定数である†。

電圧定在波比が $S = 1$ となるのは，式 (2.52) より反射係数が $\dot{\Gamma} = 0$，つまり線路に入射波だけが存在する整合がとれた状態を表している（図 **2.16** (b) 参照）。また，$S = \infty$ は，反射係数が $|\dot{\Gamma}| = 1$ のときであり，受端を開放または短絡した状態に対応する（図 **2.16** (c) は受端開放の場合）。

電圧定在波比 $S$ は，線路上の電圧定在波分布から求められ，その測定が容易である。そして，電圧定在波比が与えられると線路の反射特性が調べられる。例えば，電圧定在波比 $S$ がわかると，式 (2.52) から電圧反射係数の絶対値

$$|\dot{\Gamma}| = \frac{S - 1}{S + 1} \tag{2.53}$$

が求められる。また，伝送線路における電力の反射の程度を示す**反射損**(reflection loss) $M$ は，入射電力 $P_i$ と伝送電力 $P$ の比で定義され，$S$ を用いて

$$M \equiv \frac{P_i}{P} = \frac{(1 + S)^2}{4S} \tag{2.54}$$

と表される。

---

†　損失を持つ伝送線路では，電圧定在波比 $S$ の値は線路の場所により変化する。

**例題 2.13** 式 (2.54) を導け.

【解答】 無損失線路の伝送電力 $P$ は，**例題 2.7** の解答で求められており，反射係数の絶対値 $|\dot{\Gamma}|$ を用いて表すと

$$P = \frac{1}{Z_0}\left(|\dot{V}_\mathrm{i}|^2 - |\dot{V}_\mathrm{r}|^2\right) = P_\mathrm{i}(1-|\dot{\Gamma}|^2) \tag{2.55}$$

となる．ここで，$P_\mathrm{i} = |\dot{V}_\mathrm{i}|^2/Z_0$ は入射電力である．したがって，反射損は $M = 1/(1-|\dot{\Gamma}|^2)$ となり，この式に式 (2.53) を代入すれば式 (2.54) が導かれる．　◇

**例題 2.14** 負荷を接続した無損失線路で電圧定在波比を測定したところ，$S=2$ であった．この線路の受端での反射係数の絶対値 $|\dot{\Gamma}|$ と反射損 $M$ を計算せよ．また，入力電力が $P_\mathrm{i} = 9\,[\mathrm{mW}]$ のとき，伝送電力 $P$ を求めよ．

【解答】 式 (2.53) より $|\dot{\Gamma}| = 1/3$ であり，反射損は式 (2.54) から $M = 1.125$ となる．伝送電力は $P = P_\mathrm{i}/M = 8\,[\mathrm{mW}]$ となる．　◇

## 2.4 損失を考慮した伝送線路

実際の伝送線路では，線路の損失が無視できない場合もある．本節では，一次定数に対して $R \ll \omega L$ および $G \ll \omega C$ が成り立つ線路を考え，この損失線路上の電圧と電流について簡単に触れておこう．

### 2.4.1 伝搬定数と特性インピーダンス

式 (2.7) の伝搬定数 $\dot{\gamma}$ は，条件 $R \ll \omega L, G \ll \omega C$ を用いて，つぎのように近似される†．

---

† $\dot{\gamma} = \sqrt{j\omega L\left(1+\dfrac{R}{j\omega L}\right)j\omega C\left(1+\dfrac{G}{j\omega C}\right)} = j\omega\sqrt{LC}\sqrt{1+\dfrac{1}{j\omega}\left(\dfrac{R}{L}+\dfrac{G}{C}\right)+\dfrac{R}{j\omega L}\dfrac{G}{j\omega C}}$

ここで $R \ll \omega L$ と $G \ll \omega C$ から平方根内の第3項 $RG/(j\omega L)(j\omega C)$ を省略し，その式に近似式 $(\sqrt{1+x} \approx 1 + x/2\,(|x| \ll 1))$ を適用すれば，式 (2.56) が導かれる．

$$\dot{\gamma} \approx j\omega\sqrt{LC}\left(1 + \frac{CR + LG}{2j\omega LC}\right) \tag{2.56}$$

したがって，損失線路の減衰定数および位相定数がそれぞれ

$$\alpha = \frac{1}{2}\left(R\sqrt{\frac{C}{L}} + G\sqrt{\frac{L}{C}}\right) \; [\mathrm{Np/m}], \quad \beta = \omega\sqrt{LC} \; [\mathrm{rad/m}] \tag{2.57}$$

と求められる。また，式 (2.10) の特性インピーダンスは

$$Z_0 = \sqrt{\frac{j\omega L\{1 + R/(j\omega L)\}}{j\omega C\{1 + G/(j\omega C)\}}}\bigg|_{R \ll \omega L, G \ll \omega C} \approx \sqrt{\frac{L}{C}} \; [\Omega] \tag{2.58}$$

となる。$R \ll \omega L, G \ll \omega C$ が成り立つ損失線路では，位相定数 $\beta$ と特性インピーダンス $Z_0$ は無損失線路と同じである。また，減衰定数は $Z_0$ を用いて

$$\alpha = \frac{R}{2Z_0} + \frac{GZ_0}{2} \tag{2.59}$$

と表される。この式の $R/2Z_0$ は導体の高周波抵抗による損失であり，$GZ_0/2$ は誘電体損に対応している。

### 2.4.2 損失線路の電圧と電流

分布定数回路の基本式から，低損失線路の電圧と電流は

$$\begin{cases} \dot{V}(z) = \dot{V}_1 e^{-\alpha z}e^{-j\beta z} + \dot{V}_2 e^{\alpha z}e^{j\beta z} \\ \dot{I}(z) = \dfrac{\dot{V}_1}{Z_0}e^{-\alpha z}e^{-j\beta z} - \dfrac{\dot{V}_2}{Z_0}e^{\alpha z}e^{j\beta z} \end{cases} \tag{2.60}$$

と表される。式 (2.60) の右辺第 1 項は図 **2.17** に示すように，振幅が $z$ の増加とともに $e^{-\alpha z}$ で減衰しながら，$z$ 軸の正方向へ速度

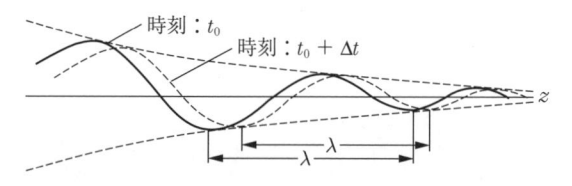

図 **2.17** 損失のある線路上を入射電圧が伝搬する様子（実線は時刻 $t = t_0$ における電圧分布で，その $\Delta t$ [s] 後の電圧分布が破線である）

$$v = \frac{\omega}{\beta} = \frac{1}{\sqrt{LC}} \quad [\mathrm{m/s}] \tag{2.61}$$

で伝搬する入射波である．また，式 (2.60) の右辺第 2 項は，入射波が線路の受端で反射して電源側へ戻ってくる反射波を表している．

## 演 習 問 題

**【1】** 式 (2.12) の減衰定数 $\alpha$ と式 (2.13) の位相定数 $\beta$ を導け．

**【2】** 特性インピーダンスが $Z_0 = 50\,[\Omega]$ で，電圧および電流の伝搬速度が $v = 2 \times 10^8\,[\mathrm{m/s}]$ で与えられる無損失線路がある．この線路の単位長当りのインダクタンス $L$ とキャパシタンス $C$ を求めよ．

**【3】** 減衰定数が $\alpha = 0.1\,[\mathrm{Np/m}]$，位相定数が $\beta = \pi/3\,[\mathrm{rad/m}]$ の整合がとれた（無反射の）線路がある．この線路の送端に $\dot{V} = 12\,[\mathrm{V}]$ の電圧を加えたとき，送端から $z = 7\,[\mathrm{m}]$ の点での電圧の瞬時値を求めよ．ただし，線路内の電圧の伝搬速度を $v = 2 \times 10^8\,[\mathrm{m/s}]$ とする．

**【4】** 特性インピーダンスが $Z_0 = 300\,[\Omega]$ の平行二線式線路があり，この線路の受端を短絡し，線路長を変化させて入力インピーダンスが $\dot{Z}_{\mathrm{in}} = -j300\,[\Omega]$ の容量性負荷をつくりたい．電波の周波数を $f = 150\,[\mathrm{MHz}]$ として最短の線路長 $\ell$ を求めよ．ただし線路は無損失で，伝搬速度は $c = 3 \times 10^8\,[\mathrm{m/s}]$ とする．

**【5】** 無損失線路上のインピーダンスの最大値 $Z_{\max}$ と最小値 $Z_{\min}$ を，特性インピーダンス $Z_0$ と電圧定在波比 $S$ を用いて表せ．

**【6】** 特性インピーダンスが $Z_0 = 50\,[\Omega]$ の無損失線路に負荷 $\dot{Z}_{\mathrm{L}}$ を接続し，電圧定在波分布を測定したところ，定在波比が $S = 3$ であり，受端から距離 $d_{\mathrm{N}} = \lambda/8\,[\mathrm{m}]$ の点で電圧が最小となった．負荷インピーダンス $\dot{Z}_{\mathrm{L}}$ を求めよ．

**【7】** 特性インピーダンスが $Z_0 = 300\,[\Omega]$ の無損失線路に負荷が接続されている．線路上の電流（実効値）の最大値と最小値がそれぞれ $I_{\max} = 0.6\,[\mathrm{A}]$ と $I_{\min} = 0.2\,[\mathrm{A}]$ であるとき，負荷に供給される伝送電力 $P\,[\mathrm{W}]$ を求めよ．

**【8】** 伝送線路で，一次定数が $L/R = C/G$ を満たすとき，減衰定数 $\alpha$，位相定数 $\beta$ を求めよ．また，この線路は，伝送信号にひずみが生じない無ひずみ線路として取り扱うことができることを示せ．

# 3

# 電磁波の基礎

　本章では，電磁波を記述するために用いられる物理量と，電磁波に関する基本法則について説明する．そして，電波を表現する際によく用いられる平面電磁波(平面波)を導き，その基本的な性質を示す．

## 3.1 電磁波の基本法則

### 3.1.1 電磁波を表す量

　電磁波は，**電荷** (electric charge) と**電流** (electric current) を源(ソース)として発生する．具体的には，電荷密度 $\rho$ [C/m$^3$] と電流密度 $J$ [A/m$^2$] が電磁波の源となり，これらによって生じる電磁波を記述する物理量として，**電界** (electric field) $E$ [V/m]，**電束密度** (electric flux density) $D$ [C/m$^2$]，**磁界** (magnetic field) $H$ [A/m]，そして**磁束密度** (magnetic flux density) $B$ [T] がある．これらの電磁量は，場所 $r = [x, y, z]$ と時間 $t$ の関数であり，$\rho(r, t)$ や $E(r, t)$ のように表すこともある．

### 3.1.2 構成方程式

　電界 $E$，磁束密度 $B$，電束密度 $D$ および磁界 $H$ の間の関係を表す式を**構成方程式** (constitutive equation) という．構成方程式は，運動している媒質や超伝導媒質のような特別な場合を除けば，よく知られた形

$$D = \varepsilon E, \quad B = \mu H, \quad J = J_0 + \sigma E \tag{3.1}$$

で表現される．ここで，$\varepsilon$ [F/m] は媒質の**誘電率** (dielectric constant または

permittivity)，$\mu$ [H/m] は**透磁率** (permeability)，$\sigma$ [S/m] は**導電率** (electric conductivity) である．また，$\boldsymbol{J}_0$ は外部から加えられた電流の密度を表し，アンテナなど電磁波を励振する場合に考慮される．

式 (*3.1*) に現れる $\varepsilon$ と $\mu$ そして $\sigma$ は，媒質の電磁気的な性質を表す量で，**媒質定数**と呼ばれる．本書では，媒質定数のそれぞれが定数で与えられる，線形，等方性，非分散性の媒質[†1] を考え，つぎの 4 種類の媒質を取り扱う．

〔*1*〕　**真　　空**　　誘電率が $\varepsilon_0 = 8.854 \times 10^{-12}$ [F/m]，透磁率が $\mu_0 = 4\pi \times 10^{-7}$ [H/m] で，導電率が $\sigma = 0$ [S/m] である媒質．

〔*2*〕　**無損失の誘電体**　　誘電率 $\varepsilon$ が $\varepsilon_0$ より大きい実数で，透磁率 $\mu$ がほぼ $\mu_0$ に等しく，導電率が $\sigma = 0$ の媒質[†2]．

〔*3*〕　**完 全 導 体**　　導電率を無限大 $\sigma = \infty$ とした理想的な導体．

〔*4*〕　**損失を持つ媒質**　　導電率 $\sigma$ が有限の値 $(0 < \sigma < \infty)$ を持つ媒質．

実際に用いられる材料は，厳密には損失を持つ媒質であり，導電率 $\sigma$ を考慮しなければならない．しかし，空気は真空，また絶縁体として用いられるポリエチレンやテフロンなどは無損失の誘電体，そして銅やアルミニウムなどの金属は完全導体として取り扱われることがある．

また，均質，線形，等方性の媒質で満たされた無限空間は**自由空間** (free space) と呼ばれ，大気中や真空中などは，一般に自由空間として取り扱われる．本書においても，無限に広がる真空，あるいは実用上真空とみなせる空間 (大気中など) を自由空間として取り扱う．

### 3.1.3　マクスウェルの方程式

ここでは，電磁気に関する基本法則を簡単に説明したのち，電磁波を表す基本方程式である**マクスウェルの方程式** (Maxwell's equation) を示す．

〔*1*〕　**アンペアの周回積分の法則**　　図 *3.1* に示すように，任意の閉曲線を

---

[†1] 線形とは，媒質定数が電界 $\boldsymbol{E}$ や磁界 $\boldsymbol{H}$ の "大きさ" に関係しないこと，等方性とは，媒質定数が $\boldsymbol{E}$ や $\boldsymbol{H}$ の "方向" に関係しないこと，非分散性とは，媒質定数が電磁波の "周波数" に依存しないことを意味している．

[†2] 透磁率 $\mu$ が $\mu_0$ より大きい媒質が磁性体で，$\mu_0$ にほぼ等しい媒質が誘電体である．

$C$ とし，その上の線素を $d\ell$ で表す．また，$C$ で囲まれる曲面を $A$ とし，その上の面素を $dS$，$A$ 上の単位法線ベクトルを $\boldsymbol{n}$ とする．このとき，アンペアの周回積分の法則 (Ampere's law) は

$$\oint_C \boldsymbol{H} \cdot d\boldsymbol{\ell} = \int_A \boldsymbol{J} \cdot \boldsymbol{n} dS \qquad (3.2)$$

で表現される．電流密度 $\boldsymbol{J}$ と磁界 $\boldsymbol{H}$ の方向は，右ねじの関係，つまり電流の向きを右ねじの進行方向としたとき，ねじの回転方向が磁界の向きとなる．

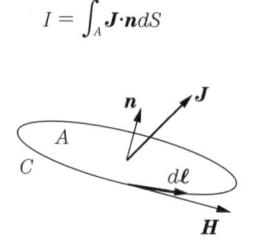

**図 3.1** アンペアの周回積分の法則

---

**例題 3.1** 半径 $a$ 〔m〕の無限長円柱内を，電流が密度 $J$ 〔A/m$^2$〕で一様に流れていると仮定する．このとき，円柱の中心軸から半径 $r(>a)$ 〔m〕の円周上における磁界の強度 $H$ 〔A/m〕を求めよ．

---

**【解答】** この問題にアンペアの周回積分の法則を適用すると，式 (3.2) の左辺は，$\oint_C \boldsymbol{H} \cdot d\boldsymbol{\ell} = H \times (2\pi r)$ となる．また，右辺は $\int_A \boldsymbol{J} \cdot \boldsymbol{n} dS = J \times (\pi a^2)$ であり，これらを等しいとおいて，磁界の強度は

$$H = \frac{\pi a^2 J}{2\pi r} = \frac{a^2 J}{2r} \ \text{〔A/m〕}$$

となる． ◇

**〔2〕変位電流** マクスウェルは，電束密度 $\boldsymbol{D}$ の時間的変化も電流と同様な磁気作用を持つものと考えて，**変位電流** (displacement current) 密度

$$\boxed{\boldsymbol{J}_\mathrm{D} = \frac{\partial \boldsymbol{D}}{\partial t} \ \text{〔A/m}^2\text{〕}} \qquad (3.3)$$

を導入し，誘電体中も電流が流れると考えた．

変位電流は，図 **3.2** のようにコンデンサ回路に流れる電流から説明される．コンデンサに交流電圧を加えると回路には電流が流れ，導線のまわりに磁界が

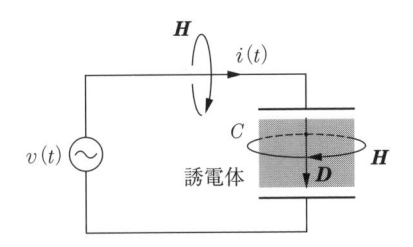

**図 3.2** 変位電流

発生する。磁界はコンデンサの極板間の誘電体のまわりにも発生し，誘電体中にも磁気作用を起こす電流に相当するものが存在することになる。

ところが，極板間の誘電体中に電界（$E$）は生じるが，誘電体の導電率は $\sigma = 0$ であるため電流は流れない（$J = \sigma E = 0$）。そこで，誘電体中には，導線に流れる電流とは異なる変位電流（$J_D = \partial D/\partial t$）が流れているとすれば，この電流により誘電体のまわりに磁界が発生することが説明できる。そして，導線と極板間の誘電体を含む回路全体で連続した電流が流れていることになる。

このように，電流には導電性媒質を流れる電流（$J = \sigma E$）と誘電体中を流れる変位電流（$J_D = \partial D/\partial t$）がある。導電性媒質を流れる電流は，変位電流と区別され，**導電電流**または**伝導電流**（conduction current）と呼ばれる。

---

**例題 3.2** 図 **3.2** において，$v(t) = \sqrt{2}V \sin\omega t$ 〔V〕の交流電圧を平行平板コンデンサに加えたときに誘電体に生じる変位電流を求めよ。ただし，コンデンサの極板の面積を $A$〔m$^2$〕，極板間距離を $d$〔m〕，極板間の誘電体の誘電率を $\varepsilon$〔F/m〕とする。また，極板間の電界は一様とする。

---

**【解答】** コンデンサの極板間の電界は，$E = v(t)/d = (\sqrt{2}V/d)\sin\omega t$〔V/m〕となる。これより，誘電体中の電束密度 $D$ は，$D = \varepsilon E = (\varepsilon\sqrt{2}V/d)\sin\omega t$ となる。よって変位電流密度 $J_D$ は，$J_D = \partial D/\partial t = (\varepsilon\omega\sqrt{2}V/d)\cos\omega t$〔A/m$^2$〕となり，求める変位電流 $I_D$ は，$I_D = J_D A = (\varepsilon A\omega/d)\sqrt{2}V\cos\omega t$〔A〕となる。ここで，$C = \varepsilon A/d$〔F〕とおくと，$I_D$ は，$I_D = \omega C\sqrt{2}V\cos\omega t$ と表現することができる。これは，交流理論において，静電容量 $C$〔F〕のコンデンサに $v(t) = \sqrt{2}V\sin\omega t$〔V〕の交流電圧を加えたときに回路に流れる電流の表現式と一致する。　◇

〔**3**〕 **拡張されたアンペアの法則**　　変位電流を考慮すると，式 (3.2) のアンペアの法則は次式のようになり，そのイメージを図 **3.3** に示す。

$$\oint_C \boldsymbol{H} \cdot d\boldsymbol{\ell} = \int_A \left(\boldsymbol{J} + \frac{\partial \boldsymbol{D}}{\partial t}\right) \cdot \boldsymbol{n} dS \tag{3.4}$$

この式は，拡張されたアンペアの法則と呼ばれ，「導電電流および変位電流から，右ねじの関係に従って磁界が誘導される」ことを表している。

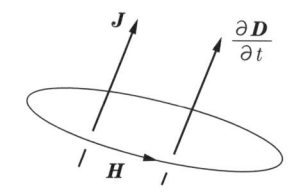

図 **3.3**　拡張されたアンペアの法則　　図 **3.4**　ファラデーの電磁誘導の法則

〔**4**〕 **ファラデーの電磁誘導の法則**　　磁束密度 $\boldsymbol{B}$ と電界 $\boldsymbol{E}$ の関係を示したのが，ファラデーの電磁誘導の法則 (Faraday's law of induction)

$$\oint_C \boldsymbol{E} \cdot d\boldsymbol{\ell} = -\int_A \frac{\partial \boldsymbol{B}}{\partial t} \cdot \boldsymbol{n} dS \tag{3.5}$$

である。この式は，図 **3.4** に示すように，「磁束密度の時間的変化 $(-\partial \boldsymbol{B}/\partial t)$ は，そのまわりに電界 $\boldsymbol{E}$ を誘導する」ことを表している。

〔**5**〕 **ガウスの法則**　　図 **3.5** $(a)$ のように，ある閉曲面 $A$ から出て行く電束密度の総数は，その閉曲面内 $V$ の総電荷に等しく，つぎの式が成立する。

$$\int_A \boldsymbol{D} \cdot \boldsymbol{n} dS = \int_V \rho dV \tag{3.6}$$

一方，磁束密度 $\boldsymbol{B}$ については，閉曲面 $A$ から出て行く総数は，零である。

$$\int_A \boldsymbol{B} \cdot \boldsymbol{n} dS = 0 \tag{3.7}$$

この式は図 **3.5** $(b)$ に示すように，磁力線 (図中の破線) が閉曲線であることを意味している。

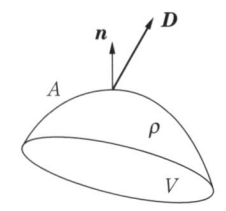

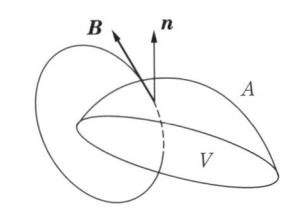

(a) 電束密度に関するガウスの法則    (b) 磁束密度に関するガウスの法則

図 3.5 ガウスの法則

以上，式 (3.4)～(3.7) は電磁波の基本法則[†1]を示しており，複雑に見える電気と磁気の現象もこの四つの法則で説明することができる。これらの電磁波の基本法則は，つぎに示すように微分方程式の形でも表現される[†2]。

[6] **マクスウェルの方程式**　式 (3.4)～(3.7) は，ナブラベクトル演算子 $\nabla$ を用いて，それぞれつぎの式 (3.8)～(3.11) のように表される。これらの式をマクスウェルの方程式（微分形）という。

$$\nabla \times \boldsymbol{H} = \boldsymbol{J} + \frac{\partial \boldsymbol{D}}{\partial t} \quad \text{（拡張されたアンペアの法則）} \quad (3.8)$$

$$\nabla \times \boldsymbol{E} = -\frac{\partial \boldsymbol{B}}{\partial t} \quad \text{（ファラデーの電磁誘導の法則）} \quad (3.9)$$

$$\nabla \cdot \boldsymbol{D} = \rho \quad \text{（電束密度に関するガウスの法則）} \quad (3.10)$$

$$\nabla \cdot \boldsymbol{B} = 0 \quad \text{（磁束密度に関するガウスの法則）} \quad (3.11)$$

[†1] このほかに，補助方程式として電磁波の源である電荷と導電電流との関係を述べた**連続の式**：$\int_A \boldsymbol{J} \cdot \boldsymbol{n} dS = -\int_V \frac{d\rho}{dt} dv$ がある。

[†2] 式 (3.4)～(3.7) は，マクスウェルの方程式（積分形）と呼ばれる。微分形に変換する際は，つぎのベクトル解析における積分公式を利用する。
ストークスの (積分) 定理：

$$\int_A (\nabla \times \boldsymbol{E}) \cdot \boldsymbol{n} dS = \oint_C \boldsymbol{E} \cdot d\boldsymbol{\ell}, \quad \text{および}, \quad \int_A (\nabla \times \boldsymbol{H}) \cdot \boldsymbol{n} dS = \oint_C \boldsymbol{H} \cdot d\boldsymbol{\ell}$$

ガウスの (積分) 定理：

$$\int_V \nabla \cdot \boldsymbol{D} dV = \int_A \boldsymbol{D} \cdot \boldsymbol{n} dS, \quad \text{および}, \quad \int_V \nabla \cdot \boldsymbol{B} dV = \int_A \boldsymbol{B} \cdot \boldsymbol{n} dS$$

ここで，$\nabla\times$ は**回転** (rotation, curl) を，$\nabla\cdot$ は**発散** (divergence) を表す[†]。電磁波を求めることは，与えられた条件のもとで，マクスウェルの方程式つまり式 (3.8)~(3.11) の偏微分の連立一次方程式を解くことに帰着する。

---

**コーヒーブレイク**

ファラデー (1791~1867) は 1791 年にロンドンの郊外に生まれ，製本屋で働きながら化学や物理を独学で学ぶ。そして 1813 年に王立研究所の実験助手に雇われ，実験科学者として才能を発揮し数多くの研究業績を残している。なかでも電磁誘導の法則 (1831 年) は，発電機の発明や電磁波の研究などにつながる電磁気学における最大の発見といわれている。また電気力線や磁力線を考案したのもファラデーであり，この力線の概念が電磁気学の発展に大きく寄与する。

Michael Faraday[1]

マクスウェル (1831~1879) は電磁誘導の法則が発見された 1831 年にスコットランドの領主の家に生まれる。数学の才能に優れ 14 歳で最初の研究論文を発表し，ケンブリッジ大学を卒業後 25 歳で大学の教授になる。マクスウェルは 1864 年に電磁気現象を統一的に記述する理論体系をつくり上げ，その結果から電磁波の存在を予言し，光が電磁波の一種であると主張する。このマクスウェルの理論は，1887 年にヘルツが電波を発見することにより実験的に確かめられる。

James Clerk Maxwell[1]

---

[†] 直交直線座標系では，ナブラ演算子は $\nabla = \left[\dfrac{\partial}{\partial x}, \dfrac{\partial}{\partial y}, \dfrac{\partial}{\partial z}\right] = \mathbf{i}_x \dfrac{\partial}{\partial x} + \mathbf{i}_y \dfrac{\partial}{\partial y} + \mathbf{i}_z \dfrac{\partial}{\partial z}$ であり，任意のベクトル $\boldsymbol{A} = [A_x, A_y, A_z]$ に対して回転と発散は，それぞれつぎのように定義される。

$$\nabla \times \boldsymbol{A} = \mathrm{rot}\,\boldsymbol{A} = \begin{vmatrix} \mathbf{i}_x & \mathbf{i}_y & \mathbf{i}_z \\ \partial/\partial x & \partial/\partial y & \partial/\partial z \\ A_x & A_y & A_z \end{vmatrix}$$

$$= \left[\dfrac{\partial A_z}{\partial y} - \dfrac{\partial A_y}{\partial z}, \dfrac{\partial A_x}{\partial z} - \dfrac{\partial A_z}{\partial x}, \dfrac{\partial A_y}{\partial x} - \dfrac{\partial A_x}{\partial y}\right]$$

$$\nabla \cdot \boldsymbol{A} = \mathrm{div}\,\boldsymbol{A} = \dfrac{\partial A_x}{\partial x} + \dfrac{\partial A_y}{\partial y} + \dfrac{\partial A_z}{\partial z}$$

ここで，$\mathbf{i}_x, \mathbf{i}_y, \mathbf{i}_z$ は，それぞれ $x, y, z$ 方向の単位ベクトルである。

## 3.2 平 面 電 磁 波

マクスウェルの方程式の最も基本的な解は，平面波と呼ばれる電磁波である．平面波は電磁波の理想的なモデルであるが，平面波の性質を調べることで実際の電磁波に対する理解が深められる．本節では，真空，誘電体そして損失媒質中での平面波を導出し，各媒質中で平面波が伝搬する様子を調べる．

### 3.2.1 正弦波的に変化する電磁波

実際の電磁波としては，電界や磁界などの電磁量が単一周波数 $f$ (角周波数 $\omega = 2\pi f$) で時間的に正弦波状の変化をしている，いわゆる定常界を取り扱うことが多い．ここでは，定常状態における電磁波について述べる．

〔1〕 複 素 表 示 　　角周波数 $\omega$ で時間的に変化する電界 $\boldsymbol{E}(\boldsymbol{r},t)$ に対して，その複素表示 (フェーザ) を $\dot{\boldsymbol{E}}(\boldsymbol{r})$ で表し

$$\boldsymbol{E}(\boldsymbol{r},t) = \mathrm{Re}\{\sqrt{2}\dot{\boldsymbol{E}}(\boldsymbol{r})e^{j\omega t}\} \tag{3.12}$$

と定義する．電界の複素表示 $\dot{\boldsymbol{E}}(\boldsymbol{r})$ は，空間上のベクトルであり，その成分も複素表示される $\left(\dot{\boldsymbol{E}}(\boldsymbol{r}) = \left[\dot{E}_x(\boldsymbol{r}), \dot{E}_y(\boldsymbol{r}), \dot{E}_z(\boldsymbol{r})\right]\right)$．また，複素表示の絶対値[†] $|\dot{\boldsymbol{E}}(\boldsymbol{r})|$ は，観測点 $\boldsymbol{r} = [x,y,z]$ における電界 $\boldsymbol{E}(\boldsymbol{r},t)$ の実効値を表す．

複素表示を用いると，時間微分 $\partial/\partial t$ を $j\omega$ で置き換えることができ，時間項 $e^{j\omega t}$ は省略して，場所に依存する項 $\dot{\boldsymbol{E}}(\boldsymbol{r})$ だけを考えればよく，電磁量の数式的な取扱いが簡単になる．電界以外の電磁量に対しても同様に，複素表示には「・」を付けて表す．すなわち，$\dot{\boldsymbol{H}}(\boldsymbol{r}),\ \dot{\boldsymbol{D}}(\boldsymbol{r}),\ \dot{\boldsymbol{B}}(\boldsymbol{r}),\ \dot{\rho}(\boldsymbol{r}),\ \dot{\boldsymbol{J}}(\boldsymbol{r})$ のように表す．

〔2〕 マクスウェルの方程式 　　考察する領域中には，印加電流および電荷は存在せず，$\dot{\boldsymbol{J}}_0 = 0,\ \dot{\rho} = 0$ とする．また領域中の媒質は，線形，等方性，非分散性として，媒質定数 $(\varepsilon, \mu, \sigma)$ は定数で与えられ，構成方程式 $\dot{\boldsymbol{D}} = \varepsilon\dot{\boldsymbol{E}},\ \dot{\boldsymbol{B}} =$

---

[†] $|\dot{\boldsymbol{E}}(\boldsymbol{r})| = \sqrt{|\dot{E}_x(\boldsymbol{r})|^2 + |\dot{E}_y(\boldsymbol{r})|^2 + |\dot{E}_z(\boldsymbol{r})|^2}$

$\mu \dot{H}$, $\dot{J} = \sigma \dot{E}$ が成立しているものとする。

このとき，式 (3.8)〜(3.11) で与えられるマクスウェルの方程式は

$$\nabla \times \dot{H} = (\sigma + j\omega\varepsilon)\dot{E} \tag{3.13}$$

$$\nabla \times \dot{E} = -j\omega\mu\dot{H} \tag{3.14}$$

$$\nabla \cdot \dot{E} = 0 \tag{3.15}$$

$$\nabla \cdot \dot{H} = 0 \tag{3.16}$$

となる。源（ソース）が存在しない領域で時間的に正弦波状の変化をする電磁波は，この定常界に対するマクスウェルの方程式の解として与えられる。

〔3〕 **波動方程式**　　マクスウェルの方程式から電磁波を求める方法の一つに**波動方程式** (wave equation) による解法がある。ここでは，平面波を求める準備として波動方程式を導いておこう。

式 (3.14) の両辺に $\nabla \times$ を作用させ，式 (3.13) を用いると

$$\nabla \times (\nabla \times \dot{E}) = -j\omega\mu \nabla \times \dot{H} = -j\omega(\sigma + j\omega\varepsilon)\mu\dot{E} \tag{3.17}$$

となる。この式にベクトル公式 $\nabla \times (\nabla \times \dot{E}) = \nabla(\nabla \cdot \dot{E}) - \nabla^2 \dot{E}$ を適用し，さらに式 (3.15) を用いれば，電界に関する波動方程式

$$(\nabla^2 + \dot{k}^2)\dot{E}(\boldsymbol{r}) = 0 \tag{3.18}$$

が得られる。ここで，$\nabla^2$ はラプラシアン

$$\nabla^2 = \frac{\partial^2}{\partial x^2} + \frac{\partial^2}{\partial y^2} + \frac{\partial^2}{\partial z^2} \tag{3.19}$$

である。また，$\dot{k}$ は**波数** (wave number) であり

$$\dot{k}^2 = -j\omega(\sigma + j\omega\varepsilon)\mu = \omega^2\varepsilon\left(1 - j\frac{\sigma}{\omega\varepsilon}\right)\mu \tag{3.20}$$

と定義される。

## 3.2 平面電磁波

**〔4〕 ポインチング電力** 時間的に正弦波状に変化する電磁波が運ぶ電力は，ポインチング電力(average Poynting vector)

$$P = \text{Re}\{\dot{E} \times \dot{H}^*\} \; [\text{W/m}^2] \tag{3.21}$$

で与えられる。ここで，「*」は複素共役を表す記号である。ポインチング電力$P$は，電磁波が単位時間に単位面積当りに運ぶエネルギーを表し，その伝送方向は図 **3.6** に示すように$\dot{E}$から$\dot{H}$にベクトルを右ねじに回転したとき，ねじの進む方向である。

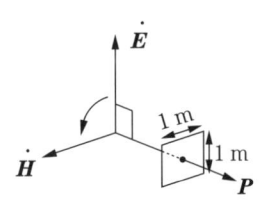

図 **3.6** ポインチング電力

### 3.2.2 真空中の平面波

真空からなる自由空間を考え，座標系を図 **3.7** のように定めて，$z$軸方向に伝搬する平面波を求める。

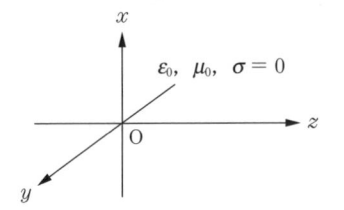

図 **3.7** 真空中の座標系

**〔1〕 波動方程式の解** 電磁波の電界は$x$成分のみを有し($\dot{E} = [\dot{E}_x, 0, 0]$)，さらに電界と磁界は$x$軸と$y$軸方向の変化はなく一定で，$x$と$y$に関する偏微分は零とする($\partial/\partial x = 0, \partial/\partial y = 0$)。また，式(3.20)で定義される波数$\dot{k}$は，真空中では媒質定数が$\varepsilon = \varepsilon_0, \mu = \mu_0, \sigma = 0$であることから

$$k_0 = \omega\sqrt{\varepsilon_0 \mu_0} \; [\text{rad/m}] \tag{3.22}$$

となる。この$k_0$は，真空中の波数と呼ばれる。

以上の仮定のもとでは，式(3.18)の波動方程式は

## 3. 電磁波の基礎

$$\frac{d^2\dot{E}_x}{dz^2} + k_0^2 \dot{E}_x = 0 \tag{3.23}$$

と表され，この微分方程式の解は次式で与えられる．

$$\dot{E}_x(z) = \dot{E}_1 e^{-jk_0 z} + \dot{E}_2 e^{+jk_0 z} \tag{3.24}$$

式 (2.20) で説明したように，式 (3.24) の右辺第 1 項は，速度 $c = \omega/k_0$ で $z$ 軸の正方向に伝搬する進行波である．また，第 2 項は，同じ速度 $c$ で $z$ 軸の負の方向に伝搬する進行波を表している．速度 $c$ は式 (3.22) から

$$c = \frac{1}{\sqrt{\varepsilon_0 \mu_0}} = 3 \times 10^8 \ [\text{m/s}] \tag{3.25}$$

となり，この式からいわゆる光の速さ $c$ が導かれる[†]．

電界 $E$ が式 (3.24) で求まると，マクスウェルの方程式から磁界

$$\dot{H} = [0, \dot{H}_y, 0], \quad \dot{H}_y(z) = \frac{\dot{E}_1}{\eta_0} e^{-jk_0 z} - \frac{\dot{E}_2}{\eta_0} e^{+jk_0 z} \tag{3.26}$$

が求められる．ここで，$\eta_0$ は波動インピーダンス (wave impedance) または固有インピーダンス (intrinsic impedance) と呼ばれ，次式で定義される．

$$\eta_0 = \sqrt{\frac{\mu_0}{\varepsilon_0}} = 120\pi\ [\Omega] \fallingdotseq 377\ [\Omega] \tag{3.27}$$

**例題 3.3** 式 (3.26) を導出せよ．

【解答】 真空中では式 (3.14) から $\dot{H} = -\dfrac{1}{j\omega\mu_0}\nabla \times \dot{E}$ である．ここで

$$\frac{\partial}{\partial x} = \frac{\partial}{\partial y} = 0 \ \text{および} \ \dot{E} = [\dot{E}_x, 0, 0]$$

を考慮すれば

---

[†] 正確には $c = 2.99792458 \times 10^8$ [m/s] である．

$$\dot{\boldsymbol{H}} = -\frac{1}{j\omega\mu_0}\left[0, \frac{d\dot{E}_x}{dz}, 0\right]$$

と表される。この式に式 (3.24) を代入すれば，式 (3.26) が導かれる。  ◇

〔**2**〕 **平面波とその伝搬**　　式 (3.24) と式 (3.26) の右辺の第 1 項からつくられる電磁波が，$z$ 軸の正方向に伝搬する真空中の**平面波** (plane wave)

$$\begin{cases} \dot{\boldsymbol{E}}(\boldsymbol{r}) = [\dot{E}_x, 0, 0], & \dot{E}_x(z) = \dot{E}_1 e^{-jk_0 z} \\ \dot{\boldsymbol{H}}(\boldsymbol{r}) = [0, \dot{H}_y, 0], & \dot{H}_y(z) = \dot{H}_1 e^{-jk_0 z} \quad (\dot{H}_1 = \dot{E}_1/\eta_0) \end{cases} \quad (3.28)$$

である。平面波が伝搬する様子を式 (3.28) から調べてみよう。

平面波の電界と磁界の瞬時値は，それぞれ次式で与えられる。

$$E_x(z,t) = E_{1\mathrm{m}} \cos(\omega t - k_0 z) \quad (E_{1\mathrm{m}} = \sqrt{2}|\dot{E}_1|) \tag{3.29}$$

$$H_y(z,t) = H_{1\mathrm{m}} \cos(\omega t - k_0 z) \quad (H_{1\mathrm{m}} = \sqrt{2}|\dot{E}_1|/\eta_0) \tag{3.30}$$

これらの式から，時刻 $t$ における $z$ 軸上の電界および磁界の空間分布を求め図示したのが**図 3.8** の実線と破線である。この図で，電界の方向は $x$ 軸方向であることから，各 $z$ に対する電界の値 $E_x(z,t)$ を $x$ 軸にとっている。また，磁界は $y$ 軸方向であることから，$yz$ 平面上に空間分布 $H_y(z,t)$ を描いている。

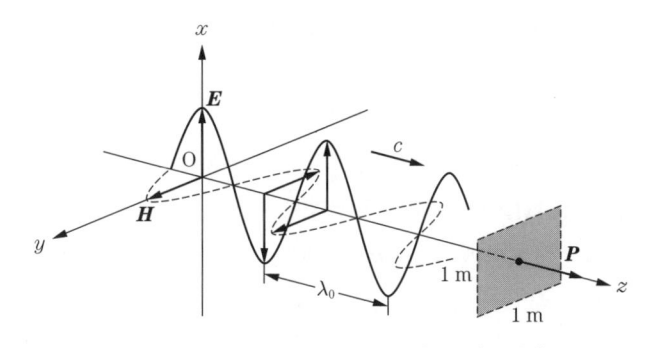

図 **3.8**　真空中の平面波の電界と磁界の空間分布

50　　3. 電磁波の基礎

図 3.8 に示すように，これらの空間分布は波長 $\lambda_0 = 2\pi/k_0$ の正弦波であり，平面波は，この電界と磁界の空間分布が同時に速度 $c = \omega/k_0$ で $z$ 軸の正方向へ移動している現象である．

〔3〕**平面波のポインチング電力**　平面波のポインチング電力を式 (3.21) から計算すると

$$\boldsymbol{P} = [0, 0, P_z] \quad P_z = \mathrm{Re}\{\dot{E}_x \dot{H}_y^*\} = \frac{|\dot{E}_1|^2}{\eta_0} \ [\mathrm{W/m}^2] \tag{3.31}$$

となる．図 3.8 に示すように，平面波は $z$ 軸の正方向に単位面積当り $P_z$ の電力を伝送している．

---

**例題 3.4**　真空中の平面波が式 (3.28) で与えられ，周波数が $f = 300$ 〔MHz〕で，電界の実効値を $|\dot{E}_1| = 1$ 〔V/m〕とする．このとき，(1) 波長 $\lambda_0$，(2) 波数 $k_0$，(3) 磁界の実効値 $|\dot{H}_1|$，(4) ポインチング電力 $P_z$，(5) $z$ 軸に垂直な面内の半径 $r = 2$ 〔m〕の円内を通過する電力 $W$ 〔W〕を求めよ．

【解答】　(1) 式 (1.2) より，$\lambda_0$〔m〕 $= 300/f$〔MHz〕 $= 300/300 = 1$〔m〕．(2) $k_0 = 2\pi/\lambda_0 = 2\pi$〔rad/m〕．(3) $\dot{H}_1 = \dot{E}_1/\eta_0$ より，$|\dot{H}_1| = 1/(120\pi) = 2.65$〔mA/m〕．(4) $P_z = |\dot{E}_1|^2/\eta_0 = 2.65$〔mW/m$^2$〕．(5) $W = P_z \times (\pi r^2) = 2.65 \times \pi \times 4 = 33.3$〔mW〕．　　　◇

### 3.2.3　無損失誘電体中の平面波

媒質定数が，比誘電率 $\varepsilon_\mathrm{s}$ と比透磁率 $\mu_\mathrm{s}$ を用いて

$$\varepsilon = \varepsilon_\mathrm{s}\varepsilon_0 \ [\mathrm{F/m}], \quad \mu = \mu_\mathrm{s}\mu_0 \ [\mathrm{H/m}], \quad \sigma = 0 \ [\mathrm{S/m}] \tag{3.32}$$

で与えられる無損失誘電体中の平面波について考察する．なお，$\varepsilon_\mathrm{s}$ は 1 より大きい定数で，$\mu_\mathrm{s}$ はほぼ 1 に等しいとする．

誘電体と真空では電磁波の周波数 $f$ は同じで，誘電率と透磁率が異なるだけである．したがって，式 (3.28) において真空中の波数 $k_0$ を誘電体中の波数

$$k = \omega\sqrt{\varepsilon\mu} \ [\mathrm{rad/m}] \tag{3.33}$$

で置き換えれば，誘電体中の平面波を表す式

$$\begin{cases} \dot{\boldsymbol{E}}(\boldsymbol{r}) = [\dot{E}_x, 0, 0], & \dot{E}_x(z) = \dot{E}_1 e^{-jkz} \\ \dot{\boldsymbol{H}}(\boldsymbol{r}) = [0, \dot{H}_y, 0], & \dot{H}_y(z) = \dot{H}_1 e^{-jkz} \quad (\dot{H}_1 = \dot{E}_1/\eta) \end{cases} \quad (3.34)$$

が求められる．ここで，$\eta$ は誘電体の波動インピーダンス

$$\eta = \frac{\omega\mu}{k} = \sqrt{\frac{\mu}{\varepsilon}} \quad [\Omega] \tag{3.35}$$

であり，誘電体中での電界と磁界の比を表している．

誘電体中の平面波の伝搬速度 $v$ は，式 (3.33) から

$$v = \frac{\omega}{k} = \frac{1}{\sqrt{\varepsilon\mu}} \quad [\mathrm{m/s}] \tag{3.36}$$

と求められる．これから，誘電体中の平面波の速度 $v$ と波長 $\lambda$ は，真空中の速度 $c$ と波長 $\lambda_0$ を用いて，それぞれ

$$v = \frac{c}{n} \; [\mathrm{m/s}], \quad \lambda = \frac{\lambda_0}{n} \; [\mathrm{m}] \tag{3.37}$$

と表される．ここに，$n$ は誘電体の**屈折率** (refractive index)

$$n = \sqrt{\varepsilon_\mathrm{s}\mu_\mathrm{s}} \tag{3.38}$$

である．

図 **3.9** に誘電体中の平面波の電界分布が伝搬する様子を真空中と比較して示す．無損失誘電体中の屈折率は $n > 1$ であり，誘電体中の平面波は真空中に比べて速度が遅く，波長が短縮される．

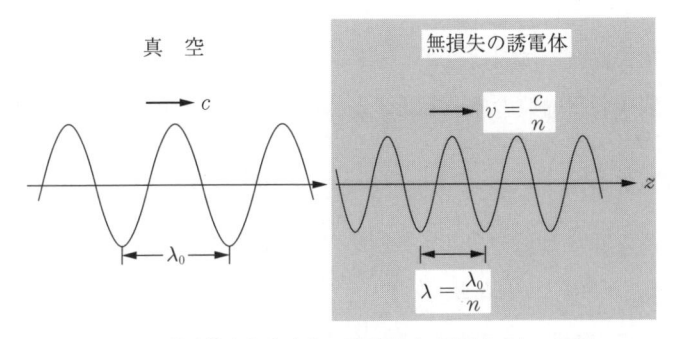

図 **3.9** 誘電体中と真空中の平面波（の電界分布）の比較

**例題 3.5** 周波数 $f = 300$ 〔MHz〕の平面波が，比誘電率 $\varepsilon_s = 4$，比透磁率 $\mu_s = 1$ の誘電体中を伝搬している．この誘電体中の平面波の (1) 伝搬速度 $v$，(2) 波長 $\lambda$，(3) 波数 $k$，と (4) 波動インピーダンス $\eta$ を求めよ．

【解答】 誘電体の屈折率は $n = 2$ であり，(1) $v = c/n = 1.5 \times 10^8$ 〔m/s〕．
(2) $\lambda = v/f = 1.5 \times 10^8/(3 \times 10^8) = 0.5$ 〔m〕．(3) $k = 2\pi/\lambda = 4\pi$ 〔rad/m〕．
(4) $\eta = \sqrt{\dfrac{\mu_s}{\varepsilon_s}} \eta_0 = 120\pi/2 = 60\pi$ 〔Ω〕．  ◇

### 3.2.4 損失媒質中の平面波

ここでは，導電率 $\sigma$ が有限値である損失媒質中の平面波について考察する．式 (3.20) において，導電率 $\sigma$ を誘電率に組み込んだ**複素誘電率**

$$\dot{\varepsilon} = \varepsilon \left(1 - j\frac{\sigma}{\omega\varepsilon}\right) \ \text{〔F/m〕} \tag{3.39}$$

を用いれば，損失媒質中の波数 $\dot{k}$ は，$\dot{k} = \omega\sqrt{\dot{\varepsilon}\mu}$ と表される．したがって，損失媒質中の平面波を与える式は，式 (3.28) から

$$\begin{cases} \dot{\boldsymbol{E}}(\boldsymbol{r}) = [\dot{E}_x, 0, 0], & \dot{E}_x(z) = \dot{E}_1 e^{-j\dot{k}z} \\ \dot{\boldsymbol{H}}(\boldsymbol{r}) = [0, \dot{H}_y, 0], & \dot{H}_y(z) = \dot{H}_1 e^{-j\dot{k}z} \quad (\dot{H}_1 = \dot{E}_1/\dot{\eta}) \end{cases} \tag{3.40}$$

と表される．ここで，$\dot{\eta}$ は損失媒質の波動インピーダンス

$$\dot{\eta} = \frac{\omega\mu}{\dot{k}} = \sqrt{\frac{\mu}{\dot{\varepsilon}}} \ \text{〔Ω〕} \tag{3.41}$$

であり，損失媒質では波動インピーダンスは複素数となる[†]．

損失媒質中の平面波の様子を調べるために，波数 $\dot{k}$ を

$$\dot{k} = \beta - j\alpha \tag{3.42}$$

とおく．ここで $\alpha$ と $\beta$ は分布定数回路の場合と同様に，減衰定数と位相定数と呼ばれ，式 (3.20) と式 (3.42) から

---

[†] 損失媒質中では電界と磁界には位相差がある．

$$\alpha = \omega\sqrt{\frac{\varepsilon\mu}{2}}\sqrt{\sqrt{1+(\sigma/\omega\varepsilon)^2}-1} \quad [\mathrm{Np/m}] \tag{3.43}$$

$$\beta = \omega\sqrt{\frac{\varepsilon\mu}{2}}\sqrt{\sqrt{1+(\sigma/\omega\varepsilon)^2}+1} \quad [\mathrm{rad/m}] \tag{3.44}$$

と求められる。

損失媒質中の電界と磁界を $\alpha$ と $\beta$ を用いて表すと，式 (3.40) から

$$\dot{E}_x(z) = \dot{E}_1 e^{-\alpha z} e^{-j\beta z} \tag{3.45}$$

$$\dot{H}_y(z) = \dot{H}_1 e^{-\alpha z} e^{-j\beta z} \quad (\dot{H}_1 = \dot{E}_1/\dot{\eta}) \tag{3.46}$$

となる。損失媒質中の電界および磁界は，図 **3.10** に示すように振幅が $e^{-\alpha z}$ に比例して減衰しながら，速度 $v = \omega/\beta$ で媒質内部 ($z$ 軸の正方向) へ伝搬する。

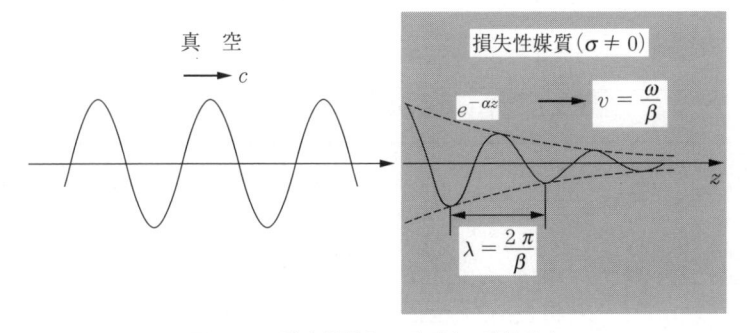

図 **3.10** 損失媒質中の平面波の電界分布

損失媒質中で電界および磁界の振幅が減衰するのは，電界 $\dot{\boldsymbol{E}}$ により導電電流 $\dot{\boldsymbol{J}} = \sigma\dot{\boldsymbol{E}}$ が流れてジュール損が生じ，電磁波が運ぶエネルギーの一部が熱エネルギーとして消費されるためである。

式 (3.43) と式 (3.44) の右辺の $\dfrac{\sigma}{\omega\varepsilon}$ は，媒質の導電性の程度を示し，① 無損失ではないが，損失が十分に小さい誘電体では $\dfrac{\sigma}{\omega\varepsilon} \ll 1$ が，② 金属のような良導体では $\dfrac{\sigma}{\omega\varepsilon} \gg 1$ が成立する†。これらの条件を用いれば，誘電体と良導体の減衰定数 $\alpha$ と位相定数 $\beta$ は，それぞれつぎのように近似される。

---

† $\dfrac{\sigma}{\omega\varepsilon}$ は誘電正接 ($\tan\delta$) と呼ばれ，媒質中の変位電流密度 ($\dot{\boldsymbol{J}}_\mathrm{D} = j\omega\varepsilon\dot{\boldsymbol{E}}$) と導電電流密度 ($\dot{\boldsymbol{J}} = \sigma\dot{\boldsymbol{E}}$) を比較したものであり，変位電流が導電電流に比べて大きければ誘電体，逆に導電電流が支配的であれば良導体である。

① **誘電体**：$\alpha \approx \dfrac{\sigma}{2}\sqrt{\dfrac{\mu}{\varepsilon}}, \quad \beta \approx \omega\sqrt{\varepsilon\mu}$ (3.47)

② **良導体**：$\alpha \approx \sqrt{\dfrac{\omega\mu\sigma}{2}}, \quad \beta \approx \sqrt{\dfrac{\omega\mu\sigma}{2}}$ (3.48)

導電性の媒質に対して，電磁波が媒質に浸透する目安として**表皮の深さ** (skin depth) が用いられる．表皮の深さ $\delta_\mathrm{s}$ は，電界の振幅が表面の $1/e$ 倍になる深さ，つまり $|\dot{E}_x(z)| = |\dot{E}_1|e^{-\alpha z}$ で $\alpha z = 1$ となる距離 $z = \delta_\mathrm{s}$ である．

良導体の表皮の深さは，式 (3.48) から

$$\delta_\mathrm{s} \equiv \dfrac{1}{\alpha} = \sqrt{\dfrac{2}{\omega\mu\sigma}} \ [\mathrm{m}] \tag{3.49}$$

となる．**表 3.1** に，導電性媒質に対する表皮の深さ $\delta_\mathrm{s}$ の例を示す．表中の ∗ 印は，その周波数で良導体の条件 $\dfrac{\sigma}{\omega\varepsilon} \gg 1$ が満されていないことを示す．

**表 3.1** 導電性媒質の媒質定数と表皮の深さの例

| 媒質 | $\varepsilon/\varepsilon_0$ | $\sigma$ [S/m] | $\sigma/\varepsilon$ | $\delta_\mathrm{s}$ | | | |
|---|---|---|---|---|---|---|---|
| | | | | 60 Hz | 1 kHz | 1 MHz | 1 GHz |
| 銅 | $\sim 1$ | $5.8 \times 10^7$ | $7 \times 10^{18}$ | 0.85 cm | 2.1 mm | 66 μm | 2.1 μm |
| 海水 | $\sim 80$ | $\sim 4$ | $6 \times 10^9$ | 32 m | 8 m | 0.3 m | ∗ |
| 淡水 | $\sim 80$ | $\sim 10^{-3}$ | $1 \times 10^6$ | 2 km | 500 m | 16 m | ∗ |
| 乾土 | $\sim 4$ | $\sim 10^{-5}$ | $3 \times 10^5$ | 20 km | 5 km | ∗ | ∗ |

**例題 3.6** 周波数が $f = 10$ [GHz] における銀の表皮の深さ $\delta_\mathrm{s}$ を求めよ．銀の導電率は $\sigma = 6.17 \times 10^7$ [S/m] で，$\varepsilon = \varepsilon_0, \mu = \mu_0$ とする．

【解答】 式 (3.49) から

$$\delta_\mathrm{s} = \sqrt{\dfrac{2}{2\pi \times 10^{10} \times 4\pi \times 10^{-7} \times 6.17 \times 10^7}} = 0.64 \ [\mathrm{\mu m}]$$

◇

導電率が大きいほど，また周波数が高いほど表皮の深さ $\delta_\mathrm{s}$ は小さくなり，良導体では電磁界および導電電流は表面から急速に減衰し，内部まで浸透することができない．このことは**表皮効果** (skin effect) と呼ばれる．

導電率を無限大 ($\sigma = \infty$) とした仮想的な媒質が完全導体であり，完全導体では $\alpha = \infty$, $\beta = \infty$ となることから，その内部に電磁界は存在せず表面にのみ電流が流れる．そして，完全導体は電磁波をすべて反射する．

### 3.2.5 任意の方向へ伝搬する平面波

自由空間中を任意の方向に伝搬する平面波は

$$\begin{cases} \dot{\boldsymbol{E}}(\boldsymbol{r}) = \dot{\boldsymbol{E}}_1 e^{-j\boldsymbol{k}\cdot\boldsymbol{r}} \\ \dot{\boldsymbol{H}}(\boldsymbol{r}) = \dot{\boldsymbol{H}}_1 e^{-j\boldsymbol{k}\cdot\boldsymbol{r}} \quad \left( \dot{\boldsymbol{H}}_1 = \frac{\boldsymbol{k}}{\omega\mu_0} \times \dot{\boldsymbol{E}}_1 \right) \end{cases} \tag{3.50}$$

で表される．ここで，$\boldsymbol{k}$ は**波数ベクトル** (wave vector) と呼ばれ，その絶対値 $|\boldsymbol{k}|$ は波数 $k = \omega\sqrt{\varepsilon_0\mu_0}$ に等しく，$\boldsymbol{k}$ の方向が平面波の進行方向を表す．

図 **3.11** に示すように，電界 $\dot{\boldsymbol{E}}(\boldsymbol{r})$ と磁界 $\dot{\boldsymbol{H}}(\boldsymbol{r})$ は，たがいに直交し，さらに進行方向 $\boldsymbol{k}$ とも直交する．式 (3.50) で表される平面波の伝搬速度 $c$ および波動インピーダンス $\eta$ は，次式で与えられる．

$$\begin{cases} c = \dfrac{\omega}{k} = \dfrac{1}{\sqrt{\varepsilon_0\mu_0}} \; [\text{m/s}] \\ \eta = \dfrac{\omega\mu_0}{k} = \sqrt{\dfrac{\mu_0}{\varepsilon_0}} \; [\Omega] \end{cases} \tag{3.51}$$

以降では記述を簡潔にするために，媒質にかかわらず，波数は $k$，波長は $\lambda$，波動インピーダンスは $\eta$ で表す．

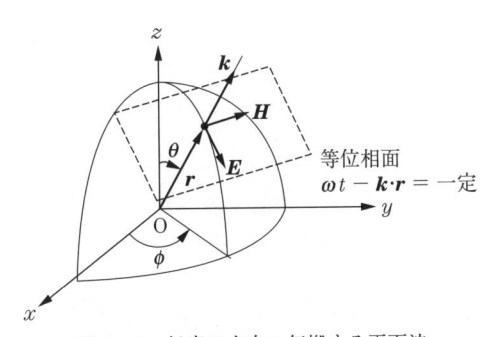

図 **3.11** 任意の方向へ伝搬する平面波

電磁波が伝搬する様子を示すのに，電界と磁界の位相が一定となる，**等位相面** (equi-phase surface) または**波面** (wave front) を用いることがある。等位相面は電磁波の空間的な広がりを理解するのに適している。平面波の等位相面 ($\omega t - \boldsymbol{k} \cdot \boldsymbol{r} = $ 一定) は，図 **3.11** 中の破線枠で示すように進行方向に直交した平面である。同一時刻では，等位相面内のすべての点で電界（および磁界）の大きさと方向は同じである。平面波は，この等位相面が速度 $c$ で $\boldsymbol{k}$ の方向へ移動していると考えてもよい。

### 3.2.6 偏　　　波

平面波は，電界（または磁界）の振動方向が進行方向と直交する横波である。この電界の振動方向を表すのに**偏波** (polarization) が用いられる。特に，電界ベクトルが伝搬方向を含むある一定面内（図 **3.12** (a) では $xz$ 平面，図 (b) では $yz$ 平面）で振動するような波は，**直線偏波** (linearly-polarized wave) と呼ばれる[†]。

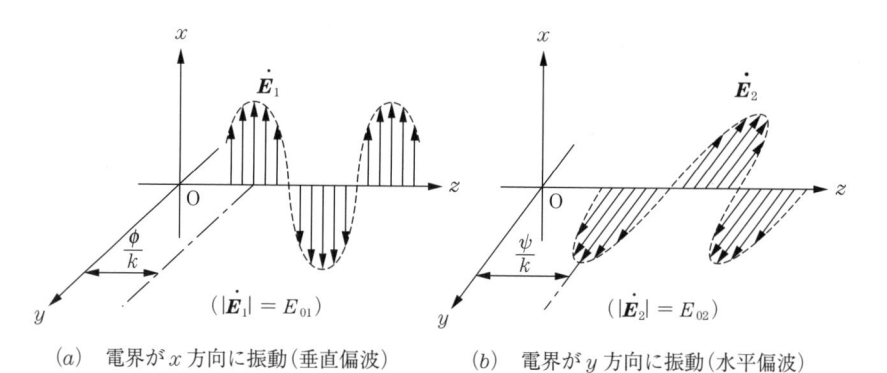

(a) 電界が $x$ 方向に振動（垂直偏波）　　(b) 電界が $y$ 方向に振動（水平偏波）

図 **3.12**　直線偏波の例

---

**例題 3.7**　図 **3.12** (a)，(b) の直線偏波された平面波を式で表せ。

---

[†] 大地が $yz$ 面と平行である場合，図**3.12** (a) は偏波方向が大地と垂直であり，**垂直偏波**と呼ばれることがある。また，図 (b) は偏波方向が大地と平行であり，**水平偏波**と呼ばれることがある。

**【解答】**

図 (a)　$\dot{\boldsymbol{E}}_1(\boldsymbol{r}) = [\dot{E}_{1x}, 0, 0]$, $\dot{E}_{1x}(z) = E_{01}e^{-j(kz-\phi)}$,
　　　　$\dot{\boldsymbol{H}}_1(\boldsymbol{r}) = [0, \dot{H}_{1y}, 0]$, $\dot{H}_{1y}(z) = H_{01}e^{-j(kz-\phi)}$, $H_{01} = E_{01}/(120\pi)$

図 (b)　$\dot{\boldsymbol{E}}_2(\boldsymbol{r}) = [0, \dot{E}_{2y}, 0]$, $\dot{E}_{2y}(z) = E_{02}e^{-j(kz-\psi)}$,
　　　　$\dot{\boldsymbol{H}}_2(\boldsymbol{r}) = [\dot{H}_{2x}, 0, 0]$, $\dot{H}_{2x}(z) = -H_{02}e^{-j(kz-\psi)}$, $H_{02} = E_{02}/(120\pi)$

◇

## 演 習 問 題

**【1】** 積分形のマクスウェルの方程式 (3.4)〜(3.7) より，微分形のマクスウェルの方程式 (3.8)〜(3.11) を導け．

**【2】** ベクトル公式　$\nabla \times (\nabla \times \boldsymbol{A}) = \nabla(\nabla \cdot \boldsymbol{A}) - \nabla^2 \boldsymbol{A}$　を証明せよ．ただし，$\boldsymbol{A} = A_x \mathbf{i}_x + A_y \mathbf{i}_y + A_z \mathbf{i}_z$ ($\mathbf{i}_x, \mathbf{i}_y, \mathbf{i}_z$：それぞれ $x, y, z$ 方向の単位ベクトル) とする．

**【3】** 式 (3.20), (3.42) から，減衰定数 $\alpha$ (式 (3.43)) および位相定数 $\beta$ (式 (3.44)) を導け．また，これらの定数は，媒質が誘電体の場合は式 (3.47) に，良導体の場合は式 (3.48) に近似されることを示せ．

**【4】** 図 **3.11** において，真空中で $\theta = 30°$，$\phi = 45°$ の方向へ伝搬する，周波数が 300 MHz の平面波の波数ベクトルを求めよ．

**【5】** 平面波に関するつぎの問に答えよ．
(1) 真空中における電磁界のエネルギー密度 $w$ 〔J/m³〕は

$$w = \frac{1}{2}\varepsilon_0 |\dot{E}|^2 + \frac{1}{2}\mu_0 |\dot{H}|^2$$

で与えられる．平面電磁波が伝搬している真空中の空間においては，$\frac{1}{2}\varepsilon_0 |\dot{E}|^2 = \frac{1}{2}\mu_0 |\dot{H}|^2$ および $w = \varepsilon_0 |\dot{E}|^2$ が成り立つことを説明せよ．

(2) 平面波が進行方向に垂直な面の単位面積中を通過する，単位時間当りのエネルギー $P$ 〔J/(m² · s)〕を求めよ．

(3) $P$ と $w$ の比 $P/w$ が，$c$(光速度) となることを示せ．

# 4

# 給電線と整合回路

送信機とアンテナ，あるいはアンテナと受信機を結ぶ伝送線路は給電線と呼ばれる。ここでは，伝送線路として実際に用いられている代表的な給電線について説明し，さらに特性インピーダンスの異なる線路間の整合を取り扱う。

## *4.1* 各種伝送線路

代表的な伝送線路として，図 *4.1* に $(a)$ 平行二線式線路, $(b)$ 同軸線路, $(c)$ マイクロストリップ線路, $(d)$ 導波管を示す。

伝送線路は，伝搬する電波の形態によってつぎのように分類される。

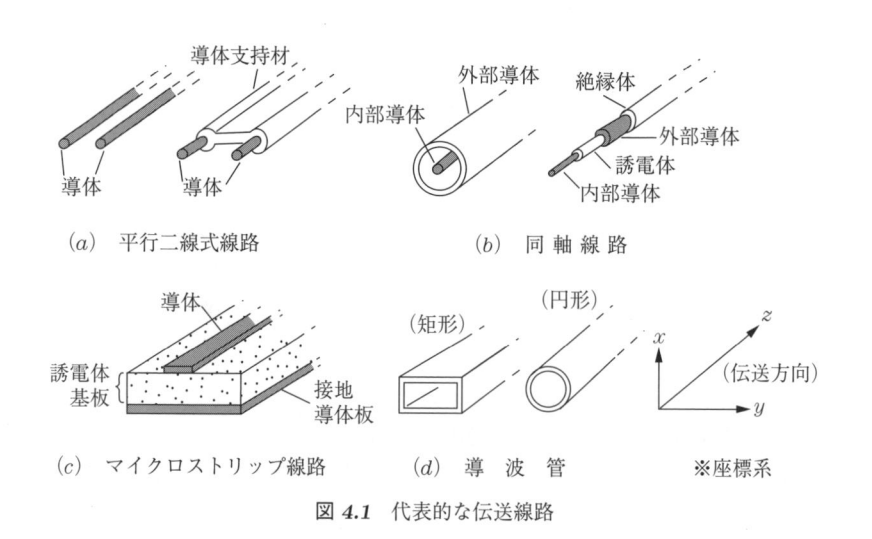

$(a)$ 平行二線式線路 $(b)$ 同軸線路

$(c)$ マイクロストリップ線路 $(d)$ 導波管 ※座標系

図 *4.1* 代表的な伝送線路

〔**1**〕 **TEM線路**　伝送方向（$z$軸方向）に電界成分も，磁界成分も持たない電波（$E_z = 0, H_z = 0$）の伝送形態を TEM (transverse electric and magnetic wave) モードと呼び，このモードを導波する線路を TEM 線路という。TEM 線路の例として，平行二線式線路や同軸線路などがある。

〔**2**〕 **TE/TM 線路**　伝送方向に電界成分を持たず，磁界成分を有する電波（$E_z = 0, H_z \neq 0$）の伝送形態を TE (transverse electric wave) モードと呼び，一方，伝送方向に電界成分を有し，磁界成分を持たない電波（$E_z \neq 0, H_z = 0$）の伝送形態を TM (transverse magnetic wave) モードと呼ぶ。TE/TM 線路は，TE モードまたは TM モードを導波する線路であり，その例として導波管がある。TE/TM 線路の伝送特性を解析するには，一般にマクスウェルの方程式を解いて線路内の電界と磁界を求めなければならない。

〔**3**〕 **ハイブリッド線路**　TE モードと TM モードが混在して存在する線路をいう。

本章では，TEM 線路として平行二線式線路と同軸線路を，TE/TM 線路として導波管を取り上げて説明する[†]。なお，特にことわらない限り，線路の損失は考えないものとし，無損失線路として取り扱う。

## 4.2　TEM 線 路

平行二線式線路や同軸線路は，一般的な使用形態においては TEM 線路の代表である。ここでは，これらの線路の特性について述べる。

### 4.2.1　平行二線式線路

平行二線式線路は 2 本の導体を平行に配置したもので，構造が単純で廉価であることから，アマチュア無線用，FM 放送，テレビ放送などの受信用アンテ

---

[†] ここでは，2 章の伝送線路で学習した内容に基づいて，給電線と整合回路を取り扱う。光ファイバに代表されるハイブリッド線路は，2 章での学習の範囲を超える説明や解析を伴うため，本書では取り扱わない。

## 4. 給電線と整合回路

ナ給電線として広く利用されてきた。

図 **4.2** にその電磁界分布，構造および実例を示す。線路導体の直径を $d$，線路間の距離を $D$，線路のまわりの媒質を比誘電率 $\varepsilon_s$ の誘電体（比透磁率 $\mu_s = 1$）とすると，線路の単位長当りのインダクタンスは $L = \dfrac{\mu_0}{\pi} \log_e \dfrac{2D}{d}$，単位長当りの静電容量は $C = \dfrac{\pi \varepsilon_s \varepsilon_0}{\log_e(2D/d)}$ で与えられる。よって，線路の特性インピーダンス $Z_0(= \sqrt{L/C})$，伝搬定数 $\beta$，および速度 $v$ は，それぞれ次式で与えられる[†]。

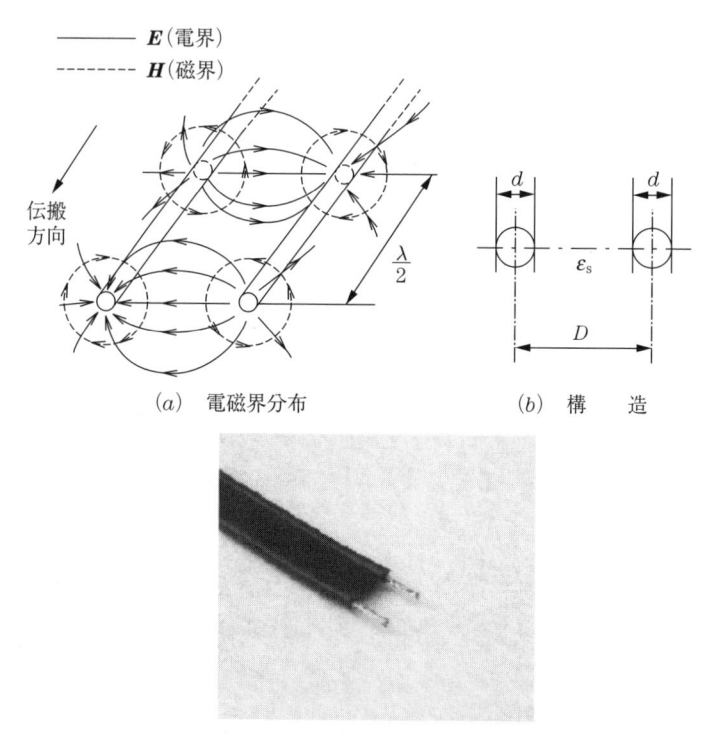

―――― $E$（電界）
-------- $H$（磁界）

(a) 電磁界分布　　　(b) 構造

(c) テレビ受信用フィーダ線の例
　　($Z_0 = 300\,[\Omega]$)

図 **4.2** 平行二線式線路

---

[†] $\log_e A = \dfrac{\log_{10} A}{\log_{10} e} \fallingdotseq 2.303 \log_{10} A$ の関係を利用する。

$$Z_0 = \frac{276}{\sqrt{\varepsilon_\mathrm{s}}} \log_{10} \frac{2D}{d} \; [\Omega], \quad \beta = \omega\sqrt{LC} = \frac{\omega}{v} \; [\mathrm{rad/m}],$$
$$v = \frac{c}{\sqrt{\varepsilon_\mathrm{s}}} \; [\mathrm{m/s}] \tag{4.1}$$

ここで，$c = 1/\sqrt{\varepsilon_0 \mu_0}$ は真空中の光の速度である．

平行二線式線路の代表的な特性インピーダンスは約 300 Ω であるが，その値は 70～600Ω 程度の範囲で変化させることができる．また，線路上の電波の伝搬速度は，線路が空気中にあるときは光速 $c$ に等しい．

**例題 4.1** 導線の直径が $d = 2$ [mm]，導線の中心間の間隔が $D = 10$ [mm] の平行二線式線路の特性インピーダンス $Z_0$ を計算せよ．ただし，導線の太さは均一で，線路は空気中にあるものとする．

**【解答】** 式 (4.1) に，$d = 2$ [mm]，$D = 10$ [mm]，$\varepsilon_\mathrm{s} = 1$ を代入して，$Z_0 = 276$ [Ω] を得る． ◇

平行二線式線路は，電磁界が線路の導体間のみならず線路の外側にも分布するため，線路外の電波と干渉の可能性がある．また，使用する周波数の上昇につれて，放射損[†]に起因する伝送損が増大する．そのため，平行二線式線路に代わってつぎに述べる同軸線路も多く使用されている．

### 4.2.2 同軸線路

同軸線路の代表として同軸ケーブルがある．同軸ケーブルは，図 **4.3** に示すように，芯線となる内側導体が，空気あるいは低損失の誘電体を介して外側の導体で遮へいされた構造であり，これにより放射損を抑圧できる．

同軸ケーブルの伝送モードは，平行二線式線路と同様，TEM モードである．ただし周波数が高くなると，高次の TE モードや TM モードが発生するため，

---

[†] 線路から電波が放射されることにより生じる電力損失．

(a) 電磁界分布  (b) 同軸線路の例

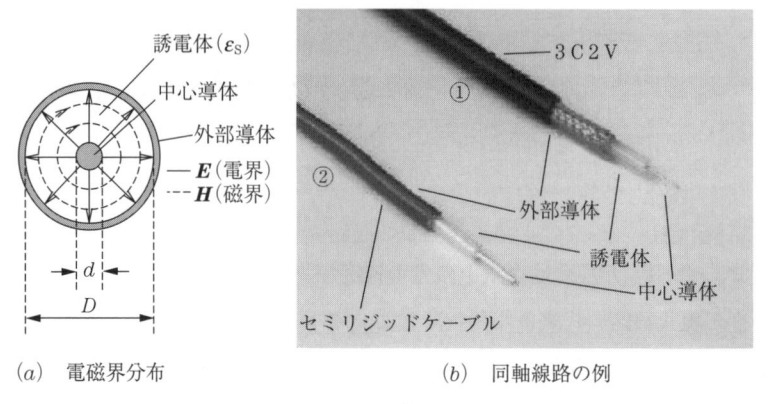

図 **4.3**　同 軸 線 路

適切な寸法を選択する必要がある。

同軸ケーブルの中心導体の直径を $d$, 外側導体の内側直径を $D$, 内部誘電体 ($\mu_s = 1$) の比誘電率を $\varepsilon_s$ とすれば, 同軸ケーブルの単位長当りのインダクタンスは $L = \dfrac{\mu_0}{2\pi} \log_e \dfrac{D}{d}$, 単位長当りの静電容量は $C = \dfrac{2\pi\varepsilon_s\varepsilon_0}{\log_e(D/d)}$ で与えられる。よって, 線路の特性インピーダンス $Z_0 (= \sqrt{L/C})$, 伝搬定数 $\beta$, および速度 $v$ は, それぞれ次式で与えられる。

$$Z_0 = \frac{138}{\sqrt{\varepsilon_s}} \log_{10} \frac{D}{d} \ [\Omega], \quad \beta = \omega\sqrt{LC} = \frac{\omega}{v} \ [\text{rad/m}],$$
$$v = \frac{c}{\sqrt{\varepsilon_s}} \ [\text{m/s}] \tag{4.2}$$

ここで, $c$ は真空中の光の速度である。

テレビ受信用の同軸ケーブルの例 (3C2V: $Z_0 = 75\ [\Omega]$) を図 **4.3** (b) の ① に示す。実用上の利便性から可とう性 (曲げられること) が要求されることが多いため, ポリエチレンなどの低損失材料を誘電体として使用し, 外部導体には銅の網目導体などを用いている。

マイクロ波帯やミリ波帯などの非常に高い周波数においては, 外部導体が銅

の網目で構成されている場合には，電磁波の漏洩が起こる一方，線路の減衰量が増加する。これを改善するため，内部誘電体としてテフロンなどの低損失材料を使用し，外部導体を薄い銅管でおおった**セミリジッドケーブル**（図 **4.3**（b）の②: $Z_0 = 50\,[\Omega]$）などが開発され実用化されている。

一方，テレビ放送用などの大電力用の同軸ケーブルとしては，外部導体に高純度のアルミニウム，中心導体には軟銅単線，導体間の誘電体にはポリエチレンテープを用いた半可とう性の**アルミシース同軸ケーブル**がある。

**例題 4.2** 同軸線路において，中心導体の外径および外部導体の内径が，それぞれ $d = 2\,[\mathrm{mm}]$，$D = 10\,[\mathrm{mm}]$ で，誘電体の比誘電率が $\varepsilon_\mathrm{s} = 2.2$ であるとき，この同軸ケーブルの特性インピーダンスを求めよ。

**【解答】** 式 (4.2) に，$d = 2\,[\mathrm{mm}]$，$D = 10\,[\mathrm{mm}]$，$\varepsilon_\mathrm{s} = 2.2$ を代入して，$Z_0 \fallingdotseq 65.0\,[\Omega]$ を得る。 ◇

### 4.2.3 マイクロストリップ線路

マイクロストリップ線路の基本構造は，図 **4.4**（a）に示すように接地導体板上に高誘電率の薄い誘電体基板を密着させ，その上に板状の導体（ストリップ導体）を密着させた形状の導波路であり，準 TEM 波の伝送モードを有する。

誘電体基板の比誘電率を $\varepsilon_\mathrm{s}$ とし，その厚さを $h$ とする。また，ストリップ導体の幅を $W$ とし，その厚さ $t$ は十分に薄いとする。このとき，特性インピーダ

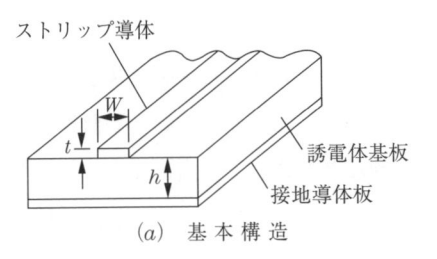

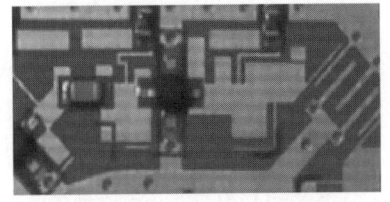

(a) 基本構造    (b) マイクロ波回路での実例

図 **4.4** マイクロストリップ線路

ンス $Z_0$ は，近似的に次式で与えられる．

$$Z_0 \approx \frac{377}{\sqrt{\varepsilon_f}} \frac{h}{W} \; [\Omega] \quad (W/h > 1) \tag{4.3}$$

ここで $\varepsilon_f$ は，誘電体基板の実効比誘電率であり，通常 $\varepsilon_s$ より小さい値となる．

マイクロストリップ線路のおもな伝送損失は導体損失であり，周波数が高くなるに従って増加する．後述する導波管に比較して伝送損失は大きいが，マイクロストリップ線路の形状および寸法を変えることにより，平面線路上にフィルタ，分波路などの回路要素を構成できる特徴を有する．また増幅素子なども表面実装が可能なため，小形で軽量な高周波電子回路が構成できる．

図 4.4 (b) にはマイクロストリップ線路を用いたマイクロ波帯の電子回路の例を示す．コンデンサ，トランジスタなどの素子がマイクロストリップ線路の途中に実装されている様子がわかる．

---

**例題 4.3** マイクロストリップ線路の特徴を述べよ．

---

【解答】① TEM 波に近い伝送モードを有し，高周波特性が良好である．② 特性インピーダンスは，ストリップの幅 $W$ を広くするほど，誘電体基板の比誘電率 $\varepsilon_s$ を大きくするほど，誘電体基板の厚さ $h$ を薄くするほど小さくなる．③ おもな伝送損失は導体損失であり，周波数が高くなるにつれて増加する．④ 平面上に回路要素が構成可能なため，小形で軽量な高周波電子回路が構成できる．　　◇

## 4.3　給電線の整合

給電線の特性インピーダンスと負荷（アンテナ）のインピーダンスが異なる場合，接続点において反射が生じる．このことは，伝送効率の低下や信号のひずみ，また大電力送信用給電線では絶縁破壊などをまねく要因となる．ここでは，2 章で学習した分布定数線路の基礎理論に基づいて，給電線と負荷の整合について，例題を中心に説明する．

### 4.3.1　1/4 波長整合回路によるインピーダンス整合

特性インピーダンスが $Z_0$（純抵抗）の給電線とインピーダンスが $Z_L$（純抵抗）の負荷を接続することを考える。図 4.5 に示すように，特性インピーダンスが $Z$，長さ $\ell = \lambda/4$ の線路を **1/4 波長整合回路** として給電線と負荷の間に挿入する。このとき，端子 1-1' から負荷側を見た入力インピーダンス $Z_{\text{in}}$ は，式 (2.38) に $\beta\ell = (2\pi/\lambda) \times (\lambda/4) = \pi/2$ を代入すると純抵抗となり，$Z_{\text{in}} = Z^2/Z_L$ となる。したがって，この入力インピーダンス $Z_{\text{in}}$ が給電線の特性インピーダンス $Z_0$ に等しいとおいて，つぎの関係式を得る。

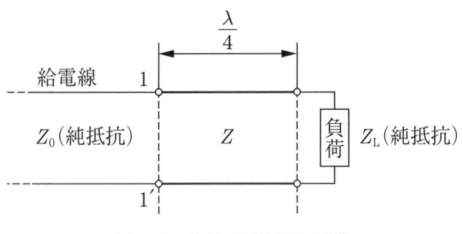

図 4.5　1/4 波長整合回路

$$Z = \sqrt{Z_0 Z_L} \tag{4.4}$$

この関係を満足させる整合回路を用いることにより，給電線と負荷の整合をとることができる。

**例題 4.4**　導線の直径が $d = 2$ [mm]，導線の中心間の間隔が $D = 10$ [mm] の平行二線式線路が空気中にある。この平行二線式線路と純抵抗負荷 $R = 145$ [Ω] を，1/4 波長の整合線路で整合するとき，この整合線路の特性インピーダンス $Z$ はいくらにすればよいか。

【解答】　導体の直径が $d$，線路間の距離が $D$ の平行二線式線路の特性インピーダンス $Z_0$ は，式 (4.1) より $Z_0 = \dfrac{276}{\sqrt{\varepsilon_s}} \log_{10} \dfrac{2D}{d}$ であり，この式に $\varepsilon_s = 1$，$d = 2$ [mm]，$D = 10$ [mm] を代入して，$Z_0 = 276$ [Ω] となる。したがって，整合線路の特性インピーダンスは $Z = \sqrt{Z_0 R} = \sqrt{276 \times 145} \fallingdotseq 200$ [Ω] とすればよい。　◇

### 4.3.2 集中定数回路による整合

特性インピーダンス $Z_0$ の給電線と純抵抗 $R$ の負荷を,静電容量 $C$ とインダクタンス $L$ により整合するときの条件式は,給電線のインピーダンスと端子 1-1' から負荷側を見たインピーダンスを等しいとおいて,**表 4.1** のように与えられる。

**表 4.1** 集中定数回路による整合

| 線 路 | $Z_0 > R$ | $Z_0 < R$ |
|---|---|---|
| 平衡線路<br>(平行二線式線路) | $L = \dfrac{1}{2\omega}\sqrt{R(Z_0 - R)}$<br><br>$C = \dfrac{1}{\omega Z_0}\sqrt{\dfrac{Z_0 - R}{R}}$ | $L = \dfrac{1}{2\omega}\sqrt{Z_0(R - Z_0)}$<br><br>$C = \dfrac{1}{\omega R}\sqrt{\dfrac{R - Z_0}{Z_0}}$ |
| 不平衡線路<br>(同軸線路) | $L = \dfrac{1}{\omega}\sqrt{R(Z_0 - R)}$<br><br>$C = \dfrac{1}{\omega Z_0}\sqrt{\dfrac{Z_0 - R}{R}}$ | $L = \dfrac{1}{\omega}\sqrt{Z_0(R - Z_0)}$<br><br>$C = \dfrac{1}{\omega R}\sqrt{\dfrac{R - Z_0}{Z_0}}$ |

**例題 4.5** 表 4.1 で平行二線式線路の $Z_0 < R$ における条件式を導け。

**【解答】** 表 4.1 の平衡線路で $Z_0 < R$ の条件で整合するには,端子 1–1' から負荷側を見たインピーダンスが給電線の特性インピーダンスと等しくなればよい。これより,$Z_0(1 + j\omega CR) = 2j\omega L(1 + j\omega CR) + R$ が導かれ,この式の右辺と左辺の実部と虚部をそれぞれ等しいとおいて,以下の条件式が得られる。

$$L = \frac{1}{2\omega}\sqrt{Z_0(R-Z_0)}, \quad C = \frac{1}{\omega R}\sqrt{\frac{R-Z_0}{Z_0}} \qquad \diamondsuit$$

## 4.4 平衡線路と不平衡線路の接続

平行二線式線路では，一方の導体に正方向の電流が流れた場合，もう一方の線路には同じ大きさの逆方向の電流が流れる．このとき，これら2本の線路から発生する電磁界は，たがいに逆方向となって打ち消し合い，線路から空間への電磁波の放射はない．このような線路を**平衡線路**という．一方，同軸線路の場合は，中心導体と外部導体の間を電磁界が伝搬するが，外部導体はグランドとなるため零電位となる．このような線路を**不平衡線路**という．

図 **4.6** (a) には，同軸ケーブルと平行二線式線路が"直接接続"された場合（両者の特性インピーダンスは等しいとする）を示している．図より，この状態では，同軸ケーブルの外部導体の電流は，平行二線式線路の上側線路に電流 $i'$ を流す一方，同軸ケーブルの外部導体外側にも漏洩電流 $i''$ を流すことになる．このことはつぎの二つを意味する．

① 平行二線式線路上の不平衡電流のために線路からの放射が起こる．
② 同軸ケーブルの外部導体の外側への漏洩電流によっても放射が発生する．

これらの問題を除去し，平行二線式線路に平衡電流を流すためには，同軸ケーブルの外部導体に流れる $i''$ を除去すればよい．これを実現するために考案さ

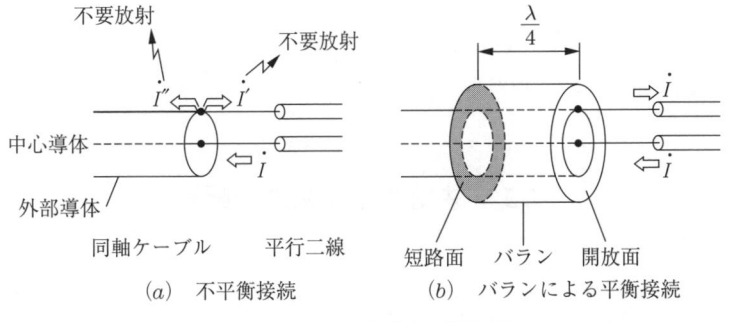

(a) 不平衡接続　　　(b) バランによる平衡接続

図 **4.6** 同軸線路と平行二線式線路の接続（λ/4 バラン）

れた線路（円管）を**バラン**（**平衡–不平衡変換器**）といい，$\lambda/4$ バラン，$\lambda/2$ バラン，分割同軸形バランなどがある。

図 **4.6** (*b*) に，$\lambda/4$ バランを使用した平衡接続の例を示す。図に示すように，同軸ケーブルの外側に $\lambda/4$ の金属円筒導体（バラン）をかぶせ，平行二線式線路との接続側を開放し，その反対側を短絡した構造となるよう取り付ける。このようにすると，バランを"外部導体"，同軸ケーブルの外部導体を"中心導体"とする同軸ケーブルが形成され，接続点から同軸側を見たインピーダンスが無限大となり，$\dot{I}''$ が流れなくなる。よって，同軸線路の外部導体内側を流れてきた電流はすべて平行二線式線路の上側線路に流れ，平行二線式線路には平衡電流が流れることになる。

**例題 4.6** 図 **4.6** の $\lambda/4$ バランにおいて，接続点から見た入力インピーダンス $\dot{Z}_{in}$ を求めよ。

**【解答】** 式 (*2.38*) に $\dot{Z}_L = 0$ および $\beta d = (2\pi/\lambda) \times (\lambda/4) = \pi/2$ 〔rad〕を代入すると，接続点から見た入力インピーダンスは無限大となる（図 **4.7**）。　◇

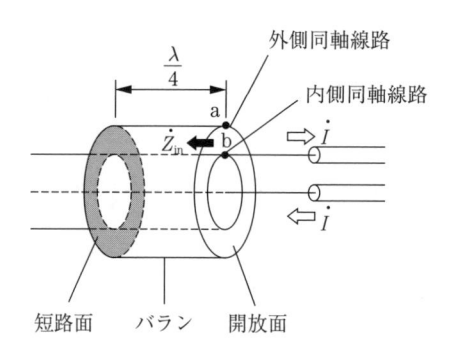

図 **4.7** $\lambda/4$ バランの接続点から見た入力インピーダンス

## 4.5 共用回路と電力分配器

複数の周波数の電波を一つのアンテナで使用する場合の共用回路と，一つの送信機から複数のアンテナに給電するための電力分配器について説明する。

### 4.5.1 共用回路

**共用回路** (diplexer) は，一つのアンテナを二つ以上の周波数で共用するときに用いる回路である．2周波ダイプレクサの概念を図 **4.8** に示す．

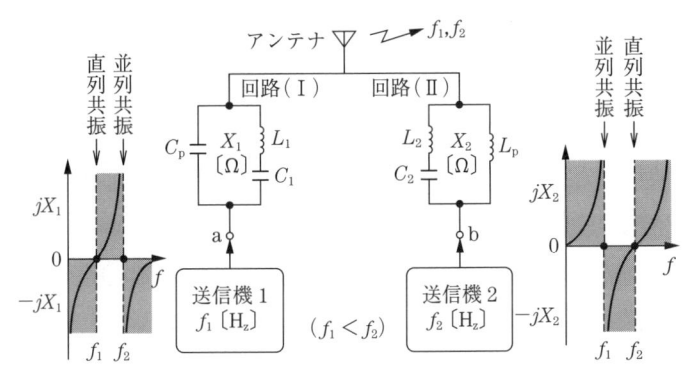

**図 4.8** 2周波ダイプレクサ

図において，一つのアンテナを送信機1（周波数 $f_1$）と送信機2（周波数 $f_2$）で共有する場合を考える．これを実現するには

① 送信機1からの電波は，回路 (I) を通過しアンテナに達するが，回路 (II) では阻止される．

② 送信機2からの電波は，回路 (II) を通過しアンテナに達するが，回路 (I) では阻止される．

の二つの条件を同時に満足すればよい．すなわち，回路 (I) では周波数 $f_1$ で直列共振し，周波数 $f_2$ で並列共振するように回路素子の値を選べばよい．一方，回路 (II) では周波数 $f_2$ で直列共振し，周波数 $f_1$ で並列共振するように回路素子の値を選べばよい．これらは，いずれも $LC$ 直列共振回路の共振時のインピーダンスは最小（理想的には零），$LC$ 並列共振回路の共振時のインピーダンスは最大（理想的には無限大）であることを利用したものである．

**例題 4.7** 図 **4.8** において，$f_1 = 770$ [kHz]，$f_2 = 930$ [kHz]，$C_1 = 200$ [pF]，$C_2 = 220$ [pF] である場合の，$L_1$，$L_2$，$C_p$，$L_p$ を求めよ．

**【解答】** 回路 (I) について：① 直列共振周波数 $f_1$ を与える $L_1$ の計算は，回路 (I) のインピーダンス $\dot{Z}_1 = jX_1 = j\dfrac{\omega_1^2 L_1 C_1 - 1}{\omega_1\{(C_1+C_{\rm p})-\omega_1^2 L_1 C_1 C_{\rm p}\}}$ が零，すなわち，$\omega_1^2 L_1 C_1 = 1$ であればよいので，$L_1 = 1/(\omega_1^2 C_1) = 1/\{(2\pi \times 770 \times 10^3)^2 \times 200 \times 10^{-12}\} \fallingdotseq 0.2136$ 〔mH〕となる。② 並列共振周波数 $f_2$ を与える $C_{\rm p}$ の計算は，回路 (I) のアドミタンス $\dot{Y}_1 = j\omega_2\left(C_{\rm p} + \dfrac{C_1}{1-\omega_2^2 L_1 C_1}\right)$ が零であればいので，$C_{\rm p} = C_1/(\omega_2^2 L_1 C_1 - 1) \fallingdotseq 436.0$ 〔pF〕となる。

回路 (II) について：① 直列共振周波数 $f_2$ を与える $L_2$ の計算は，回路 (II) のインピーダンス $\dot{Z}_2 = jX_2 = j\dfrac{\omega_2 L_{\rm p}(1-\omega_2^2 L_2 C_2)}{1-\omega_2^2 C_2(L_{\rm p} + L_2)}$ が零，すなわち，$\omega_2^2 L_2 C_2 = 1$ であればよいので，$L_2 = 1/(\omega_2^2 C_2) \fallingdotseq 0.1331$ 〔mH〕となる。② 並列共振周波数 $f_1$ を与える $L_{\rm p}$ の計算は，回路 (II) のアドミタンス $\dot{Y}_2 = j\left(\dfrac{-1}{\omega_1 L_{\rm p}} + \dfrac{\omega_1 C_2}{1-\omega_1^2 L_2 C_2}\right)$ が零であればいので，$L_{\rm p} = (1-\omega_1^2 L_2 C_2)/(\omega_1^2 C_2) \fallingdotseq 61.07$ 〔μH〕となる。　◇

### 4.5.2 電力分配器

電力分配器は複数のアンテナなどに給電する目的でつくられたもので，例えば送信機からの出力を 2 分配，4 分配，… のように電力を分配するものである。電力を分配する視点からは "分配器" であるが，例えば複数のアンテナからの信号を合成するという見方をすれば "合成器" でもある。

電力分配器の種類として，同軸形，導波管形，マイクロストリップライン形などがある。以下にマイクロストリップライン形 8 分配器（**図 4.9**）の例を示す。図のマイクロストリップライン形分配器では，ストリップ線路の分岐点での反射を打ち消すため $\lambda/4$ の整合線路を挿入している。このタイプの分配器では，基板の損失などにより，X バンド[†]で約 1 dB 程度の挿入損失があるのが普通である。

---

[†] 慣用的にレーダで使用されるマイクロ波帯における周波数範囲の呼称で，8.0〜12.4 GHz の周波数範囲を X バンドと呼ぶ。ほかにもよく用いられる呼称として，L バンド (1.0〜2.0 GHz)，S バンド (2.0〜4.0 GHz)，C バンド (4.0〜8.0 GHz)，Ku バンド (12.4〜18.0 GHz)，Ka バンド (18.0〜26.5 GHz) がある。

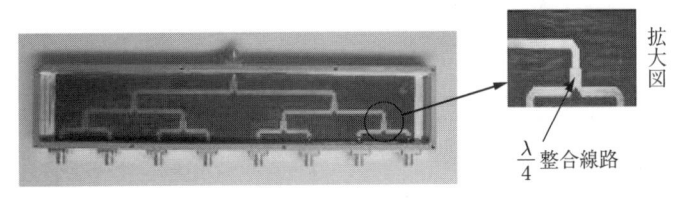

図 **4.9** マイクロストリップライン型 8 分配器

**例題 4.8** 上述の 8 分配器において，上側の入力ポートに 0 dBm (= 1 [mW]) の信号を入力した。この信号が分波途中での反射損，通過損などの損失がまったくなく，理想的に 8 等分に分配されたとき，各出力ポートに現れる信号は何 dBm となるか。

【解答】 出力ポートには，入力信号の 1/8 の電力 (1/8 mW) が現れるので，$10\log_{10}\dfrac{1/8 \,[\mathrm{mW}]}{1\,[\mathrm{mW}]} \fallingdotseq -9.03\,[\mathrm{dBm}]$ の信号が各ポートに出力される。 ◇

## 4.6 導 波 管

マイクロ波領域の周波数帯などで低損失伝送が要求される場合は，同軸線路に代わって導波管を使用することが多い。ここでは導波管の基本モード，遮断波長，管内波長など，導波管の基本的な諸量と特性について述べる。

### 4.6.1 矩形導波管

〔**1**〕 **矩形導波管の構造** 図 **4.10** に示すように，導波管断面の長辺の長さが $a$，短辺の長さが $b$ の矩形導波管を考える。導波管は中空の金属管であり，通常可とう性はない。ここでは，管内の電波が $z$ 軸の正方向へ進むものとし，その電磁界分布について説明する。

〔**2**〕 **矩形導波管内の電波伝搬の考え方** 導波管内を伝搬する電波は，管壁で反射を繰り返しながら $z$ 軸の正方向へ伝搬する。また，管内を伝搬する電

72   4. 給電線と整合回路

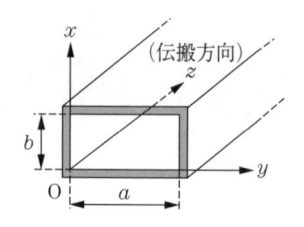

図4.10 矩形導波管の構造と座標系

波は，管壁での境界条件を満たすことが必要である．よって，境界条件を満たさない電波（電磁界分布）は管内には存在できない．

管内に存在する電磁界分布の詳細は，管壁での境界条件を考慮して波動方程式を解くことにより求められるが，自由空間中を伝搬する等振幅の二つの入射平面波の合成を考えることにより，導波管内の基本モードの電磁界分布の様子を知ることができる．

図 4.11 に示すように自由空間中において（導波管の存在は考えない），紙面に垂直に偏波された右上（$z$軸に対して角度 $\theta$ 方向）に進む平面波 1（電界）と，右下（$z$軸に対して角度 $-\theta$ 方向）に進む平面波 2（電界）が同時に入射する場合の平面波の合成を考える．このとき電界は，同相の点においては強め合って最大となり，逆相の点においては相殺されて最小となり，図のようなパターン

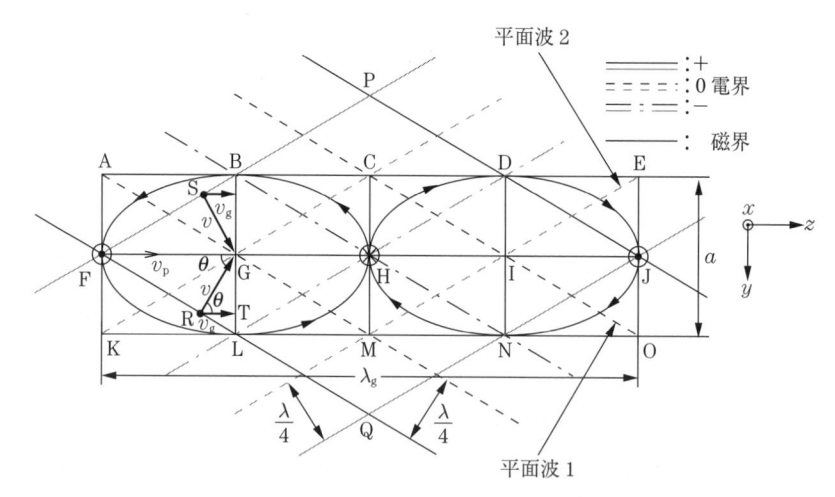

図 4.11 二つの平面波による合成電磁界分布

が形成される。

その結果，図中の点 A, B ⋯ E を含む線上 ($\overline{\mathrm{AB}\cdots\mathrm{E}}$) および点 K, L ⋯ O を含む線上 ($\overline{\mathrm{KL}\cdots\mathrm{O}}$) の電界は零となる。この電界が零になる二つの線（間隔を $a$ とする）を導波管の管壁と考えると，導体壁面上で接線成分が零になるという電界の境界条件をこの二つの線はともに満足することになる。また，合成された電界は，両管壁の間を $z$ 軸の正方向に伝搬することがわかる。ここで得た電磁界の伝搬モードは，$\mathrm{TE}_{10}$ モードと呼ばれており，矩形導波管の基本モードとなっている[†]。

### 4.6.2 矩形導波管と $\mathrm{TE}_{10}$ モード

〔1〕 **管内波長** 図 **4.11** において，右上方向に進む平面波 1 と右下方向へ進む平面波 2 の交点である点 F および点 J は，紙面に垂直で上向き最大（各平面波の強度の 2 倍）の電界を表している。一方，この導波管軸上の点 H は，紙面に垂直で下向き最大（各平面波の強度の 2 倍）の電界を表す。このように導波管軸に沿って電界最大，最小の繰り返しパターンが発生し，入射平面波の波長 $\lambda$ とは異なる管内固有の波長 $\lambda_\mathrm{g}$ が導波管内に存在することになる。この波長 $\lambda_\mathrm{g}$ を**管内波長** (guide wavelength) と呼ぶ。管内波長は導波管軸上で同相となる 2 点間の長さであるから，図の場合，点 F と点 J 間の長さが $\lambda_\mathrm{g}$ となる（$\lambda_\mathrm{g} = \overline{\mathrm{FJ}}$）。

導波管の幅 $a$ と入射平面波の波長 $\lambda$ との関係は，図 **4.12**（図 **4.11** の一部を拡大）より，$\overline{\mathrm{GL}} = a/2$，$\overline{\mathrm{GR}} = \lambda/4$ であるから，図の △GRL より

---

[†] 電磁界分布の詳細は，管壁での境界条件を考慮して波動方程式を解くことにより求められる。$z$ 軸方向に電界成分がない場合（$E_z = 0$ ; TE モード）は，マクスウェルの方程式 (3.8), (3.9): $\nabla \times \dot{\boldsymbol{H}} = j\omega\varepsilon_0\dot{\boldsymbol{E}}$, $\nabla \times \dot{\boldsymbol{E}} = -j\omega\mu\dot{\boldsymbol{H}}$ ($\dot{\boldsymbol{J}} = 0$, $\partial/\partial t = j\omega$) に $E_z = 0$ を代入し，境界条件を考慮することにより，管内の電磁界分布：$\mathrm{TE}_{mn}$ ($m, n = 0, 1, 2, 3, \cdots$ ; $m = n = 0$ を除く）が得られる。また，$z$ 軸方向に磁界成分がない場合（$H_z = 0$ ; TM モード）も，同様にして $\mathrm{TM}_{mn}$ ($m, n = 0, 1, 2, 3, \cdots$ ; $m = n = 0$ を除く）が得られる。しかし，本書では基本モードである $\mathrm{TE}_{10}$ モード ($m = 1, n = 0$) のみを取り扱うので，$\mathrm{TE}_{mn}$ および $\mathrm{TM}_{mn}$ の導出は行わない。導出に興味のある読者は，マイクロ波工学関係の書籍を参照されたい。

74　　4. 給電線と整合回路

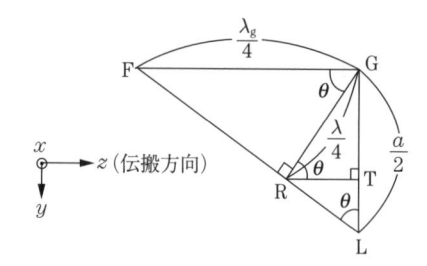

**図 4.12** 導波管の幅 $a$ と $\lambda_g$, $\lambda$ の関係

$$\sin\theta = \frac{\overline{\mathrm{GR}}}{\overline{\mathrm{GL}}} = \frac{\lambda}{2a} \qquad (4.5)$$

となる。さらに △FGR より

$$\cos\theta = \frac{\overline{\mathrm{GR}}}{\overline{\mathrm{FG}}} = \frac{\lambda}{\lambda_g} \qquad (4.6)$$

の関係があるので，管内波長 $\lambda_g$ は次式で表される。

$$\lambda_g = \frac{\lambda}{\cos\theta} = \frac{\lambda}{\sqrt{1-\sin^2\theta}} = \frac{\lambda}{\sqrt{1-\left(\frac{\lambda}{2a}\right)^2}} \qquad (4.7)$$

上式より，管内波長 $\lambda_g$ は自由空間波長 $\lambda$ より長いことがわかる。

---

**例題 4.9** 管内における長辺の長さが 22.9 mm，短辺の長さが 10.2 mm の矩形導波管（型式:WRJ-10）がある。この導波管で，(1) $f = 8$ [GHz]および (2) $f = 12$ [GHz] の電波を伝送する場合の管内波長 $\lambda_g$ を求めよ。ただし，光速 $c = 2.997\,924 \times 10^8$ [m/s]とする。

---

【解答】 式 (1.2) より，(1) $f = 8$ [GHz]の場合：$\lambda$[mm] $= 299.792\,4/f = 299.792\,4/8 = 37.47$ [mm]より，管内波長 $\lambda_g$ は，$\lambda_g = 37.47/\sqrt{1-(37.47/(2\times 22.9))^2}$ $\fallingdotseq 65.16$ [mm]となる。(2) $f = 12$ [GHz]の場合：$\lambda = 299.792\,4/f = 299.792\,4/12$ $\fallingdotseq 24.98$ [mm]より，$\lambda_g = 24.98/\sqrt{1-(24.98/(2\times 22.9))^2}$ $\fallingdotseq 29.80$ [mm]となる。　　　　◇

4.6 導　波　管　　75

〔**2**〕**遮　断　波　長**　　式 (4.7) において，入射する平面波の波長 $\lambda$ が $\lambda < 2a$ のときは，$\lambda_g$ が実数となり電波が導波管内を伝搬する。$\lambda$ が変化して $\lambda = 2a$ のときは，$\lambda_g \to \infty$ となる。このときは $\theta = 90°$ となるため，入射波は管壁の間を往復するだけで，導波管軸方向には伝搬しなくなる。

このときの波長 $\lambda$ を**遮断波長** (cut-off wavelength) $\lambda_c$ と呼び，$TE_{10}$ モードに対しては

$$\lambda_c = 2a \tag{4.8}$$

で与えられる。また，このときの周波数 $f_c = c/\lambda_c$ を**遮断周波数** (cut-off frequency) と呼ぶ[†1]。

したがって，入射平面波の波長が $\lambda_c$ より短い場合，すなわち，そのときの周波数が $f_c$ より高い場合に限り，電磁波はこの導波管内を伝搬できることになる。図 **4.13** に，矩形導波管内と自由空間中の伝搬定数の比較図を示す。導波管内の伝搬定数は，遮断周波数 $f_c$ 以上で実数となり電波が伝搬可能となる。そして，$f_c$ より十分高い場合は，矩形導波管内と自由空間中の伝搬定数の差は小さくなる[†2]。

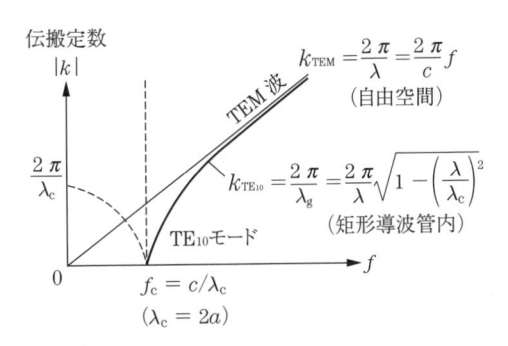

図 **4.13**　矩形導波管内の電波（$TE_{10}$ モード）と自由空間中を
伝搬する平面波（TEM 波）の伝搬定数の比較

---

[†1]　遮断波長および遮断周波数は，それぞれ臨界波長 (critical wavelength) および臨界周波数 (critical frequency) とも呼ばれる。
[†2]　例えば，自由空間中の波長と管内波長の差は小さくなる（例題 **4.9** 参照）。

また，図 **4.11** に示される幅 $a$ の導波管断面（AFK）上の電界パターンは，導波管の中心軸上の点 F で紙面に垂直で上向き最大となり，管壁方向に移るに従って小さくなり，管壁上の点 A および点 K ではその値が零となる。

このように，導波管軸に直角な断面内で電界分布が一つの最大値をもち，伝搬軸方向に電界成分のないモードを $TE_{10}$ モードという。この $TE_{10}$ モードは，矩形導波管の中で最も低次のモードであり，矩形導波管回路では主としてこのモードが使用される。

**例題 4.10** 横幅が $a = 8$ 〔m〕，高さが $b = 4$ 〔m〕の長方形断面を有するトンネルの中と外（自由空間）との 2 点間で，垂直偏波の電波を使用して通信を行いたい。この通信には何 MHz 以上の電波を用いればよいか。また，水平偏波のときはどうか。ただし，トンネルの内壁は近似的に導体と考えられるものとし，光速 $c = 3 \times 10^8$ 〔m/s〕とする。

【解答】 トンネルを矩形導波管と考える。垂直偏波のとき，その遮断波長 $\lambda_c$ は，$\lambda_c = 2a = 16$ 〔m〕である。したがって式 (*1.2*) より，遮断周波数は $f_c$〔MHz〕$= 300/\lambda_c$〔m〕$= 300/16 = 18.75$〔MHz〕となる。よって垂直偏波の電波は，18.75 MHz 以上の周波数であればトンネルを通過する。一方，水平偏波の場合は，その遮断波長は $\lambda_c = 2b = 8$ 〔m〕である。したがって遮断周波数は $f_c$〔MHz〕$= 300/8$〔m〕$= 37.5$〔MHz〕となり，水平偏波の場合は，37.5 MHz 以上の電波を使用すればトンネルを通過する。 ◇

〔3〕位相速度　図 **4.14**（図 **4.11** の一部を拡大）において，入射平面波 1 の波面 FLQ 上の点 R が，速度 $v = c$（光速）で右上方向（導波管中心軸から $+\theta$ 方向）に進み，点 G に達したとき，同じ速度で右下方向（導波管中心軸から $-\theta$ 方向）に進む入射平面波 2 の波面 FBP 上の点 S も同時に点 G に到達する。また，このとき，これら二つの波面の交点 F も同時に点 G に達する。この点 F が右方向に伝搬する速度を $v_p$ とすると，$c$ と $v_p$ の間には図中の △FGR より

## 4.6 導波管

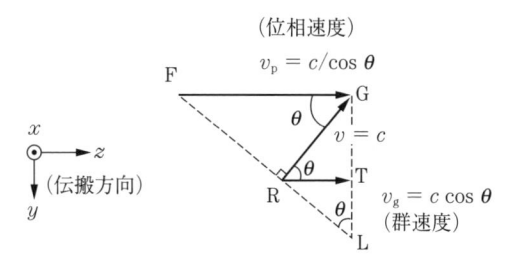

図 4.14 位相速度と群速度の関係

$$v_{\mathrm{p}} = \frac{c}{\cos\theta} = \frac{c}{\sqrt{1-(\lambda/\lambda_{\mathrm{c}})^2}} \qquad (4.9)$$

の関係があることがわかる。

式 (4.9) より $v_{\mathrm{p}} > c$ となり，$v_{\mathrm{p}}$ は光速 $c$ より速くなる。この $v_{\mathrm{p}}$ を**位相速度** (phase velocity) と呼ぶ。位相速度は二つの平面波の合成により得られた交点 F の見かけ上の速度であり，電磁波のエネルギーの伝搬速度ではない。

〔**4**〕**群 速 度** 電磁波のエネルギーが導波管軸に沿って実際に伝搬する速度 $v_{\mathrm{g}}$ は，図 4.14 の △GRT より，入射平面波が伝搬する速度 $v$ の導波管軸方向の成分であるので

$$v_{\mathrm{g}} = c\cos\theta = c\sqrt{1-\left(\frac{\lambda}{\lambda_{\mathrm{c}}}\right)^2} \qquad (4.10)$$

で与えられる。この速度 $v_{\mathrm{g}}$ を**群速度** (group velocity) と呼ぶ。式 (4.10) から，群速度は光速 $c$ より遅いことがわかる。また，式 (4.9) および (4.10) より，位相速度 $v_{\mathrm{p}}$ と群速度 $v_{\mathrm{g}}$ の間には

$$v_{\mathrm{p}}v_{\mathrm{g}} = c^2 \qquad (4.11)$$

の関係があることがわかる。

78    4. 給電線と整合回路

〔5〕 **矩形導波管内における $TE_{10}$ モードの電界分布と磁界分布**　ここまでは，管壁の間隔が $a$ である導波管の $TE_{10}$ モード電界分布について調べたが，この場合の磁界の大きさ，方向はどのようになるだろうか。

図 *4.11* を参考にして考える。図においては，電磁波の電界は紙面に垂直に偏波され $z$ 軸方向に伝搬しているが，このとき（紙面に対して）上向き電界が最大の位置における最大磁界の方向は（進行方向に対して）右向きとなり，一方，（紙面に対して）下向き電界が最大の位置における最大磁界の方向は（進行方向に対して）左向きとなる。

この関係を図 *4.11* の平面波1および平面波2に当てはめると，図中の破線のように，点：F → L → H → B → F を通る左回りの楕円形状の磁界分布が得られる。同様にして右隣りの磁界分布は，点：H → D → J → N → H を通る右回りの楕円形状の磁界分布となり，順次方向が入れ替わる磁界分布となる。

これらのことから，紙面に垂直な電界が右側に伝搬するとき，これと直角方向の磁界（紙面に平行な磁界）が，電界の向きに対応してその楕円形状磁束分布の方向を反転しながら，右方向に伝搬することがわかる。図より，$TE_{10}$ モードの電磁界分布については

① 電界については，進行方向の成分を持たない。

② 磁界については，進行方向とそれに直角な方向の両方に成分を有する。

ことがわかる。図 *4.15* に，矩形導波管内の電磁界分布のイメージを示す。

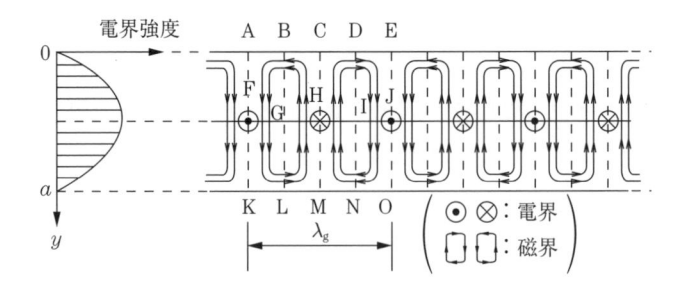

図 *4.15*　矩形導波管内の電磁界分布

### 4.6.3 円形導波管

矩形導波管と同様に，円形導波管でもマイクロ波の伝送が可能である。一般のマイクロ波回路では矩形導波管が多く用いられるが，円形導波管はその構造が軸対称であることから，直交2偏波の同時使用（偏波共用）が可能であるという特徴がある。そのため，円形導波管の開口部を円錐導波管の形状（円錐ホーンアンテナ）にして，パラボラアンテナなどの一次放射器としてよく利用される。

図 *4.16* に円形導波管（半径 $a$）の低次モードである $TE_{11}$ モードの電界分布を示す。これは矩形導波管の基本モードである $TE_{10}$ モードに対応している。円形導波管内においては，電界が金属表面に直交するという境界条件を満たすモードは多数存在するが，円形導波管ではこのうち $TE_{11}$ モードがよく使用される。

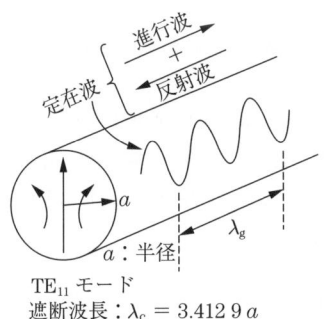

図 *4.16* 円形導波管の基本モードと遮断波長

円形導波管の半径を $a$ としたときの $TE_{11}$ モードに対する遮断波長 $\lambda_c$ は

$$\lambda_c = 3.4129a \tag{4.12}$$

で与えられる。この遮断波長 $\lambda_c = 3.4129a$ を，式 (4.7) の "$2a$" と置き換えることにより，円形導波管内を伝搬する電波の管内波長 $\lambda_g$ が計算できる[†]。

---

[†] 円形導波管の管内波長：$\lambda_g = \dfrac{\lambda}{\sqrt{1 - \left(\dfrac{\lambda}{3.4129a}\right)^2}}$

**例題 4.11** 寸法が似かよった2本の円形導波管がある。1本（導波管 A）は半径が 8.7 mm で，もう1本（導波管 B）は半径が 8.5 mm である。それぞれの導波管に，3種類の周波数（$f = 10.0, 10.2, 10.4$〔GHz〕）のマイクロ波信号を入力して，もう一方の端から出力を取り出す実験を行った。このとき，この3種類の周波数の中で，導波管 A では信号が取り出せて，導波管 B では信号が取り出せなかった周波数があったという。その周波数はどれか。ただし，光速 $c = 2.997\,924 \times 10^8$〔m/s〕とする。

**【解答】** 式 (4.12) により，導波管 A の遮断波長は，$\lambda_c = 3.412\,9a = 29.692$〔mm〕である。遮断周波数は，式 (1.2) より $f_{CA}$〔GHz〕$= 299.792\,4/\lambda_c$〔mm〕$= 10.097$〔GHz〕となる。一方，導波管 B の遮断波長は，$\lambda_c = 3.412\,9a = 29.010$〔mm〕であり，遮断周波数は，$f_{CB} = 10.334$〔GHz〕となる。導波管内を伝搬可能な電波は遮断周波数以上の電波であるから，10.2 GHz の電波が導波管 A を通過し，導波管 B では遮断される。

このように，わずかの寸法差でも遮断波長（周波数）が異なるため，電波の通過または不通過の現象が起こる。ちなみに，10.0 GHz の電波の場合は，両導波管とも不通過で，10.4 GHz の電波の場合は両方通過となる。図 **4.17** のように通過領域を図で表現すると理解しやすい。 ◇

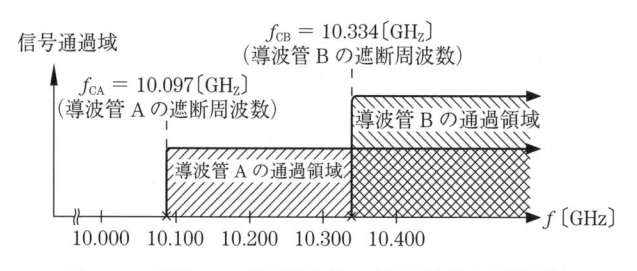

図 **4.17** 例題 4.11 円形導波管の遮断周波数と通過領域

## 4.7 導波管回路素子

導波管回路では，矩形導波管を用いた回路構成が一般的である。理由として，矩形導波管は円形導波管に比べて取扱いが容易であること，導波管や導波管素子

の連結用フランジ (flange)†が矩形導波管仕様で製作されているものが多いことなどが挙げられる．ここでは，矩形導波管を主として，その回路素子（同軸導波管変換器，空胴共振器，方向性結合器，マジック T など）の動作原理について説明する．

### 4.7.1　同軸導波管変換器

同軸線路による矩形導波管の励振方法について図 *4.18* に示す．同軸線路内の伝搬モードである TEM 波は，導波管内では右方向への波①と左方向への波②に分波される．このとき，導波管の管内波長を $\lambda_g$ とし，プローブ（導波管内に挿入された芯線の先端部）と導波管壁の距離 $S$ を約 $\lambda_g/4$ に選ぶと，変換された波は TE 波として効率よく右方向に伝搬する．$S = \lambda_g/4$ に選ぶ理由はつぎのとおりである．

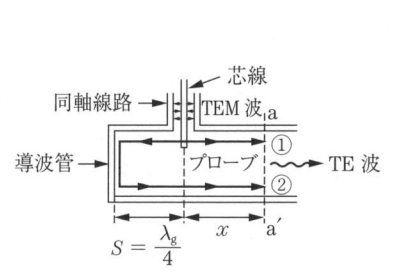

**図 *4.18*** 同軸導波管変換器　　**図 *4.19*** X バンド同軸導波管変換器

図において，プローブより右側に距離 $x$ だけ離れた任意の基準面 a–a' を考える．このとき，プローブを始点とした右方向への波①の基準面 a–a' での位相の遅れは

---

† 導波管の連接，各種導波管回路の相互接続を機械的（例えばねじ止めなど）に行うためのもの（図 *4.19*）．導波管回路の接続においては，接続部に段差や間げきなどがあると，反射波，電波の漏れなどによる損失が生じ，伝搬特性が劣化するので，フランジにより接続部を固定する必要がある．フランジは，導波管に対応してその規格が定められている．

$$e^{-j\beta x} = e^{-j(2\pi/\lambda_\mathrm{g})x} \tag{4.13}$$

により表される．一方，プローブを始点とした左方向への波②は，左側に $\lambda_\mathrm{g}/4$，管壁で反射されて右側に $\lambda_\mathrm{g}/4$，さらに基準面 a–a' まで $x$ の距離を伝搬する．管壁での反射係数は $-1$ であるから，基準面 a–a' での位相は

$$\begin{aligned}&e^{-j\beta(\lambda_\mathrm{g}/4)} \times (-1) \times e^{-j\beta(\lambda_\mathrm{g}/4)} \times e^{-j(2\pi/\lambda_\mathrm{g})x}\\&= e^{-j\{\pi/2+\pi+\pi/2+(2\pi/\lambda_\mathrm{g})x\}} = e^{-j(2\pi/\lambda_\mathrm{g})x}\end{aligned} \tag{4.14}$$

により表される．したがって，右方向への波①と左方向への波②は，基準面 a–a' で同相となり，右側に効率よく伝搬することがわかる．**図 4.19** に X バンド同軸導波管変換器の例を示す．

### 4.7.2 空胴共振器

空胴共振器 (cavity resonator) は，金属でつくられた"箱"で，その中には境界条件を満たすいろいろなモード（TE モード，TM モード）の電磁界が存在することができ，その形には球形，円柱形，角柱形などがある．これらの空胴共振器は，構造が単純で小形に製作でき，またその $Q$ 値がきわめて高いため，マイクロ波帯におけるフィルタとしての応用や周波数の測定によく用いられる．例として，周波数（波長）測定によく用いられる $TE_{111}$ モード円筒形空胴共振器について簡単に説明する．

〔**1**〕 **$TE_{111}$ モード円筒形空胴共振器**　　**図 4.20** に $TE_{111}$ モード円筒形空胴共振器の構造と共振器内の電界分布を示す．このモードは，円形導波管の基本モードである $TE_{11}$ モードに類似したモードで，図のように電界が分布する．空胴の長さに対する周波数の直線性がよく，他のモードの影響も少ない．反面，可動短絡板の接触部に電流が流れる性質があり，その影響を除くため非接触チョークプランジャーがよく使われる．共振周波数は，空胴の軸方向の長さにより変化する．

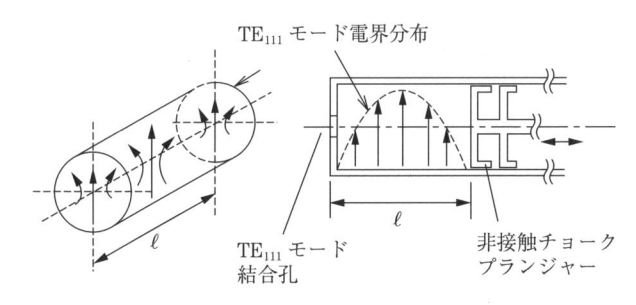

図 4.20　TE$_{111}$ モード円筒形空胴共振器

〔2〕**波長計としての利用形態**　空胴共振器の波長計としての利用形態は，リアクション形とトランスミッション形の二通りに分けられる。ここでは図 4.21 にリアクション形としての利用形態の例を示す。

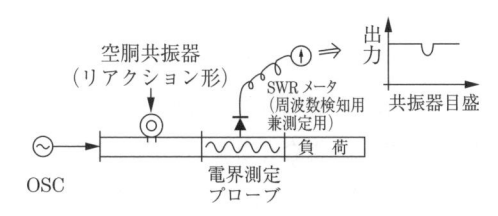

図 4.21　リアクション形としての利用形態　　図 4.22　X バンド空胴周波数計

リアクション形の場合は，空胴共振器は導波管の主線路に挿入する形で使用される。図に示すように共振時以外はマイクロ波発振器からの信号は空胴共振器をバイパスし，負荷（被測定装置：device under test）に供給され測定が行われる。周波数測定のときのみ空胴共振器の可動短絡板を移動し，共振時の dip 点（くぼみ点）を主線路中の定在波測定器からの出力として SWR メータ（定在波測定器）などで読み取り周波数を測定する。周波数測定後は，共振点が外れる位置にプランジャーを移動しておく。図 4.22 に，X バンド空胴周波数計（TE$_{111}$ モード：リアクション形）の実例を示す。

### 4.7.3　方向性結合器

**方向性結合器** (directional coupler) は伝送線路を伝搬する電磁波の一部を分波するデバイスである。これを用いることにより，伝送線路に接続された測

定対象物の反射量や透過量を計測することができる．また，信号発生器の出力端に接続して，一つの信号源から主波（信号波）と副波（参照波）の二つの波を生成することにより，振幅あるいは位相の測定などにも利用され，その応用範囲はきわめて広い．

種類としては，通路差形，十字形などがある．導波管形方向性結合器のほかに，小形軽量を特徴とする同軸形方向性結合器も広く利用されている．要求される電気的特性の一つとして，各ポートの入力インピーダンスや結合度が広帯域にわたって一様であることが挙げられる．

〔1〕 **方向性結合器の動作原理** 図 4.23 に，導波管に二つの結合孔を $\lambda_g/4$ の間隔で設けたときの通路差形方向性結合器の動作原理を示す．

いま，主導波路のポート A からの入射波は，そのほとんどがポート B に達するが，その一部は結合孔 1 および 2 を通って副導波管に結合され，ポート C 方向およびポート D 方向に伝搬する．このとき，結合孔 1 の位置を基準にした場合，結合孔 1 から副導波管に漏洩した波④と，結合孔 2 からの副導波管への漏洩波⑥は，副導波管内の結合孔 2 の位置では，いずれも $\lambda_g/4$ の位相遅れで同相となるため，ポート C（右方向）に合成波として出力される．

一方，結合孔 2 からの副導波管への漏洩波⑤は，結合孔 1 からの副導波管への漏洩波③に対して，結合孔 1 の位置では $\lambda_g/2$ の位相遅れで逆相となるため，ポート D（左方向）には出力されない．なお，入力ポートが A から B になった場合は，その構造的対称性から同様の比率でポート A および D に信号が出力される．図 4.24 に，X バンド (8.0〜12.4 GHz) の $-20\,\mathrm{dB}$ 結合の方向性結合器の例を示す．

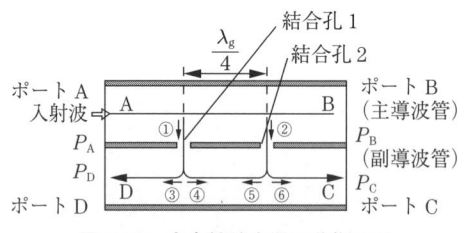

図 4.23 方向性結合器の動作原理

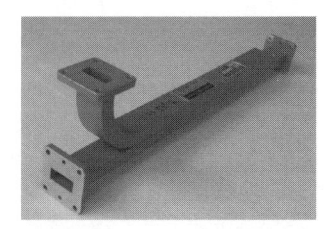

図 4.24 X バンド方向性結合器

〔2〕 **結合度，方向性，および挿入損失** ポートAを入射ポートとし，その電力を$P_A$とする。このとき，ポートB，C，Dにおける電力をそれぞれ$P_B$，$P_C$，$P_D$とするとき，**結合度** (coupling factor):$C$，**方向性** (directivity):$D$，および**挿入損失** (insertion loss):$L$は，それぞれつぎのように表される。

$$C \text{ [dB]} = 10 \log_{10} \frac{P_C}{P_A}, \quad D \text{ [dB]} = 10 \log_{10} \frac{P_D}{P_C},$$
$$L \text{ [dB]} = 10 \log_{10} \frac{P_B}{P_A} \tag{4.15}$$

**例題 4.12** 図 **4.23** の方向性結合器において，ポートAに0 dBm (=1 [mW])を入力したとき，ポートCに−10 dBmの出力が現れた。ポートCに分波することによる，この方向性結合器の挿入損失は何dBか。ただし，この方向性結合器は，各ポートが完全に整合された無損失線路とし，かつポートDには信号は現れないとする。

【解答】 ポートCの出力は題意より−10 dBm，すなわち0.1 mWであるから，ポートBには0.9 mWの出力となる。したがって，$L = 10 \log_{10} \frac{P_B}{P_A} = 10 \log_{10} 0.9 = -0.458$ [dB]となる。よって，挿入損失は0.458 dBとなる。 ◇

### 4.7.4 マジックT

マジックT (magic T) は，図 **4.25** (a) に示すように4ポート素子であり，導波管のE面とH面の両方に分波する特性をもつ。図 (b) には，ポートA，B，Cを中心に表したE面T分岐を，また図 (c) には，ポートA，B，Dを中心に表したH面T分岐を示す。

いま，E面T分岐において，ポートCから入射した電界$E$は，導波管のT分岐部分でその電気力線が直線から曲線（円弧）状に変化し，分波後はその大きさが$E/\sqrt{2}$で，たがいにその向きが反対の電界に分かれ，ポートA方向と

(a) マジック T

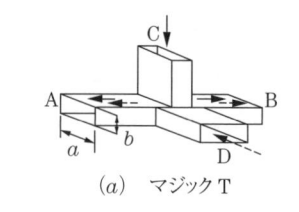

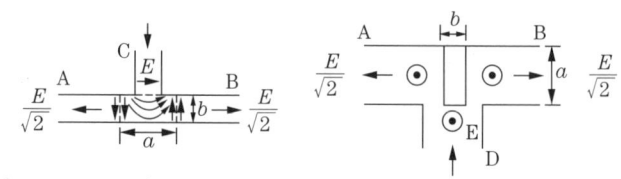

(b) E 面 T 分岐（ポート C 入射）　　(c) H 面 T 分岐（ポート D 入射）

図 4.25　マジック T の分波原理

ポート B 方向に逆相で伝搬する．しかし，ポート C からの入射電界 E（水平方向偏波）は，ポート D の導波管に対しては遮断されるように偏波されているため，ポート D には出力されない．

一方，H 面 T 分岐においては，ポート D から入射した電界 $E$（紙面に対して垂直）は電気力線が直線状のまま，ポート A 方向とポート B 方向に，その大きさが $E/\sqrt{2}$ で同相で伝搬する．この場合も T 分岐近傍の電界は，ポート C の導波管の管軸方向に偏波されて，ポート C に対して遮断されるように偏波されているため，ポート C には出力されない．

また，もしポート A とポート B が整合されていれば，ポート C とポート D の間の結合はない．図 4.26 に X バンドマジック T の例を示す．

図 4.26　X バンドマジック T

**例題 4.13** 図 4.25 のマジック T において，(1) ポート A およびポート B にそれぞれ −3 dBm の同相の信号を入力したとき，その出力はどのポートに何 dBm となって現れるか。(2) ポート A およびポート B に −6 dBm の逆相信号を入力したときはどのようになるか。ただし，各ポートはそれぞれ整合しているものとする。

【解答】 (1) −3〔dBm〕=0.5〔mW〕である。ポート A およびポート B には，同相で入力するので，合成信号はポート D にその倍の 1 mW，すなわち 0 dBm として現れる。(2) −6〔dBm〕=0.25〔mW〕である。ポート A およびポート B には逆相の信号が入力されているので，その出力はポート C に，0.25〔mW〕× 2 倍 = 0.5〔mW〕，すなわち −3 dBm となって現れる。 ◇

### 4.7.5 整 合 素 子

導波管回路（分布定数線路）においては，負荷のインピーダンスと導波管の特性インピーダンスが異なるときに反射が起こり，不整合による伝送効率が低下するとともに，反射による伝送情報品質の劣化につながる。これを解決するため，容量性ポスト（ビス），導波管窓，EH 整合器，テーパ，$\lambda_g/4$ 線路などを用いて，回路の整合をとることが必要となる。図 4.27 にいくつかの整合素子の例を示す。

図 (a) はポストを導波管広壁面の中心に挿入したときの，挿入位置でのアドミタンスを示し，等価的にキャパシタンスが導波管に並列に接続されたことを意味する（容量性ポスト）。図 (b) は導波管内部に，図のように "窓" を設けた場合の挿入位置でのアドミタンスを示し，等価的にインダクタンスが導波管に並列に接続されたことを意味する（誘導性窓）。図 (c) は EH 整合器であり，マジック T の E 分岐および H 分岐を可動の短絡板で構成したものであり，ミリ波帯でよく用いられる。この整合器は E 面および H 面の両方の短絡板を独立に可動できるため，整合領域が広い。図 (d) はテーパ導波管であり，徐々に導波管寸法を変化して，反射を抑制しながら異なる周波数帯間の導波管接続など

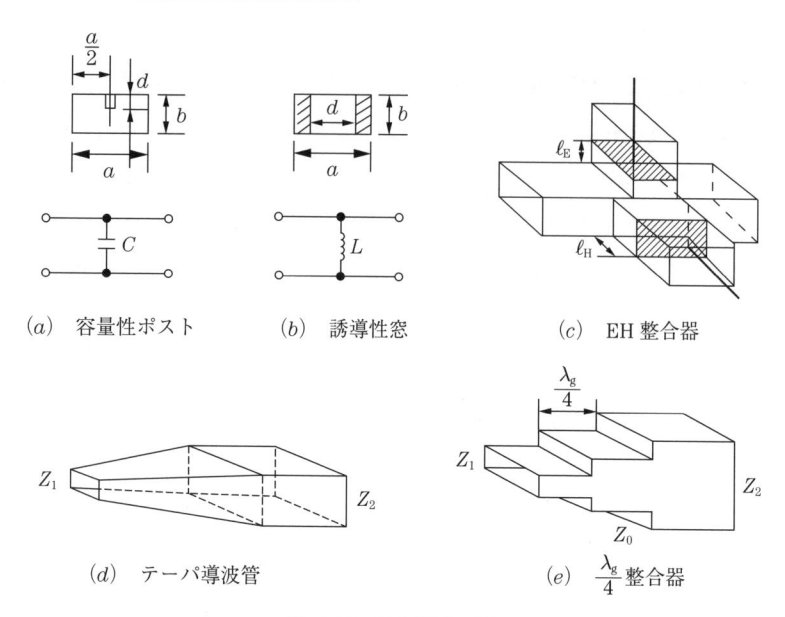

(a) 容量性ポスト　　(b) 誘導性窓　　(c) EH 整合器

(d) テーパ導波管　　(e) $\frac{\lambda_g}{4}$ 整合器

図 **4.27** 整合素子の例

に用いられる．図 ($e$) は $\lambda_g/4$ 整合器であり，そのインピーダンスが $Z_0$ で線路長が $\lambda_g/4$ の導波管を，異なる特性インピーダンス $Z_1$ と $Z_2$ の間に挿入して整合をとるもので，各インピーダンス間には

$$Z_0 = \sqrt{Z_1 Z_2} \tag{4.16}$$

の関係がある（式 (4.4) 参照）．

　分布定数線路の特性インピーダンスと負荷のインピーダンスを一致させることをインピーダンス整合と呼ぶが，実際の導波管回路で整合をとる場合には，回路に整合素子を"並列"に挿入するため，アドミタンスで取り扱うほうが便利な場合が多い（**付録 3.** 参照）．

## 演 習 問 題

【1】 平行二線式線路（特性インピーダンス $Z_0 = 300\,[\Omega]$ の給電線路）と半波長アンテナ（放射インピーダンス $R = 73.13\,[\Omega]$）が接続されている．いま，アンテナから $\lambda/2$ の位置で給電線路を切断し，ここに $L, C$ の集中定数回路を挿

入して，アンテナと給電線路の整合をとりたい．これを実現させる回路図を示し，$L, C$ の値を求めよ．ただし，使用周波数は 100 MHz とする．

【2】 アンテナの共用回路の例を示し，その動作原理を説明せよ．

【3】 問図 **4.1** のような長方形寸法の導波管がある．導波管の内径が，$a = 22.9$ [mm]，$b = 10.2$ [mm] で，導波管内を伝搬する電波（$TE_{10}$ 波）の偏波が $x$ 軸方向のとき，(1) この導波管の遮断周波数はいくらか．(2) $f = 10$ [GHz] のときの管内波長はいくらか．

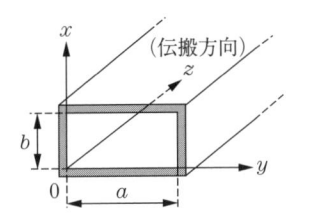

問図 **4.1**

【4】 特性インピーダンスが $Z_0 = 50$ [Ω] の分布定数線路に $Z_L = 75$ [Ω] の負荷抵抗を接続した．負荷から $\lambda/4$ の位置でのインピーダンスはいくらか．

【5】 半径（内径）$a_1 = 10.0$ [mm] の円形導波管 $W_1$ と半径（内径）$a_2$ の円形導波管 $W_2$（長さ $\ell = 100$ [mm]）が，問図 **4.2** のように接続されている（$a_1 > a_2$）．いま，図中左側の円形導波管に $f_1 = 9$ [GHz] と $f_2 = 10$ [GHz] の二つの電波（$TE_{11}$ モード）が入射したとき，右側の円形導波管からの出力を $f_2$ のみとするには，$a_2$ の寸法をいくらの範囲に選べばよいか．ただし，円形導波管接合部（テーパ部）での不要モードの発生はなく，$TE_{11}$ モードのみが存在すると仮定する．また，光速 $c = 2.997\,924 \times 10^8$ [m/s] とする．

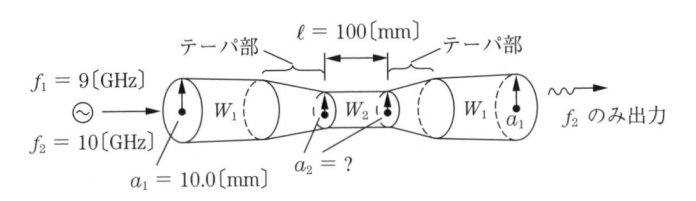

問図 **4.2**

## 4. 給電線と整合回路

【6】 特性インピーダンスが $Z_0 = 50 \,[\Omega]$, 長さが $3\lambda/4$ の無損失給電線路がある。この給電線路の終端に, $R = 30 \,[\Omega]$ の負荷抵抗を接続した。この線路の入力インピーダンス $\dot{Z}_{in}$ はいくらか。

【7】 特性インピーダンス $Z_0$ が無損失給電線路の終端に負荷が接続されている。いま, この線路上の電圧定在波比が $S$ のとき, (1) 電圧波腹, および (2) 電圧波節から負荷側を見たインピーダンスはそれぞれいくらか。

【8】 マジック T について, その構造を示し電気的特徴を述べよ。

# 5

# アンテナの基礎

 アンテナには線状のもの,立体構造のものなど各種のものがあるが,アンテナの特性の表し方や性能を示す諸量など基本的なことがらは共通している。本章では,アンテナの基礎として,線状アンテナからの電波の放射について述べ,アンテナの特性や性能を表す諸定数について説明する。

## 5.1 微小ダイポールからの電波の放射

 線状アンテナの基本は,波長に比べて十分短い導体で構成される**微小ダイポール**である。これは,線状アンテナが微小ダイポールの集合として取り扱うことができるからである。ここでは,自由空間中(真空)に置かれた微小ダイポールからの電波の放射特性について説明する。

### 5.1.1 微小ダイポール

 図 **5.1** に示すように座標系を定め,座標の原点 O に微小ダイポールを置き,その軸を $z$ 軸方向にとる。微小ダイポールは,その長さ $\ell$ が波長 $\lambda$ に比べて十分短く ($\ell \ll \lambda$),また,微小ダイポールの全長にわたって角周波数 $\omega$(周波数 $f$)の電流 $\dot{I} = I_0$ が一様に分布しているものとする。

 自由空間上の点を P とし,その極座標を $(r, \theta, \phi)$ で表す。観測点 P における微小ダイポールから放射される電界と磁界をそれぞれ $\dot{\boldsymbol{E}} = [\dot{E}_r, \dot{E}_\theta, \dot{E}_\phi]$ と $\dot{\boldsymbol{H}} = [\dot{H}_r, \dot{H}_\theta, \dot{H}_\phi]$ とすれば,$\dot{\boldsymbol{E}}$ と $\dot{\boldsymbol{H}}$ はつぎのように求められる。

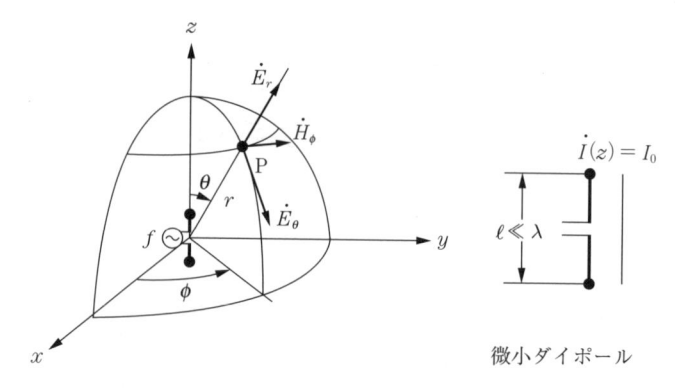

図 **5.1** 微小ダイポールからの放射

$$\begin{cases} \dot{E}_r = j\dfrac{120\pi\ell I_0}{\lambda}e^{-jkr}\left\{\dfrac{1}{jkr^2} + \dfrac{1}{(jk)^2 r^3}\right\}\cos\theta \\ \dot{E}_\theta = j\dfrac{60\pi\ell I_0}{\lambda}e^{-jkr}\left\{\dfrac{1}{r} + \dfrac{1}{jkr^2} + \dfrac{1}{(jk)^2 r^3}\right\}\sin\theta \\ \dot{E}_\phi = 0 \end{cases} \quad (5.1)$$

$$\begin{cases} \dot{H}_r = \dot{H}_\theta = 0 \\ \dot{H}_\phi = j\dfrac{\ell I_0}{2\lambda}e^{-jkr}\left\{\dfrac{1}{r} + \dfrac{1}{jkr^2}\right\}\sin\theta \end{cases} \quad (5.2)$$

ここに $k = \omega\sqrt{\varepsilon_0\mu_0}$ は波数であり，波長と $k = 2\pi/\lambda$ の関係にある．

式 (5.1) と式 (5.2) より，微小ダイポールから放射される電磁界は，原点から観測点 P までの距離 $r$ に関してつぎのように分類される．

① **静電界**：$1/r^3$ に比例する項
② **誘導電磁界**：$1/r^2$ に比例する項
③ **放射界**：$1/r$ に比例する項

微小ダイポールの近傍，つまり $r$ が小さいところでは，静電界と誘導電磁界が主要項である．一方，アンテナから離れた遠方まで到達するのは放射界であり，通信に利用されるのはこの放射界である．

**例題 5.1** 微小ダイポールに垂直な方向 $\theta = \pi/2$ で，静電界と誘導電界および放射電界の強度が等しくなる距離 $r$ を求めよ。

**【解答】** $\theta = \pi/2$ では $\dot{E}_r = 0$ となり，電界は $\dot{E}_\theta$ だけを成分として持つ。したがって，静電界と誘導電界および放射電界の強度が等しくなるのは，式 (5.1) の第 2 式から $\dfrac{1}{r} = \dfrac{1}{kr^2} = \dfrac{1}{k^2r^3}$ のときであり，これから $r = \dfrac{1}{k} = \dfrac{\lambda}{2\pi}$ が求められる。　　◇

### 5.1.2 微小ダイポールの放射特性

〔1〕**放射界**　微小ダイポールから生じる電磁界で遠方まで到達するのは $1/r$ に比例する放射界であり，この項を式 (5.1) と式 (5.2) から書き出すと次式のようになる。

$$\begin{cases} \dot{E}_\theta = j\dfrac{60\pi\ell I_0}{\lambda r}e^{-jkr}\sin\theta \quad [\text{V/m}] \\ \dot{H}_\phi = \dfrac{\dot{E}_\theta}{120\pi} = j\dfrac{\ell I_0}{2\lambda r}e^{-jkr}\sin\theta \quad [\text{A/m}] \end{cases} \tag{5.3}$$

式 (5.3) の電磁界は，微小ダイポールからの**放射界** (radiation field) と呼ばれ，つぎに示す性質を有する。

① 式 (5.3) で位相項は $e^{-jkr}$ であり，$\dot{E}_\theta$ および $\dot{H}_\phi$ は $r$ 方向へ速度 $c = \omega/k = 1/\sqrt{\varepsilon_0\mu_0}$ で伝搬する進行波である。

② 電界 $\dot{E}_\theta$ と磁界 $\dot{H}_\phi$ はたがいに直交しており，これらは同時に伝搬 $(r)$ 方向にも直交する。

③ 電界 $\dot{E}_\theta$ と磁界 $\dot{H}_\phi$ の比は，真空中の固有インピーダンス $\eta = \dfrac{\dot{E}_\theta}{\dot{H}_\phi} = 120\pi\,[\Omega]$ に等しい。

したがって微小ダイポールの放射界は，**図 5.2** に示すように電界が $\dot{E}_\theta$ で磁界が $\dot{H}_\phi$ の $r$ 方向へ伝搬する平面波として取り扱うことができる†。

---

† 微小ダイポールから十分離れた遠方での放射界は，$e^{-jkr}/r$ の形をしており，全体的には**球面波** (spherical wave) であるが，局部的には平面波とみなしてよい。

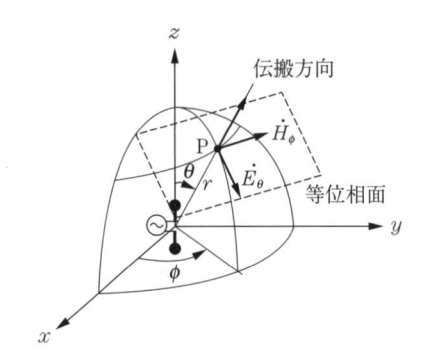

図 5.2 平面波としての放射界

〔2〕**放射電力**　アンテナから放射される全電力は，**放射電力** (radiated power) と呼ばれる。微小ダイポールの放射電力 $W_r$ は，**図 5.3** に示すような，波長に比べて十分大きい半径 $r (\gg \lambda)$ の原点を中心とする球 $S_r$ を考え，この球面を通過する放射界の全電力である。

球面 $S_r$ 上の単位面積を通過するポインチング電力は

$$P(r, \theta, \phi) = \frac{|\dot{E}_\theta|^2}{120\pi} = 30\pi \left(\frac{I_0 \ell}{\lambda r}\right)^2 \sin^2 \theta \quad [\text{W/m}^2] \tag{5.4}$$

で与えられる。そこで，放射電力 $W_r$ を求めるには，このポインチング電力 $P(r, \theta, \phi)$ を球面 $S_r$ 上で面積分すればよい。

**図 5.3** に示すような点 P を通る微小領域 $dA$ を考えれば，この微小領域の面積は $dA = r\sin\theta d\phi \times rd\theta = r^2 \sin\theta d\theta d\phi$ となる。したがって，放射電力 $W_r$ は

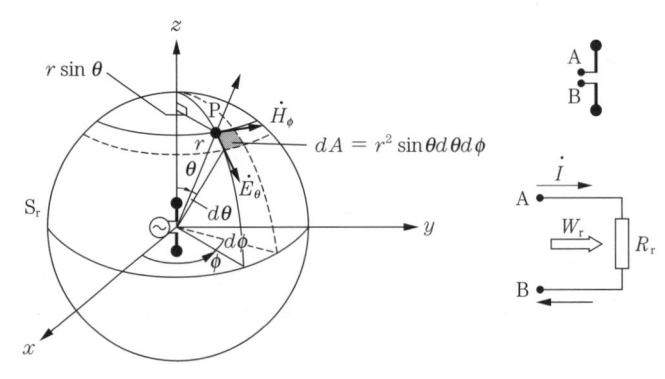

図 5.3　放射電力と放射抵抗

$$W_r = \int_0^{2\pi}\int_0^{\pi} P(r,\theta,\phi) r^2 \sin\theta d\theta d\phi$$
$$= 60\pi^2 \left(\frac{I_0 \ell}{\lambda r}\right)^2 r^2 \int_0^{\pi} \sin^3\theta d\theta = 80\pi^2 \left(\frac{\ell}{\lambda}\right)^2 I_0^2 \quad [\text{W}] \tag{5.5}$$

となる[†]。

〔**3**〕**放射抵抗** 微小ダイポールを電気回路とみなせば，電流 $\dot{I} = I_0$ が流れたときの有効電力が放射電力 $W_r$ である。つまり，微小ダイポールには $R_r = W_r/I_0^2$ の抵抗があることに等しい。この $R_r$ は**放射抵抗** (radiation resistance) と呼ばれ，微小ダイポールの放射抵抗は式 (5.5) から

$$R_r = 80\pi^2 \left(\frac{\ell}{\lambda}\right)^2 \quad [\Omega] \tag{5.6}$$

と与えられる。

〔**4**〕**指向性係数** アンテナからの放射界は，一般に伝搬方向により強度が異なり，これをアンテナの**指向性** (directivity) または指向特性と呼ぶ。指向性を表すのに，**指向性係数** $D(\theta,\phi)$ とそれを図示した**放射パターン** (radiation pattern) が用いられる。指向性係数 $D(\theta,\phi)$ は，原点にアンテナを置いたときの，半径 $r(\gg \lambda)$ の原点を中心とする球 $S_r$ 上の放射界の電界強度 $E(r,\theta,\phi) = |\dot{E}(r,\theta,\phi)|$ と最大放射方向の $S_r$ 上の電界強度 $E_{\max}(r)$ との比

$$D(\theta,\phi) = \frac{E(r,\theta,\phi)}{E_{\max}(r)} \tag{5.7}$$

で定義される。

放射パターンには，電界強度を図示した**電界パターン** (field pattern) $D(\theta,\phi)$ と放射電力を示した**電力パターン** (power pattern) $D^2(\theta,\phi)$ がある。

式 (5.3) から，微小ダイポールの放射界の最大放射方向は $\theta = \pi/2$ であり，指向性係数は，次式で与えられる。

$$D(\theta,\phi) = \frac{\dfrac{60\pi\ell I_0}{\lambda r}\sin\theta}{\dfrac{60\pi\ell I_0}{\lambda r}} = \sin\theta \tag{5.8}$$

---

[†] $\int_0^{\pi} \sin^3\theta d\theta = \dfrac{4}{3}$

図 5.4 (a) は，微小ダイポールが原点 O に置かれ，$z$ 軸方向にあるとして，その指向性係数 $D(\theta, \phi)$ を極座標 $(r, \theta, \phi)$ を用いて 3 次元的に示したものである。微小ダイポールに垂直な水平面（$xy$ 平面）内の放射パターンは，図 (b) に示すように原点中心の円となり，$\phi$ に無関係に無指向性である。このように，原点を通る特定の面でのみ指向性が一様なものを**全方向性** (omnidirectional)[†] という。一方，微小ダイポールを含む面（例えば $yz$ 平面）内での $\theta$ に関する指向性は，図 (c) に示すように 8 の字状になり，$\theta = 90$ [°] が最大放射方向となる。

図 (c) のように，電界ベクトルを含む面における指向性を図示したものを **E 面放射パターン**という。また，図 (b) のように，磁界ベクトルを含む面におけ

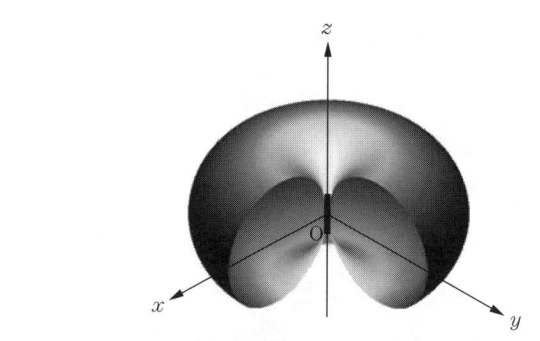

(a) 放射パターンの 3 次元表示

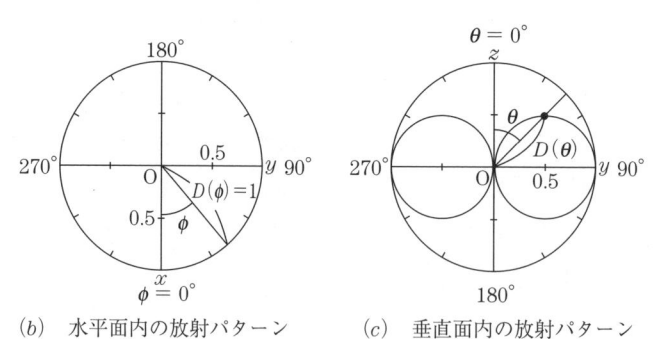

(b) 水平面内の放射パターン ($D(\phi) = 1$)

(c) 垂直面内の放射パターン ($D(\theta) = \sin\theta$)

図 5.4 指向性係数と放射パターン

---

[†] 原点を通るすべての面で指向性が一様な場合は，無指向性あるいは**等方性** (isotropic) であるという。

る電界の指向性を図示したものは **H 面放射パターン**[†]と呼ばれる。

〔**5**〕 **最大放射方向の電界強度**　微小ダイポールでは，最大放射方向は $\theta = \pi/2$ であり，その方向での電界強度は式 (5.3) から $E = \dfrac{60\pi\ell I_0}{\lambda r}$ である。ここで，式 (5.5) の放射電力 $W_\mathrm{r}$ を用いて電流 $I_0$ を消去すると電界強度は

$$E = \frac{\sqrt{45W_\mathrm{r}}}{r} \;\; \mathrm{[V/m]} \tag{5.9}$$

となる。この式は，放射電力 $W_\mathrm{r}$ が与えられたときの微小ダイポールの最大放射方向の電界強度を表す式である。

---

**例題 5.2**　放射電力が $W_\mathrm{r} = 5\,\mathrm{[W]}$ であるとき，最大放射方向で微小ダイポールから $r = 10\,\mathrm{[km]}$ だけ離れた点での電界強度を計算せよ。

---

【解答】　式 (5.9) から

$$E = \frac{\sqrt{45 \times 5}}{10 \times 10^3} = 1.5\;\mathrm{[mV/m]}$$

となる。　　　　　　　　　　　　　　　　　　　　　　　　　　　　◇

## 5.2 半波長アンテナ

半波長アンテナは線状アンテナの基本として最も重要である。ここでは微小ダイポールから半波長アンテナの放射界を求め，その放射特性について調べる。

### 5.2.1 半波長アンテナ

半波長アンテナ (half–wave antenna) は図 **5.5** に示すように，同一方向に置かれた長さが $\lambda/4$ の二つの導体で構成される。半波長アンテナの導体の直径 $d$ が十分小さい $(d \ll \lambda)$ とすれば，アンテナ上の電流分布は正弦波状とみなして

---

[†] 実際のアンテナ放射パターン測定では，E 面放射パターン測定および H 面放射パターン測定が多く行われる。

## 5. アンテナの基礎

図 5.5 半波長アンテナ

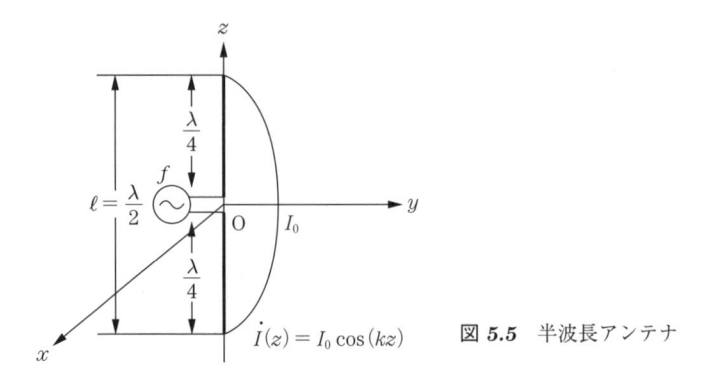

よく，アンテナの軸を $z$ 方向にとれば

$$\dot{I}(z) = I_0 \cos(kz) \text{ [A]} \quad (-\lambda/4 \leq z \leq \lambda/4) \tag{5.10}$$

と表される。ここで，$I_0$ は給電部 $(z=0)$ の電流値である。

### 5.2.2 半波長アンテナの放射特性

**〔1〕放 射 界** 半波長アンテナは図 **5.6** に示すように，微小ダイポールの集合と考えることができる。したがって，半波長アンテナの放射界は，長さが $dz$ で電流が $\dot{I}(z)$ の微小ダイポールからの放射界を全アンテナ長 $(-\lambda/4 \leq z \leq \lambda/4)$ にわたって合成すればよい。

原点 O から観測点 P までの距離を $r(\gg \lambda)$ とする。また，原点 O から距離 $z$ の点に微小ダイポール $dz$ を考え，この微小ダイポールと観測点 P との距離を $r_z$ とする。観測点 P が遠方にあることから $r_z = r - z\cos\theta$ と考えてよい。

微小ダイポール $dz$ からの観測点 P における放射界は

$$\begin{aligned} d\dot{E}_\theta &= j \frac{60\pi dz \dot{I}(z)}{\lambda r_z} e^{-jkr_z} \sin\theta \\ &\simeq j \frac{60\pi}{\lambda r} I_0 \cos(kz) e^{-jk(r-z\cos\theta)} \sin\theta dz \end{aligned} \tag{5.11}$$

となる†。式 (5.11) を全アンテナ長にわたって積分すると，半波長アンテナの

---

† 式 (5.11) において，分母の $r_z = r - z\cos\theta$ では $r \gg z\cos\theta$ により $z\cos\theta$ を省略した。しかし，位相項 $e^{-jkr_z}$ は $e^{-jkr}e^{jkz\cos\theta}$ となり $z\cos\theta$ を省略できない。

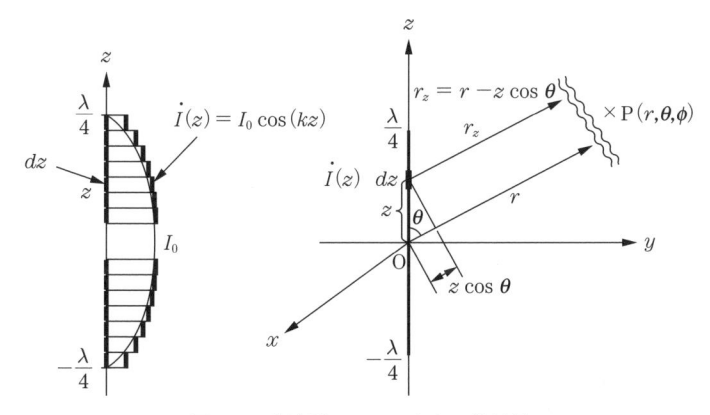

図 **5.6** 半波長アンテナからの放射界

放射界の電界が次式で求められる。

$$\dot{E}_\theta = j\frac{60\pi I_0 \sin\theta}{\lambda r}e^{-jkr}\int_{-\lambda/4}^{\lambda/4}\cos(kz)e^{jkz\cos\theta}dz \tag{5.12}$$

その結果†,半波長アンテナの放射界の電界と磁界が

$$\dot{E}_\theta = j\frac{60}{r}I_0 e^{-jkr}\frac{\cos\left(\frac{\pi}{2}\cos\theta\right)}{\sin\theta} \quad [\text{V/m}] \tag{5.13}$$

$$\dot{H}_\phi = \frac{\dot{E}_\theta}{120\pi} \quad [\text{A/m}] \tag{5.14}$$

と求められる。

〔**2**〕**放 射 電 力** 式 (5.13) から半波長アンテナの放射界のポインチング電力は

$$P(r,\theta,\phi) = \frac{1}{120\pi}\left(\frac{60I_0}{r}\right)^2\frac{\cos^2\left(\frac{\pi}{2}\cos\theta\right)}{\sin^2\theta} \quad [\text{W/m}^2] \tag{5.15}$$

と表される。したがって,このポインチング電力 $P(r,\theta,\phi)$ を球面 $S_r$ 上で面積

---

† 積分公式:$\int e^{ax}\cos bx\, dx = \dfrac{e^{ax}}{a^2+b^2}(a\cos bx + b\sin bx)$ を利用する。

分して，半波長アンテナの放射電力が

$$W_{\mathrm{r}} = \int_0^\pi \left[ \int_0^{2\pi} P(r,\theta,\phi) r\sin\theta d\phi \right] rd\theta = 73.13 I_0^2 \quad [\mathrm{W}] \quad (5.16)$$

となる。

〔**3**〕 **放 射 抵 抗**　　半波長アンテナの放射抵抗は，式 (5.16) から

$$R_{\mathrm{r}} = 73.13 \quad [\Omega] \quad (5.17)$$

となる。

〔**4**〕 **指向性係数**　　半波長アンテナの指向性係数は，式 (5.13) から

$$D(\theta) = \frac{\cos\left(\dfrac{\pi}{2}\cos\theta\right)}{\sin\theta} \quad (5.18)$$

である。このように，半波長アンテナの指向性は水平面内（$xy$ 面内）では全方向性（$D(\phi) = 1$）であり，垂直面内では式 (5.18) となる。電界パターン $D(\theta)$ を図 5.7 に示す。なお，図には比較のため微小ダイポールの電界パターンも示している。

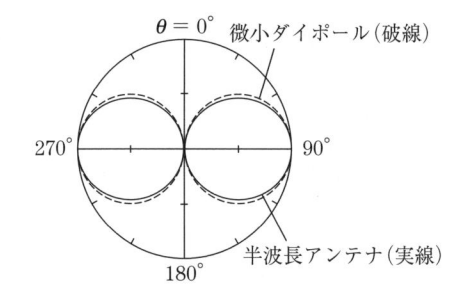

図 **5.7**　半波長アンテナの放射パターン

〔**5**〕 **最大放射方向の電界強度**　　半波長アンテナの最大放射方向は $\theta = \pi/2$ であり，最大放射方向の電界強度 $E$ は，式 (5.13) と式 (5.16) から放射電力 $W_{\mathrm{r}}$ を用いてつぎのように求められる。

$$E = \frac{\sqrt{49.2 W_{\mathrm{r}}}}{r} \quad [\mathrm{V/m}] \quad (5.19)$$

**例題 5.3** 半波長アンテナから最大放射方向で $r = 40$ [km] の地点での電界強度が $E = 1$ [mV/m] であるとき,アンテナ出力(放射電力)$W_r$ および給電点の電流値 $I_0$ を計算せよ。

【解答】 式 (5.19) から

$$W_r = \frac{E^2 r^2}{49.2} \fallingdotseq 32.5 \text{ [W]}$$

放射電力がわかると,式 (5.16) から

$$I_0 = \sqrt{\frac{W_r}{73.13}} \fallingdotseq 0.667 \text{ [A]}$$

が求まる。 ◇

### 5.2.3 実　効　長

半波長アンテナのように,導体上の電流分布が一様ではない線状アンテナでは,図 5.8 のようにアンテナと電流分布がつくる面積に等しい長方形を考える。この長方形の底辺は給電部の電流 $I_0$ とし,導体上の電流が $\dot{I}(z)$ で与えられているとすれば,長方形の高さ $h_e$ は,つぎのようになる。

$$h_e = \frac{1}{I_0} \int_{-\lambda/4}^{\lambda/4} \dot{I}(z) dz \text{ [m]} \tag{5.20}$$

この高さ $h_e$ が**実効長** (effective length) であり[†],線状アンテナを微小ダイポールで置き換えたときの,微小ダイポールの長さに相当する。実効長 $h_e$ が求められると,この線状アンテナの最大放射方向の電界強度は

$$E = \frac{60\pi I_0 h_e}{\lambda r} \text{ [V/m]} \tag{5.21}$$

で与えられる。半波長アンテナでは,電流分布 $\dot{I}(z)$ が式 (5.10) で与えられており,実効長を式 (5.20) から求めると

$$h_e = \frac{1}{I_0} \int_{-\lambda/4}^{\lambda/4} I_0 \cos(kz) dz = \frac{\lambda}{\pi} \text{ [m]} \tag{5.22}$$

---

[†] **実効高** (effective height) ともいう。

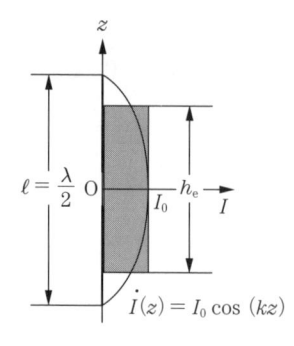

図 5.8 半波長アンテナの実効長

が得られる．この実効長 $h_e = \lambda/\pi$ を式 (5.21) に代入して最大放射方向の電界強度 $E = 60I_0/r$ が求められる．これは，式 (5.13) の放射界で $\theta = \pi/2$ として求められる最大放射方向の電界強度と一致する．

### 5.2.4 入力インピーダンスと放射インピーダンス

図 5.9 に示すように，給電点からアンテナを見たインピーダンス

$$\dot{Z}_{\text{in}} = R + jX = (R_r + R_\ell) + j(X_r + X_\ell) \tag{5.23}$$

は，**入力インピーダンス**（または**給電点インピーダンス**）と呼ばれる．

入力インピーダンスの実部である入力抵抗 $R$ は，放射界により運ばれるエネルギー（放射電力）に対応する放射抵抗 $R_r$ とアンテナ自身の損失抵抗 $R_\ell$ を加えたものである．また，入力リアクタンス $X$ は，静電界や誘導電磁界によりアンテナ周辺に無効電力として蓄えられているエネルギーに対応する**放射リアクタンス** $X_r$ とアンテナ自身のリアクタンス $X_\ell$ の和として表される．**放射インピーダンス** $\dot{Z}_r$ は，放射抵抗 $R_r$ と放射リアクタンス $X_r$ の和で

$$\dot{Z}_r = R_r + jX_r \tag{5.24}$$

と定義される．

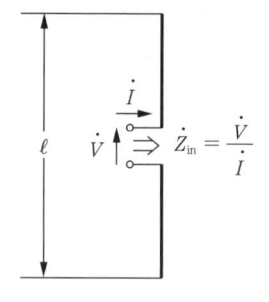

図 5.9 アンテナの入力インピーダンス

半波長アンテナつまりアンテナ長が $\ell = \lambda/2$ のとき，損失抵抗 $R_\ell$ を無視すれば，入力抵抗 $R$ は放射抵抗 $R_\mathrm{r}$ に等しい．また，$\ell = \lambda/2$ では，アンテナ自身のリアクタンス $X_\ell$ は零となり†，放射リアクタンスは $X_\mathrm{r} = 42.55\,[\Omega]$ となる．したがって，半波長アンテナの入力インピーダンスは

$$\dot{Z}_\mathrm{in} = 73.13 + j42.55\,[\Omega] \tag{5.25}$$

と表される．

半波長アンテナで放射リアクタンス ($X_\mathrm{r} = 42.55\,[\Omega]$) を零とする（直列共振を起こす）には，アンテナ長 $\ell$ を $\lambda/2$ よりわずかに短くすればよい．すなわち，半波長アンテナを構成する導体の長さを $\ell/2 = (\lambda/4)(1-\delta)$ とする．この $\delta$ を**短縮率**と呼ぶ．

## 5.3 接地アンテナ

線状アンテナでは，素子（導体）の一つを接地（アース）して使用されることがあり，これは接地アンテナと呼ばれる．本節では，最初に電流分布とその影像について述べ，つぎに半波長アンテナの片方を完全導体に接地した，$\lambda/4$ 垂直接地アンテナについてその放射特性を述べる．

### 5.3.1 影像アンテナと電流分布

接地アンテナからの放射界は，地表に関して対称な点の影像アンテナを考えることによって求められる．そこで，影像アンテナと影像アンテナ上の電流分布について述べる．

大地を完全導体の平面と仮定し，**図 5.10** (a) に示すようにアンテナ $A_\mathrm{v}$ を地表と垂直に配置する．このとき電気影像法から，実アンテナ $A_\mathrm{v}$ に対して地表に関して対称な点に影像アンテナ $A'_\mathrm{v}$ を考えることができる．

---

† アンテナの導線を長さが $\ell/2$ で，特性インピーダンスが $Z_0$ の伝送線路と考え，導線の直径 $d$ が十分に小さいとすれば，導線のインピーダンスは $jX_\ell = -j2Z_0\cot(\beta\ell/2)$ で近似される．したがって，半波長アンテナつまり $\ell/2 = \lambda/4$ のとき，$X_\ell = 0$ である．

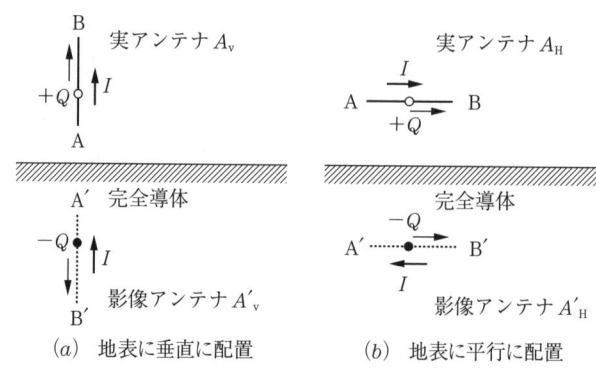

```
         B
         ↑
    +Q ○ ↑ I              実アンテナ $A_v$
         ↑
         A
━━━━━━━━━━━━━━━━━━━━━━━
         A′  完全導体
         ↓
    -Q ● ↓ I
         ↓
         B′         影像アンテナ $A'_v$

   (a) 地表に垂直に配置
```

(b) 地表に平行に配置の図

**図 5.10** アンテナの電流分布と影像

実アンテナ $A_v$ 上を正の電荷 $+Q$ が上方（A から B の方向）へ動いたとすれば，影像アンテナ $A'_v$ では負の電荷 $-Q$ が下方（A′ から B′ の方向）へ移動したことになる．つまり，図 (a) のようにアンテナ $A_v$ を地表に垂直に設置すると，影像アンテナ $A'_v$ の電流分布は実アンテナ $A_v$ のそれと同方向となる．

一方，図 (b) に示すように地表に平行に配置したアンテナ $A_H$ では，右側（A から B の方向）へ正の電荷 $+Q$ が動いたとすれば，影像アンテナ $A'_H$ では負の電荷 $-Q$ が右側（A′ から B′ の方向）へ移動したことになる．したがって，地表に平行な実アンテナ $A_H$ と影像アンテナ $A'_H$ の電流は逆方向である．

接地アンテナからの放射界は，二つのアンテナ（実アンテナと影像アンテナ）からの放射界の合成波として求められる．

### 5.3.2 λ/4 垂直接地アンテナとその放射特性

図 **5.11** (a) に，アンテナ高 $\ell$ が $\lambda/4$ の垂直接地アンテナを示す．アンテナ上の電流分布 $I(z)$ は

$$\dot{I}(z) = I_0 \cos(kz) \,\text{[A]} \quad (0 \leq z \leq \lambda/4) \tag{5.26}$$

で与えられる．$\lambda/4$ 垂直接地アンテナの長さ（高さ）は，半波長アンテナの長さの半分であるため，その実効高 ($h_e$) も半波長アンテナの実効高の半分となり

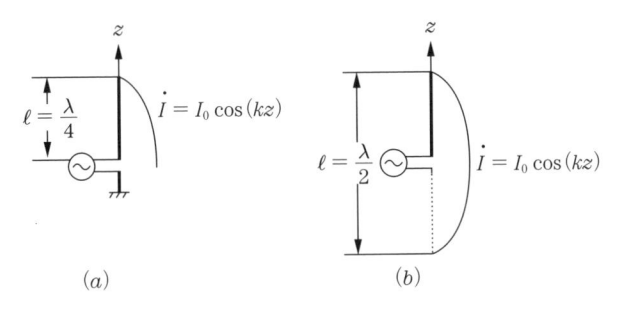

図 **5.11** λ/4 垂直接地アンテナ

$$h_e = \frac{\lambda}{2\pi} \ [\text{m}] \tag{5.27}$$

で与えられる。

〔**1**〕**放射界** 5.3.1 項で述べたように接地アンテナの放射界は，実アンテナと影像アンテナからの放射界を合成したものである。したがって，図 **5.11** (b) に示すように λ/4 垂直接地アンテナからの放射界は，半波長アンテナの放射界と同じであり次式で表される。

$$\dot{E}_\theta = j \frac{60}{r} I_0 e^{-jkr} \frac{\cos\left(\frac{\pi}{2}\cos\theta\right)}{\sin\theta} \quad \left(0 \leq \theta \leq \frac{\pi}{2}\right) \tag{5.28}$$

〔**2**〕**放射電力と放射抵抗** λ/4 垂直接地アンテナの放射電力 $W_r$ は，半波長アンテナの放射電力（$73.13 I_0^2$〔W〕）の半分であり

$$W_r = \frac{73.13 I_0^2}{2} = 36.57 I_0^2 \ [\text{W}] \tag{5.29}$$

と求められ，放射抵抗は

$$R_r = 36.57 \ [\Omega] \tag{5.30}$$

となる。

〔**3**〕**指向性係数** λ/4 垂直接地アンテナの指向性係数は，式 (5.28) から

$$D(\theta) = \frac{\cos\left(\frac{\pi}{2}\cos\theta\right)}{\sin\theta} \quad \left(0 \leq \theta \leq \frac{\pi}{2}\right) \tag{5.31}$$

である。

〔4〕**最大放射方向の電界強度**　最大放射方向の電界強度は，式 (5.29) の放射電力を用いて次式のように求められる。

$$E = \frac{\sqrt{98.4 W_\mathrm{r}}}{r} \ [\mathrm{V/m}] \tag{5.32}$$

**例題 5.4**　式 (5.32) を導け。

【解答】　最大放射方向の電界強度 $E$ は，式 (5.28) と式 (5.29) から

$$E = \frac{60 I_0}{r} = \frac{60}{r}\sqrt{\frac{W_\mathrm{r}}{36.57}} \ [\mathrm{V/m}]$$

となり，式 (5.32) が導かれる。　　　　　　　　　　　　　　　　◇

## 5.4　アンテナの利得

アンテナの性能を表す一つの量として，**利得** (gain) がある。アンテナの利得は，目的とする方向にどのくらいの電力を放射しているのかを表すのに用いられる。

### 5.4.1　利得の定義

アンテナの利得 $G$ は，つぎのように定義される。供試アンテナを送信または受信に使用した場合に，特定の方向（普通は最大放射方向）へどれだけの電力を送り出すか，またはどれだけの電力を受信できるかを，別に定めた基準アンテナと比較したものである。

表 5.1 のように供試アンテナに $W$ なる電力を与えたとき，距離 $r$ だけ離れた最大放射方向の電界強度を $E$ とする。また，供試アンテナを基準アンテナに取り替えて $W_0$ の電力を与えたとき，同一地点における最大放射方向の電界強度を $E_0$ とする。このとき，アンテナの利得は次式で定義される。

## 5.4 アンテナの利得

表 5.1 アンテナの利得

| 基準アンテナ | 等方性アンテナ | ※絶対利得の測定時の基準 — 入力電力 $W_0$〔W〕, $r$〔m〕, $E_0$〔V/m〕 |
|---|---|---|
| | 半波長アンテナ | ※相対利得の測定時の基準 — 入力電力 $W_0$〔W〕, $r$〔m〕, $E_0$〔V/m〕 |
| (被測定アンテナ) 供試アンテナ | | 入力電力 $W$〔W〕, $r$〔m〕, $E$〔V/m〕 |

$$G \equiv \frac{\dfrac{E^2}{W}}{\dfrac{E_0^{\,2}}{W_0}} = \left(\frac{E}{E_0}\right)^2_{W=W_0} = \left(\frac{W_0}{W}\right)_{E=E_0} \tag{5.33}$$

アンテナの利得 $G$ は，基準アンテナの違いによりいくつか種類があるが，つぎの二つが代表的である。

① **絶対利得** $G_a$：点波源より一様に球面状に放射する無指向性の**等方性アンテナ** (isotropic antenna) を基準とした利得[†]。

② **相対利得** $G_h$：基準アンテナを**半波長アンテナ**とした利得。

アンテナの放射電力 $W_r$ と入力電力 $W$ との比は，放射効率 $(\eta = W_r/W)$ として定義される。本書ではアンテナの放射効率は $\eta = 1$ とし，放射電力は入力

---

[†] 絶対利得の単位として dBi を用いることがある。

電力に等しいものとする ($W_r = W$)。

### 5.4.2 等方性アンテナ

基準アンテナとして用いられる等方性アンテナの放射電力と電界強度の関係を示しておこう。等方性アンテナは点波源より一様に電波が放射される仮想的なアンテナであり，放射電力を $W_r$ とするとき，アンテナの中心から距離 $r$ の点 P での電界強度 $E_0$ は次式で与えられる。

$$E_0 = \frac{\sqrt{30W_r}}{r} \quad [\mathrm{V/m}] \tag{5.34}$$

**例題 5.5** 式 (5.34) を導け。

【解答】 等方性アンテナでは，球面状に一様に電波（のエネルギー）が放射されることから，放射電力を $W_r$ とすれば，中心が点波源で半径 $r$ の球面上の点 P における電力密度は，$\dfrac{W_r}{4\pi r^2}\,[\mathrm{W/m^2}]$ である。また，点 P での電界強度を $E_0$ とすれば，この点でのポインチング電力（つまり電力密度）は $\dfrac{E_0^2}{120\pi}\,[\mathrm{W/m^2}]$ となる。したがって，これらを等しいとおいて $E_0$ を求めると，式 (5.34) が得られる。　　◇

### 5.4.3 利得を用いた電界強度の表示

アンテナの利得 $G$ がわかると最大放射方向の電界強度 $E$ を入力電力 $W$ から計算することができる。基準アンテナの入力電力と電界強度をそれぞれ $W_0$ と $E_0$，供試アンテナへの入力電力と電界強度をそれぞれ $W$ と $E$ とすれば，式 (5.33) から $E_0 = E$ のとき $W_0 = GW$ が成立する。また，本書では，アンテナの放射電力 $W_r$ は入力電力 $W_0$ に等しいものとしており，$W_r = GW$ と考えてよい。

〔**1**〕 **絶対利得による電界表示**　　絶対利得 $G_a$ のアンテナの電界強度 $E$ は，基準アンテナである等方性アンテナの電界強度の表示式 (5.34) に $E_0 = E$ と $W_r = G_a W$ を代入して

$$E = \frac{\sqrt{30 G_a W}}{r} \quad [\mathrm{V/m}] \tag{5.35}$$

と表される。

**〔2〕 相対利得による電界表示**　相対利得 $G_h$ のアンテナの電界強度 $E$ は,基準アンテナである半波長アンテナの電界強度の表示式 (5.19) に $W_r = G_h W$ を代入すると

$$E = \frac{\sqrt{49.2 G_h W}}{r} \quad [\text{V/m}] \tag{5.36}$$

となる。したがって,あるアンテナに $W$ の電力を入力したときの点 $r$ での電界強度 $E$ は,絶対利得を用いた場合は式 (5.35) で表され,また相対利得を用いた場合は式 (5.36) で表される。両者は同じ電界強度であるから

$$E = \frac{\sqrt{30 G_a W}}{r} = \frac{\sqrt{49.2 G_h W}}{r} \quad [\text{V/m}] \tag{5.37}$$

が成立する。これより,絶対利得と相対利得の関係式

$$G_a = 1.64 G_h \quad (G_a [\text{dB}] = G_h [\text{dB}] + 2.15 [\text{dB}]) \tag{5.38}$$

が導かれる。

---

**例題 5.6**　微小ダイポール,等方性アンテナ,半波長アンテナ,$\lambda/4$ 垂直接地アンテナについて,それぞれ絶対利得と相対利得を求めよ。

---

**【解答】**　微小ダイポールの放射電力が $W_r$ のとき,最大放射方向でアンテナから距離 $r$ の点の電界強度は $E = \sqrt{45 W_r}/r$ である。また,電界強度 $E$ は,絶対利得 $G_a$ を用いて式 (5.35) から $E = \sqrt{30 G_a W_r}/r$ と表される。したがって,$30 G_a W_r = 45 W_r$ であり,これより $G_a = 45/30 = 1.5$ が求められる。同様にして相対利得 $G_h$ に対し

**表 5.2**　基本的なアンテナの絶対利得 $G_a$ と相対利得 $G_h$

| アンテナ | $E$ [V/m] | $G_a$ 真値〔倍〕 | $G_a$ デシベル〔dB〕 | $G_h$ 真値〔倍〕 | $G_h$ デシベル〔dB〕 |
|---|---|---|---|---|---|
| 微小ダイポール | $\sqrt{45 W_r}/r$ | 1.5 | 1.76 | 0.91 | $-0.39$ |
| 等方性アンテナ | $\sqrt{30 W_r}/r$ | 1 | 0 | 0.61 | $-2.15$ |
| 半波長アンテナ | $\sqrt{49.2 W_r}/r$ | 1.64 | 2.15 | 1 | 0 |
| $\lambda/4$ 垂直接地アンテナ | $\sqrt{98.4 W_r}/r$ | 3.28 | 5.16 | 2 | 3 |

て $49.2G_hW_r = 45W_r$ が成立し，$G_h = 45/49.2 ≒ 0.91$ が得られる。

**表 5.2** に，それぞれのアンテナに対する最大放射方向の電界強度 $E$ と絶対利得 $G_a$ および相対利得 $G_h$ をまとめて示す。 ◇

## 5.5 受信アンテナ

アンテナは，その端子に送信機を接続すると電波を放射する送信アンテナになる。また，受信機を接続すれば，到来する電波から電力を取り出す受信アンテナとして使用できる。ここでは，受信アンテナの特性について説明する。

### 5.5.1 受信開放電圧と受信電流

図 **5.12** ($a$) に示すように，実効長が $h_e$ のアンテナを到来電波の電界と平行に配置し，アンテナの端子 AB には負荷 $\dot{Z}_L$ を接続する。このアンテナで電界 $\dot{E}$ の電波を受信したとき，負荷 $\dot{Z}_L$ に流れる受信電流 $\dot{I}$ を求める。

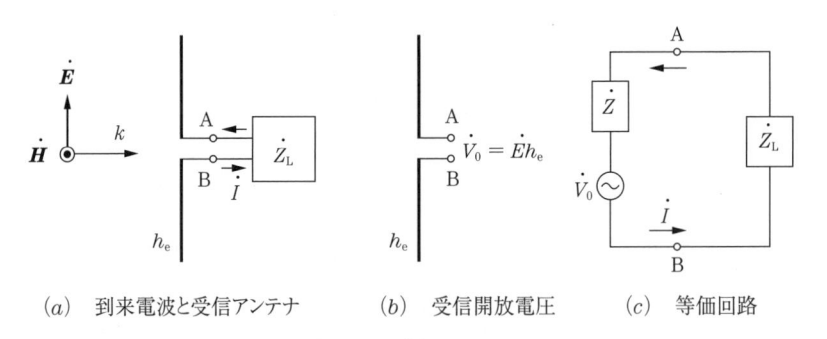

($a$) 到来電波と受信アンテナ　　($b$) 受信開放電圧　　($c$) 等価回路

図 **5.12** 受信アンテナ

まず，アンテナ端子 AB に負荷を接続していない状態（図 ($b$)）を考える。この状態で電界 $\dot{E}$ の電波を受信すると，端子 AB 間には電圧

$$\dot{V}_0 = \dot{E}h_e \quad [\text{V}] \tag{5.39}$$

が誘起される．この電圧 $\dot{V}_0$ は**受信開放電圧**と呼ばれる．

また，図 (b) で端子 AB からアンテナ側を見たインピーダンスを $\dot{Z}$ とする．インピーダンス $\dot{Z}$ は，このアンテナを送信アンテナとして使用したときの入力インピーダンスである．したがって，鳳–テブナンの定理から，受信アンテナは起電力が $\dot{V}_0$ で内部インピーダンスが $\dot{Z}$ の電源とみなすことができ，負荷 $\dot{Z}_L$ を接続した受信アンテナの等価回路は図 (c) で表される．この等価回路から，負荷に流れる電流

$$\dot{I} = \frac{\dot{V}_0}{\dot{Z} + \dot{Z}_L} \quad \text{〔A〕} \tag{5.40}$$

が求められる．

### 5.5.2 受信電力

負荷のインピーダンスと内部インピーダンスをそれぞれ $\dot{Z}_L = R_L + jX_L$ と $\dot{Z} = R + jX$ で表す．このとき，負荷で消費される電力は式 (5.40) から

$$W = R_L|\dot{I}|^2 = \frac{V_0^2 R_L}{(R_L + R)^2 + (X_L + X)^2} \tag{5.41}$$

となる．ここで，$V_0$ は受信開放電圧 $\dot{V}_0$ の実効値 ($V_0 = |\dot{V}_0|$) である．

したがって，負荷インピーダンスと内部インピーダンスを共役整合 ($\dot{Z}_L = \dot{Z}^*$) させ，$R_L = R$，$X_L = -X$ が成立するとき，最大電力

$$W_a = \frac{V_0^2}{4R} \quad \text{〔W〕} \tag{5.42}$$

が負荷に供給される．この電力 $W_a$ は**受信最大有効電力** (receiving maximum available power) と呼ばれている．

共役整合 ($\dot{Z}_L = \dot{Z}^*$) がとれた状態での受信アンテナの等価回路を，**図 5.13** (a) に示す．アンテナの損失を無視すれば，アンテナの入力抵抗 $R$ は放射抵抗 $R_r$ であり，共役整合時には負荷の抵抗は $R_L = R_r$ となる．したがって，アンテナによって捕捉された電力 ($2W_a$) は，その半分が負荷で有効電力として消費

(a) 等価回路 　　(b) 再放射

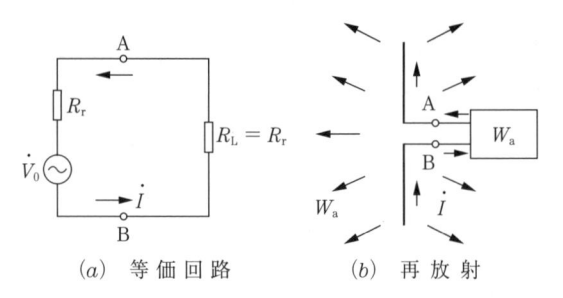

図 5.13　共役整合がとれた受信アンテナ

され，残りの半分が再放射の散乱電力（図 (b)）となる．

**例題 5.7**　受信アンテナで受信最大有効電力 $W_a$ が得られているときの，受信機の端子電圧（の実効値）$V_L$ を受信開放電圧 $V_0$ を用いて表せ．

【解答】　負荷抵抗 $R_L = R$ で消費される電力 $W_a$ が，式 (5.42) で与えられており，受信機の端子電圧は $V_L = \sqrt{RW_a} = \dfrac{V_0}{2}$ となる． ◇

**例題 5.8**　自由空間において，半波長アンテナを用いて，周波数 150 MHz，電界強度 80 dBμ（1 μV/m を基準とした値）の電波をアンテナの最大受信方向で受信した．このアンテナから取り出せる受信最大有効電力を求めよ．

【解答】　式 (1.2) より $\lambda$ [m] $= 300/f$ [MHz] $= 300/150 = 2$ [m]．
80 [dBμ] $= 20 \log_{10} E$ より

$$E = 10^4 \, [\mu V/m] = 10^{-2} \, [V/m]$$

式 (5.42) より

$$W_a = \frac{V_0^2}{4R} = \frac{E^2 h_e^2}{4R} = \frac{(10^{-2})^2 \times 2^2}{4 \times 73.13 \times 3.14^2}$$
$$\fallingdotseq 0.139 \times 10^{-6} \, [W]$$
$$= 0.139 \, [\mu W]$$

◇

### 5.5.3 受信アンテナの利得

受信アンテナの利得 $G$ は，供試アンテナで受信したときの受信最大有効電力 $W_\mathrm{a}$ と基準アンテナの受信最大有効電力 $W_\mathrm{a0}$ との比

$$G \equiv \frac{W_\mathrm{a}}{W_\mathrm{a0}} \tag{5.43}$$

で定義される。ただし，両アンテナに対して受信点および受信電界強度 $E$ は同じとする。このように定義される受信アンテナの利得は，そのアンテナを送信アンテナとして使用したときの利得に等しくなる。

放射抵抗 $R_\mathrm{r}$，実効長 $h_\mathrm{e}$ の受信アンテナの相対利得 $G_\mathrm{h}$ は，式 (5.43) および式 (5.42) から

$$G_\mathrm{h} = \frac{\dfrac{(Eh_\mathrm{e})^2}{4R_\mathrm{r}}}{\dfrac{(E(\lambda/\pi))^2}{4 \times 73.13}} = \frac{73.13}{R_\mathrm{r}} \left(\frac{\pi}{\lambda}\right)^2 h_\mathrm{e}^2 \tag{5.44}$$

となる。この式から相対利得 $G_\mathrm{h}$，放射抵抗 $R_\mathrm{r}$，実効長 $h_\mathrm{e}$ の関係

$$h_\mathrm{e} = \frac{\lambda}{\pi}\sqrt{G_\mathrm{h}}\sqrt{\frac{R_\mathrm{r}}{73.13}} \ [\mathrm{m}] \tag{5.45}$$

が導かれる。また，絶対利得と相対利得の間には $G_\mathrm{a} = 1.64 G_\mathrm{h}$（式 (5.38)）の関係があり，式 (5.45) は絶対利得 $G_\mathrm{a}$ を用いて次式で表される。

$$h_\mathrm{e} = \frac{\lambda}{\pi}\sqrt{G_\mathrm{a}}\sqrt{\frac{R_\mathrm{r}}{120}} \ [\mathrm{m}] \tag{5.46}$$

### 5.5.4 受信アンテナの実効面積

受信アンテナにおいて受信最大有効電力 $W_\mathrm{a}$ が，面積 $A_\mathrm{e}$ を通過する到来電波の電力に等しいとき，この $A_\mathrm{e}$ を実効面積 (effective area) と呼び

$$A_\mathrm{e} \equiv \frac{W_\mathrm{a}}{P} \ [\mathrm{m}^2] \tag{5.47}$$

と定義する。ここに，$P\,[\mathrm{W/m}^2]$ は到来電波のポインチング電力である。

〔1〕 **実効面積と相対利得の関係**　　受信アンテナを放射抵抗 $R_\mathrm{r}$，実効長 $h_\mathrm{e}$

の線状アンテナとすれば，実効面積は

$$A_\mathrm{e} = \frac{\frac{(Eh_\mathrm{e})^2}{4R_\mathrm{r}}}{\frac{E^2}{120\pi}} = \frac{30\pi}{R_\mathrm{r}} h_\mathrm{e}^2 \ [\mathrm{m}^2] \tag{5.48}$$

と表される。ここで，式 (5.45) を用いると実効面積が

$$A_\mathrm{e} = 0.13 \lambda^2 G_\mathrm{h} \ [\mathrm{m}^2] \tag{5.49}$$

と求められる。この式から，半波長アンテナ ($h_\mathrm{e} = \lambda/\pi$) の実効面積は

$$A_\mathrm{e} = 0.13 \lambda^2 \ [\mathrm{m}^2] \tag{5.50}$$

となる。この実効面積を $A_\mathrm{e} \approx 0.125 \lambda^2$ と近似すれば，半波長アンテナは，図 **5.14** に示すように面積が $A_\mathrm{e} = \dfrac{\lambda}{2} \times \dfrac{\lambda}{4}$ の長方形を通過する電波の電力を捕捉していることになる。

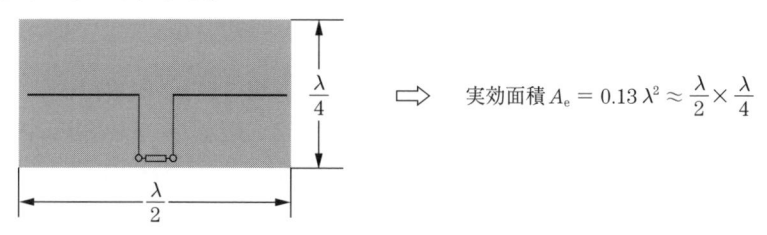

**図 5.14** 半波長アンテナの実効面積

**例題 5.9** 微小ダイポールアンテナの実効面積 $A_\mathrm{e}$ を求めよ。

【解答】 $A_\mathrm{e} = \dfrac{3}{8\pi} \lambda^2 \simeq 0.119 \lambda^2$ となる。 ◇

〔**2**〕 **実効面積と絶対利得の関係**　式 (5.48) の実効面積は，式 (5.46) から絶対利得 $G_\mathrm{a}$ を用いて

$$A_\mathrm{e} = \frac{\lambda^2}{4\pi} G_\mathrm{a} \ [\mathrm{m}^2] \tag{5.51}$$

と表される。この式は，パラボラアンテナのような開口面をもつアンテナの実効面積と絶対利得の関係を示す重要な式である。$\lambda^2/(4\pi)$ は等方性アンテナの実効面積である。

### 5.5.5 フリスの伝達公式

自由空間中において，送受信アンテナ間の距離を $r$ [m]，送信アンテナ（絶対利得 $G_{a1}$）へ供給される電力を $W_1$ [W]，受信アンテナ（絶対利得 $G_{a2}$）で受信可能な最大電力を $W_2$ [W]，電波の波長を $\lambda$ [m] とする。ここで，送信アンテナと受信アンテナの距離 $r$ は十分離れているものとする†。

以下，図 **5.15** に沿って，送信電力と受信電力の間の関係式を導く。

① $W_1$ [W]　② $G_{a1}W_1$ [W]　③ $\dfrac{G_{a1}W_1}{4\pi r^2}$ [W/m²]　④ $W_2 = \dfrac{G_{a1}W_1}{4\pi r^2} \times A_{e2}$ [W]

送信機 → 送信アンテナ ... 受信アンテナ → 受信機

送信アンテナ
- 絶対利得 $G_{a1}$
- 実効面積 $A_{e1} = \dfrac{\lambda^2}{4\pi} G_{a1}$ [m²]
- 最大開口幅 $D_1$ [m]

受信アンテナ
- 絶対利得 $G_{a2}$
- 実効面積 $A_{e2} = \dfrac{\lambda^2}{4\pi} G_{a2}$ [m²]
- 最大開口幅 $D_2$ [m]

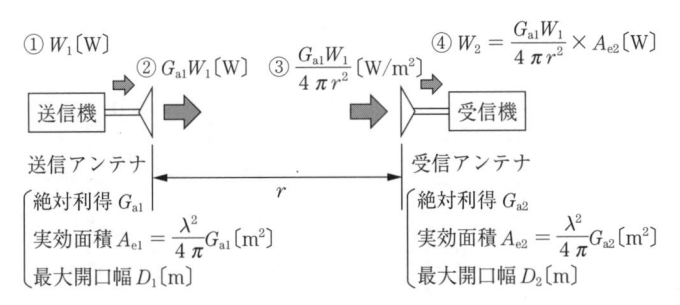

**図 5.15** フリスの伝達公式と自由空間基本伝送損の導出

① 送信アンテナに $W_1$ [W] の電力が供給される。
② 送信アンテナより，最大放射方向へ $G_{a1}W_1$ [W] の電波が放射される。
③ 放射された電波は空間中に拡散しながら伝搬し，受信点において，電力密度は $\dfrac{G_{a1}W_1}{4\pi r^2}$ [W/m²] となる。
④ 受信アンテナで受信可能な最大電力 $W_2$ [W] は，電力密度に受信アンテナの実効面積 $A_{e2} = \dfrac{\lambda^2}{4\pi} G_{a2}$ [m²] を乗じることにより，$W_2 = \dfrac{G_{a1}W_1}{4\pi r^2} \times A_{e2}$ で与えられる。この式を整理して次式を得る。

---

† 送信アンテナおよび受信アンテナの最大開口幅をそれぞれ $D_1$ [m], $D_2$ [m] とすると，$r > 2(D_1 + D_2)^2/\lambda$ の条件がよく用いられる。この条件下では，受信アンテナへの入射波は平面波として取り扱うことができる。

$$W_2 = \left(\frac{\lambda}{4\pi r}\right)^2 G_{a1} G_{a2} W_1 \ [\text{W}] \tag{5.52}$$

この関係式は，**フリスの伝達公式** (Friis transmission formula) と呼ばれ，通信回線の設計や評価に用いられる重要な公式である．ここで

$$L_0 = \left(\frac{4\pi r}{\lambda}\right)^2 \tag{5.53}$$

は，**自由空間基本伝送損** (free-space loss) と呼ばれており，電波の空間への拡散によって生じる損失[†]である．図 **5.16** に $L_0$ のデシベル表示と $r$ の関係（ノ

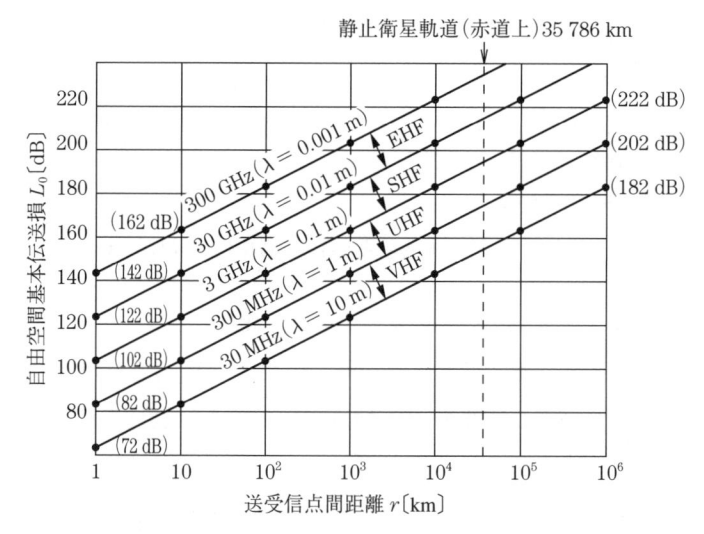

図 **5.16** $L_0$ と送受信点間距離 $r$ の関係（ノモグラフ）

---

[†] $L_0$ は，自由空間の電気的特性（誘電率および透磁率）には依存せず，電波の波長 $\lambda$ と伝搬距離 $r$ のみで決まる基本的な伝搬損失である．式 (5.52) のフリスの伝達公式をデシベル表示すると，$W_2 \ [\text{dBm}] = W_1 \ [\text{dBm}] + G_{a1} \ [\text{dB}] + G_{a2} \ [\text{dB}] - L_0 \ [\text{dB}]$ となり，$L_0$ が損失を表すことがわかる．ここで，dBm は 1 mW を基準とした電力のデシベル表示であり，$W_{1,2} \ [\text{dBm}] = 10 \log_{10} (W_{1,2} \ [\text{mW}])$ である．

モグラフ）を示す．

**例題 5.10** 絶対利得がそれぞれ $G_{a1} = 30$ [dB]である送信アンテナと $G_{a2} = 20$ [dB]の受信アンテナを $r = 100$ [km]だけ離して配置している．周波数が $f = 5$ [GHz]で，供給電力が $W_1 = 10$ [W]であるときの受信電力 $W_2$ は何 dBm か（1 mW を 0 dBm とする）．また，このときの自由空間基本伝送損 $L_0$ は何 dB か．ただし，大地反射の影響はないものとする．

**【解答】** $G_{a1} = 30$ [dB] $= 1000$ [倍]．$G_{a2} = 20$ [dB] $= 100$ [倍]．式 (1.2) より $\lambda$ [mm] $= 300/f$ [GHz] $= 300/5 = 60$ [mm]．$r = 100$ [km] $= 10^8$ [mm]．$W_1 = 10$ [W] $= 10^4$ [mW]．これらを式 (5.52) に代入して，$W_2 = 2.28 \times 10^{-6}$ [mW]．ゆえに，$W_2$[dBm] $= 10\log_{10} W_2 = -56.42$ [dBm]．また，$L_0 = 4.386 \times 10^{14}$．ゆえに，$L_0$[dB] $= 10\log_{10} L_0 = 146.42$ [dB]．　　◇

## 5.6 アンテナの配列

### 5.6.1 配列と指向性

図 5.17 (b) および (c) に示すように，2本の半波長アンテナ $A_1$ と $A_2$ を $z$ 軸に平行に距離 $d$ だけ離して配置した場合の $xy$ 平面の指向性を求める．なお，図中では半波長アンテナは，簡単のため電源および電流分布を省略して表して

(a) 半波長アンテナ　　(b) 2本の半波長アンテナの配置　　(c) $xy$ 平面上でのアンテナの配置

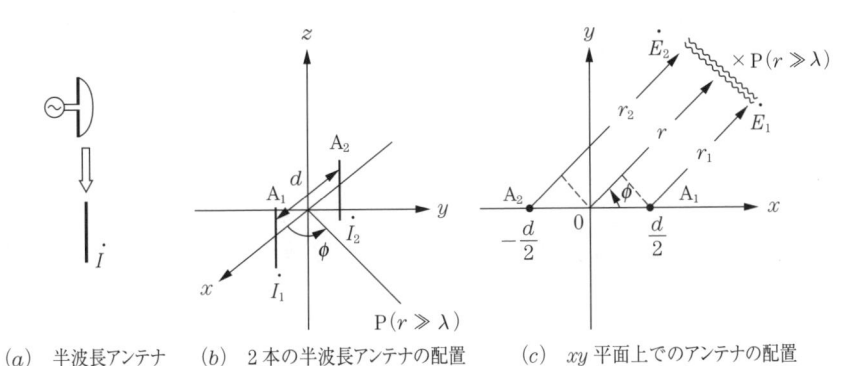

図 5.17　2本の半波長アンテナの配列

いる。

原点から十分離れた $xy$ 平面上の観測点 $P(r \gg \lambda)$ での電界を考える。観測点 P での電界 $\dot{E}_T$ は

$$\dot{E}_T = \dot{E}_1 + \dot{E}_2 \tag{5.54}$$

で与えられる。ここで，$\dot{E}_1$ と $\dot{E}_2$ は，それぞれアンテナ $A_1$ と $A_2$ からの放射電界である。

アンテナ $A_1$ と $A_2$ に流れる電流をそれぞれ $\dot{I}_1$ と $\dot{I}_2$ で表し

$$\dot{I}_1 = I, \quad \dot{I}_2 = Ie^{j\delta} \tag{5.55}$$

とする。このとき，アンテナ $A_1$ と $A_2$ からの電界は

$$\begin{cases} \dot{E}_1 = j\dfrac{60}{r_1}\dot{I}_1 e^{-jkr_1} \simeq j\dfrac{60}{r}Ie^{-jk\left(r-\frac{d}{2}\cos\phi\right)} \\ \dot{E}_2 = j\dfrac{60}{r_2}\dot{I}_2 e^{-jkr_2} \simeq j\dfrac{60}{r}Ie^{j\delta}e^{-jk\left(r+\frac{d}{2}\cos\phi\right)} \end{cases} \tag{5.56}$$

で表される。ここで $r_1$ と $r_2$ については，次式を利用した（図 **5.17** $(c)$）。

$$r_1 = r - \frac{d}{2}\cos\phi, \quad r_2 = r + \frac{d}{2}\cos\phi \tag{5.57}$$

したがって，観測点 P での電界は

$$\dot{E}_T = j\frac{60}{r}Ie^{-jk\left(r-\frac{d}{2}\cos\phi\right)}\left(1 + e^{-jkd\cos\phi + j\delta}\right) \tag{5.58}$$

となる。ここで指向性係数を

$$D_s(\phi) = \left|1 + e^{-jkd\cos\phi + j\delta}\right| \tag{5.59}$$

とおけば

$$D_s(\phi) = \left|2\cos\left\{\frac{1}{2}(\delta - kd\cos\phi)\right\}\right| \tag{5.60}$$

となる。この $D_s(\phi)$ は，アンテナの配列の $xy$ 平面での指向性を与える。

つぎに，実際に $d$ と $\delta$ の値を与えてアンテナ配列の指向性を具体的に示す。

〔**1**〕 **$d = \lambda/2$, $\delta = 0$ の場合** 半波長アンテナ $A_1$ と $A_2$ を $d = \lambda/2$ だけ離して，同じ電流 ($\dot{I}_1 = I, \dot{I}_2 = I$) を流したときの $xy$ 平面内での指向性係数は，式 (5.60) で $d = \lambda/2, \delta = 0$ とおいて，次式で与えられる．

$$D_s(\phi) = \left| 2\cos\left(\frac{\pi}{2}\cos\phi\right) \right| \tag{5.61}$$

式 (5.61) を極座標表示したものが図 **5.18** $(a)$ である．この図から，アンテナ配列に垂直な方向 ($\phi = \pi/2$) に強く放射し，アンテナ配列方向 ($\phi = 0$) には放射しないことがわかる．このように，アンテナ列と直角方向に放射ビームを有するアンテナ列を**ブロードサイドアレー** (broadside array) という．なお，指向性係数の値が $D_s(\pm\pi/2) = 2$ となるのは，アンテナが 1 本のときの 2 倍の電界強度であることを意味している．

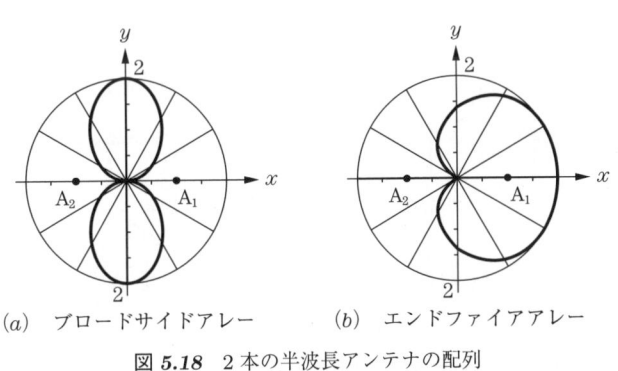

$(a)$ ブロードサイドアレー  $(b)$ エンドファイアアレー

図 **5.18** 2 本の半波長アンテナの配列

〔**2**〕 **$d = \lambda/4$, $\delta = \pi/2$ の場合** 式 (5.60) から指向性係数は

$$D_s(\phi) = \left| 2\cos\left(\frac{\pi}{4}(1 - \cos\phi)\right) \right| \tag{5.62}$$

となり，この指向性は図 **5.18** $(b)$ のようになる．アンテナ $A_1$ の方向 ($\phi = 0$) が最大放射で，その逆の $\phi = \pi$ 方向には放射されない．このように，アンテナ列に沿って一方向に放射ビームを有するアンテナ列を**エンドファイアアレー** (endfire array) という．

### 5.6.2 アンテナの自己インピーダンスと相互インピーダンス

図 **5.19** のように 2 本のアンテナ $A_1$, $A_2$ が配置され，それぞれに電圧 $\dot{V}_1$, $\dot{V}_2$ が加えられ，$\dot{I}_1$, $\dot{I}_2$ の給電電流が流れているとする．このとき，両アンテナの配置間隔が小さい場合，たがいの放射による結合が発生し影響を及ぼしあう．これは，電気回路におけるトランス（1 次コイルと 2 次コイルが磁束により結合しているケース）と類似した現象である．これを式で表すとつぎのようになる．

$$\dot{V}_1 = \dot{Z}_{11}\dot{I}_1 + \dot{Z}_{12}\dot{I}_2 \tag{5.63}$$

$$\dot{V}_2 = \dot{Z}_{21}\dot{I}_1 + \dot{Z}_{22}\dot{I}_2 \tag{5.64}$$

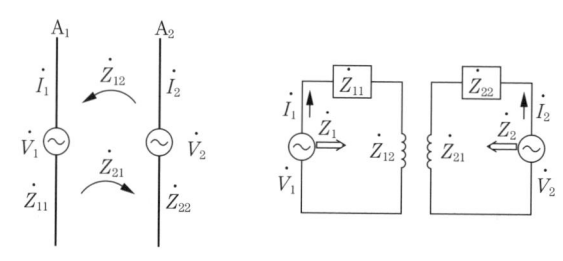

**図 5.19** 2 本のアンテナの相互影響

例えば，アンテナ $A_1$ の電圧 $\dot{V}_1$ は，自己のアンテナ $A_1$ に流れる電流 $\dot{I}_1$ のみならず，隣のアンテナ $A_2$ に流れる $\dot{I}_2$ の影響を受けることを示している．アンテナ $A_2$ の電圧 $\dot{V}_2$ についても同様である．

ここで，式 (5.63), (5.64) をつぎのように変形してみる．

$$\dot{Z}_1 = \frac{\dot{V}_1}{\dot{I}_1} = \dot{Z}_{11} + \frac{\dot{I}_2}{\dot{I}_1}\dot{Z}_{12} \tag{5.65}$$

$$\dot{Z}_2 = \frac{\dot{V}_2}{\dot{I}_2} = \dot{Z}_{22} + \frac{\dot{I}_1}{\dot{I}_2}\dot{Z}_{21} \tag{5.66}$$

式 (5.65), (5.66) は，それぞれのアンテナの給電電圧を給電電流で割ったものであり，各アンテナ給電点でのインピーダンス（入力インピーダンス）を表す．このときの係数 $\dot{Z}_{12}$, $\dot{Z}_{21}$ を相互インピーダンスといい，その値は二つのアンテナ間の結合の度合いを表す．相互インピーダンス $\dot{Z}_{12}$ は，アンテナ $A_1$ に

及ぼすアンテナ $A_2$ からの結合の度合いを示し，$\dot{Z}_{21}$ はその逆を示す．ただし，可逆性から $\dot{Z}_{12} = \dot{Z}_{21}$ の関係がある．相互インピーダンスは，アンテナ系の給電方法には関係なく，アンテナの配置によってのみ決められる．

一方，$\dot{Z}_{11}, \dot{Z}_{22}$ は，アンテナ $A_1$，$A_2$ がそれぞれ単独に存在した場合のインピーダンスであり，自己インピーダンスと呼ばれる．

自己インピーダンス，相互インピーダンスとも一般に複素量であり，$\dot{Z}_{11} = R_{11} + jX_{11}$，$\dot{Z}_{12} = R_{12} + jX_{12}$ のように表される．

式 (5.65) から，アンテナ $A_1$ の入力インピーダンス $\dot{Z}_1$ は，自己インピーダンス $\dot{Z}_{11}$ と，相互インピーダンス $\dot{Z}_{12} \times (\dot{I}_2/\dot{I}_1)$ の和として表されることがわかる．この場合，電流 $\dot{I}_1$ を基準にとることに注意する．また，アンテナ $A_2$ の入力インピーダンス $\dot{Z}_2$ は，アンテナ $A_2$ の電流を基準として式 (5.66) のように与えられる．

いずれの場合も，考えているアンテナの電流を基準にとることが注意すべき点である．なお，アンテナの数が $n$ 本のときも，式 (5.63) から式 (5.66) を拡張して，同様の相互作用を考慮する必要がある．

### 5.6.3 半波長アンテナの自己インピーダンスと相互インピーダンス

2本の理想的な半波長アンテナが間隔 $d$ で配置され，それぞれに正弦波状の電流が流れている場合の相互インピーダンス $(R_{12}, X_{12})$ を図 **5.20** に示す．図より，距離 $d$ が増大すると，相互インピーダンスは除々に小さくなり，アンテナ間の相互作用が少なくなっていることがわかる．なお，アンテナ配置のパラメータが $d = 0$ のときは，その値は自己インピーダンスを表し，$\dot{Z}_{11} = 73.13 + j42.55$ 〔Ω〕となる．

---

**例題 5.11** 図 **5.17** のように半波長アンテナを2本，間隔 $d$ で平行に配置したアンテナアレーがある．いま，これらの半波長アンテナに同相で同大の電流 $I$ を流して給電した場合について，つぎの問いに答えよ．

(1) 最大放射方向はどの向きか．

(2) $d = \lambda/2$ 時の最大放射方向の相対利得はいくらか。ただし，両アンテナの自己インピーダンスは，$\dot{Z}_{11} = 73.13 + j42.55$〔Ω〕とし，相互インピーダンス $\dot{Z}_{12}$ は図 **5.20** より求めるものとする。

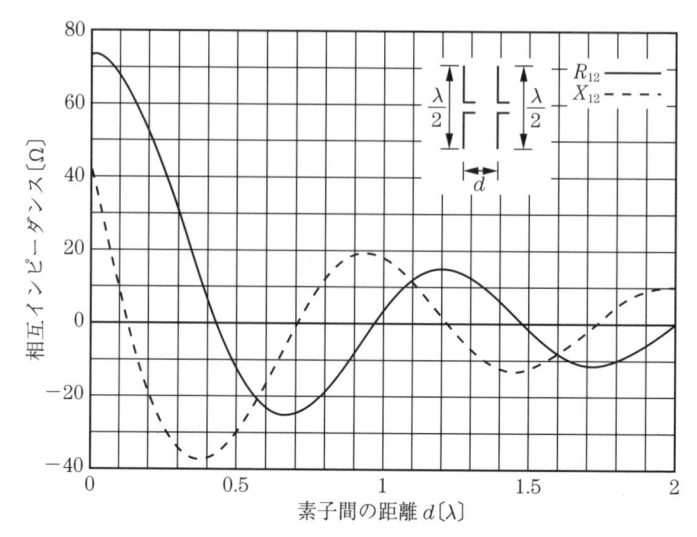

図 **5.20**　2 本の半波長アンテナの配置と相互インピーダンス

---

【**解答**】　(1) 式 (5.60) より $\delta = 0$ として最大放射方向は $\phi = \pm \pi/2$ となる。
(2) アンテナの利得を求める式 (5.33): $G = (E^2/W)/(E_0^2/W_0)$ を用いる。いま，基準とする 1 本の半波長アンテナに大きさ $I$ の電流が流れている場合，その入力電力は，$W_0 = 73.13I^2$〔W〕となる。一方，それぞれに同相で同大の電流が流れているアンテナ $A_1, A_2$ の入力抵抗 $R_1, R_2$ は，入力インピーダンスを与える式 (5.65), (5.66) より，それぞれ $R_1 = 73.13 + R_{12}$〔Ω〕$(= R_2)$ である。したがって，このアンテナアレーへの全体の入力電力 $W$ は，二つの半波長アンテナへの入力電力の和として，$W = 2I^2(73.13 + R_{12})$〔W〕で求められる。また，このアンテナアレーの最大放射方向の電界強度は，$d$ の値に関係なく 1 本の半波長アンテナの電界強度 $(E_0)$ の 2 倍となる。したがって，このアンテナアレーの相対利得 $G_h$ は $G_h = \{(2E_0)^2/[2I^2(73.13 + R_{12})]\}/\{E_0^2/(I^2 \times 73.13)\}$ で計算できる。ここで図 **5.20** より，$R_{12} = -12.5$〔Ω〕を読み取り，$G_h = 2.41$ 倍 $(= 3.82$〔dB〕$)$ を得る。　　　　◇

> **コーヒーブレイク**
>
> ドイツの物理学者ヘルツ (1857～1894 年) は 1887 年，マクスウェルにより予測された電磁波の存在を実験的に確かめた．彼は，まず火花放電により電波の発生に成功し，さらに直進，反射，屈折そして偏波など電波の基本的性質を実験により明らかにした．ヘルツの業績をたたえ，ヘルツの名前は周波数の単位としてその名をとどめている．
>
> H.R.Herts[1]

## 演 習 問 題

**【1】** 相対利得が 16dB のアンテナを，自由空間において周波数 300MHz で使用したときのアンテナの実効面積を求めよ．

**【2】** 絶対利得が $G_a$（真値）であるアンテナの実効面積 $A_e$ を，$G_a$ および波長 $\lambda$ で表す式を導け．

**【3】** 自由空間において，半波長ダイポールから 36W の電力で電波を放射した場合，最大放射の方向における受信可能な最大距離を計算式を示して求めよ．ただし，受信するために必要な最小の電力は，$1\,\mathrm{cm}^2$ 当り $-104\,\mathrm{dBm}$ とする．

**【4】** 相対利得が $G_h$，実効長が $h_e$，放射抵抗が $R_r$ の線状アンテナがある．これらの定数の間に，$h_e = \dfrac{\lambda}{\pi}\sqrt{G_h}\sqrt{\dfrac{R_r}{73.13}}$ 〔m〕の関係が成立することを導け．

**【5】** 放射抵抗が $R$〔Ω〕，実効長が $h_e$〔m〕であるアンテナの相対利得を求めよ．ただし，アンテナは自由空間に置かれているものとする．

**【6】** アンテナの放射電力が 50W のとき，このアンテナから 10km の地点の自由空間電界強度を 80dBμ とするには，アンテナの相対利得および絶対利得をいくらにすればよいか．

**【7】** 図 **5.17** (*b*), (*c*) のように，2 本の半波長アンテナを間隔 *d* で平行に配置したアンテナアレーがある．いま，これらの半波長アンテナに，同相で同大の電流 *I* を流して給電した場合，(1) 最大放射方向はどの向きか．(2) *d* がいくらのときこのアンテナアレーの利得は最大となるか．*d* の値と最大利得（相対利得）

を求めよ。ただし，両アンテナの自己インピーダンスは，$Z_{11} = 73.13 + j42.55$ 〔Ω〕とし，相互インピーダンス $Z_{12}$ は図 **5.20** より求めるものとする。

【8】 周波数が 5 GHz のとき，自由空間基本伝送損が 120 dB となる送受信点間の距離を求めよ。

【9】 周波数が 10 GHz の電波を用いて，静止衛星直下の地球局から人工衛星局に送信（アップリンク）するとき，人工衛星局における受信機入力（受信電力〔dBm〕）を求めよ。ただし，地球局の送信機出力は 3 kW，送信アンテナの絶対利得は 61 dB，人工衛星局の受信アンテナの絶対利得は 25 dB であり，静止衛星までの地上高は 35 900 km，また，電波の伝搬路は自由空間として取り扱えるものとする。

# 6

# アンテナの実際

この章ではアンテナを，線状アンテナ，アレーアンテナ，平面アンテナ，および開口面アンテナに大きく分類して，実例を紹介しながら，その構造，動作原理，特性などについて説明し，最後にアンテナに関する計測について述べる。

## 6.1 線状アンテナ

線状アンテナ (wire antenna) の代表である半波長アンテナをはじめ，垂直アンテナ，逆Lアンテナ，ループアンテナ，ヘリカルアンテナ，およびロンビックアンテナについて説明する。

### 6.1.1 半波長アンテナ

半波長アンテナ (half-wave antenna) は，**5**章でその基本特性を述べたが，平行二線式線路の開放終端部を $\lambda/4$ の位置でそれぞれ上下に直角に折り曲げ，アンテナの全体長を $\lambda/2$ とした線状アンテナである。アンテナへの給電は，アンテナの中心部から平行二線式線路や同軸ケーブルで行う。

例として，平行二線式線路により給電された半波長アンテナの電流分布を図 **6.1** に示す。アンテナ上の電流分布は，アンテナの先端の点 C，C′ では零，給電点 F，F′ では最大となり，ここから電波が放射される。

半波長アンテナは，その構造の単純さと利便性の良さから，短波帯からマイクロ波帯付近まで使用される最もポピュラーなアンテナの一つであり，アンテナ単体で使用されるほか，例えば八木・宇田アンテナの放射器や，パラボラア

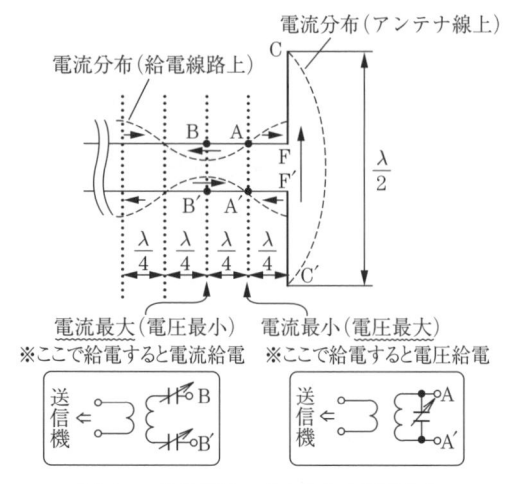

**図 6.1** 半波長アンテナとその電流分布

アンテナの一次放射器などとしても広く利用されている。また，超短波帯（VHF 帯），極超短波帯（UHF 帯）のアンテナの相対利得測定の際の利得標準アンテナとしても用いられている。

**図 6.2** に，VHF 帯アンテナの利得測定で使用される標準アンテナの例を示す。アンテナは伸縮可能なロッドア

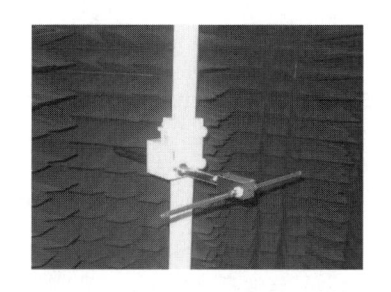

**図 6.2** VHF 帯利得測定用標準アンテナの例[8]

ンテナ形式となっており，測定周波数に合わせてアンテナの長さが調整できる構造となっている。半波長アンテナの給電方法には，つぎの二つがある。

〔**1**〕**同調給電** 半波長アンテナの放射抵抗は約 $73\,\Omega$ であるが，平行二線式線路の特性インピーダンスは一般に $300\,\Omega$ 程度であることが多い。したがって，半波長アンテナを平行二線式線路で直接に給電した場合，インピーダンス不整合のため給電線路上に電流および電圧の定在波が発生する。このとき，アンテナの給電点から $\lambda/4$ の奇数倍だけ離れた点（例えば，**図 6.1** の点 A，A′）では電圧は最大となり，反対に電流は最小となる。半波長アンテナを送信用ア

ンテナとして使用する場合において，この電圧最大点で給電する給電方法を電圧給電と呼ぶ．なお，この点で給電する送信機の給電回路は電圧最大を得るため，並列共振回路で構成する．

一方，アンテナの給電点から $\lambda/4$ の偶数倍だけ離れた点（図 **6.1** の点 B, B′）では電流は最大となり，反対に電圧は最小になる．この電流最大点で給電する給電方法を電流給電と呼ぶ．この場合は電流最大とすることが必要なため，送信機の給電回路は直列共振回路で構成する．

これらの給電方法は給電線路上の定在波の存在に起因する伝送損失があるが，アンテナと給電線路の間に整合回路を必要としないため，簡易に構成できる長所がある．実際の給電では，電圧給電あるいは電流給電に対応して，アンテナから給電点までの長さが $\lambda/4$ の整数倍の位置，すなわち共振位置で給電することになるため，これらの給電方法を**同調給電**と呼ぶ．

〔**2**〕 **非同調給電** 同調給電は，給電線路上に定在波が存在する状態での給電，すなわち給電線路上の電圧あるいは電流の最大点での給電であった．これに対し，アンテナに整合回路を接続して給電線路からアンテナ側を見たインピーダンスを給電線路の特性インピーダンスに等しくし，給電線路上に定在波が存在しない状態で給電する方法を**非同調給電**という．

### 6.1.2 垂直アンテナ

**垂直**アンテナ (vertical antenna) は，通常無限大の完全導体地板上に設置された垂直線状アンテナのことをいい，給電線の片側を接地した垂直接地アンテナとしての動作形態で利用される．アンテナの長さは $\lambda/4$ が基本であるが，垂直面内の放射パターン制御のため，他の長さのアンテナや，アンテナ上端部に頂冠を装荷したものなどがある．給電は，この垂直アンテナと導体地板間で行う．

このタイプのアンテナは，その設置形態から垂直偏波の電波を放射し，水平面内で無指向性であり，ユニポールアンテナ，モノポールアンテナとも呼ばれる．水平面内で無指向性であるため，中波，短波，超短波帯の基地局用送信アンテナなどに多用されている．

## 6. アンテナの実際

以下に中波放送用アンテナの実例について述べる。中波放送用アンテナは，自立型の垂直アンテナが多く用いられているが，この場合，近距離エリアには地表面に沿って伝搬する地表波を主として利用し（第1サービスエリアという），遠距離エリアには電離層反射波を利用する（第2サービスエリアという）。

しかし，アンテナからの垂直面内放射が高角度になると，近距離エリアにおいても地表波と電離層反射波との干渉（フェージング）が発生する。これを防ぐため，アンテナの上部に頂冠を装荷することなどにより，高角度放射を抑制する。通常，地表から60°方向の放射を抑制して電離層反射波を低減するため，アンテナ高さが電気的に0.53λの垂直アンテナを利用する。このアンテナをフェージング防止アンテナと呼ぶ。なお，垂直アンテナの効率は，送信出力の片方を接地しているため，大地との接地抵抗に大きく影響される。

図 **6.3** (a) に高さ150m，送信出力100kW，周波数540kHzの垂直偏波の頂部頂冠 (8mφ) 付きの中波放送用アンテナの外観を，図 (b) および (c) に

拡大図

(a) アンテナ外観

(b) 水平面内放射パターン

(c) 垂直面内放射パターン

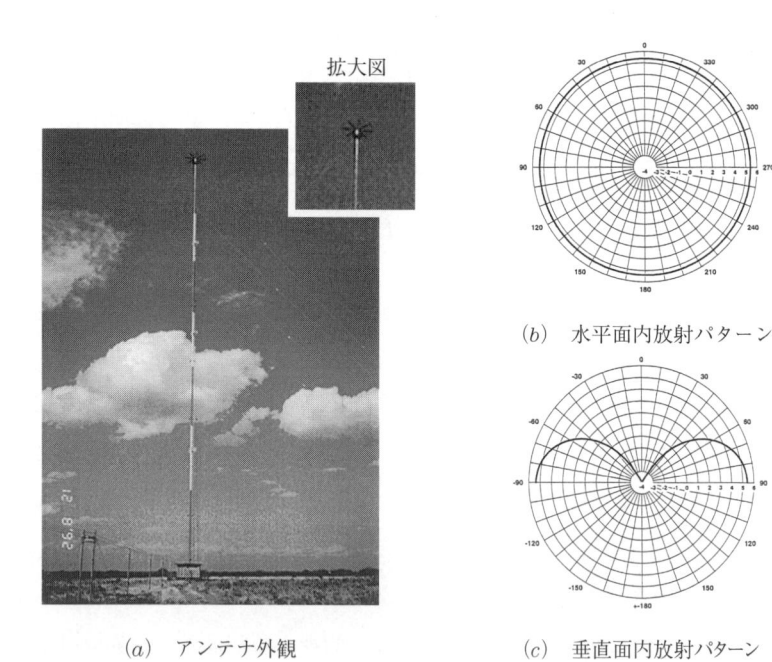

図 **6.3** 中波放送用水平面内無指向性アンテナ[9]

放射パターンを示す．アンテナ利得（絶対利得）は 5.4 dBi[†] で，水平面内で無指向性のアンテナである．

### 6.1.3 逆 L アンテナ

図 **6.4** に示すように，垂直アンテナにおいてその先端部を含む一部を水平に折り曲げ，アンテナ垂直部の実効高（実効長）を改善したアンテナを**逆 L アンテナ** (inverted L antenna) と呼ぶ．すなわち，垂直アンテナ先端の一部を水平に折り曲げることにより，垂直部最高点での電流値が零にならないようにして，等価的にアンテナの垂直部の実効高を増大したものである．

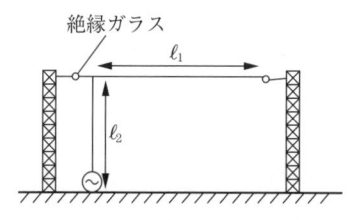

図 **6.4** 逆 L アンテナ

逆 L アンテナも垂直アンテナと同様に接地アンテナとしての動作形態で利用される．なお，逆 L アンテナの水平部の電流と大地の影像電流は逆位相となるため，この水平部からの放射はキャンセルされると考えてよい（**5.3.1** 項参照）．

---

**例題 6.1** 図 **6.4** の逆 L アンテナにおいて，$\ell_1 = \lambda/6, \ell_2 = \lambda/4$ の場合のアンテナの実効高を求めよ．ただし，アンテナの電流分布は，$\ell_1, \ell_2$ にわたり連続した正弦状分布と仮定する．

【解答】 図 **6.5** において，電流分布は $k = 2\pi/\lambda$ を自由空間中の波数として $\dot{I}(x) = I_0 \sin(kx)$ で表される．したがって実効高 $h_e$ は

$$h_e = \frac{1}{I_0} \int_{\ell_1}^{\ell_1+\ell_2} I_0 \sin(kx) dx = \int_{\lambda/6}^{5\lambda/12} \sin\left(\frac{2\pi}{\lambda}x\right) dx = \frac{\lambda}{2\pi} \times 1.366$$

となる（**5.2.3** 項参照）．この結果より，逆 L アンテナの実効高は $\lambda/4$ 垂直接地アンテナの実効高 $\lambda/(2\pi)$ よりも大きくなり，水平部を設けることによる実効高の改善効果が示された．

---

† dBi：絶対利得の単位として用いることがある．

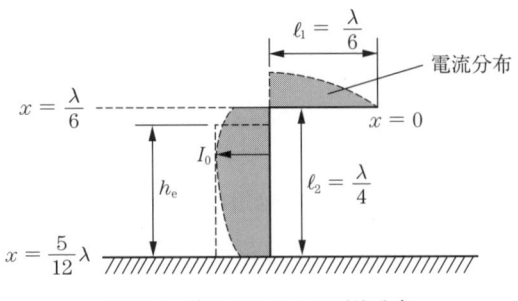

図 6.5 逆 L アンテナの電流分布

◇

**6.1.4 ループアンテナ**

ループアンテナ (loop antenna) は，円形あるいは正方形（方形）にコイルを巻いたアンテナであり，8の字形（ドーナツ形）の指向性を持つ。図 **6.6** ($a$) に方形ループアンテナの構造を，図 ($b$) にこのアンテナを入射電界の進行方向に対してループアンテナを $\theta$ だけ傾けて配置した場合の位置関係を示す。

図 **6.6** ($b$) において，$x$ 軸方向に偏波された電磁波が $z$ 軸方向に伝搬しているとする。このとき，このループアンテナが 4 本の線分 ab, cd, ac, および bd から成り立っていると考えれば，図 ($b$) のようなアンテナ配置の場合，入射電界（$x$ 方向）に沿った線分（すなわち，線分 ab, cd）のみに起電力が誘起されることになる。このとき，アンテナ端子に誘起される電圧は，受信電界強度を $E$〔V/m〕，入射電磁波の波長を $\lambda$〔m〕，ループの面積を $A$〔m$^2$〕，巻数を $N$ とす

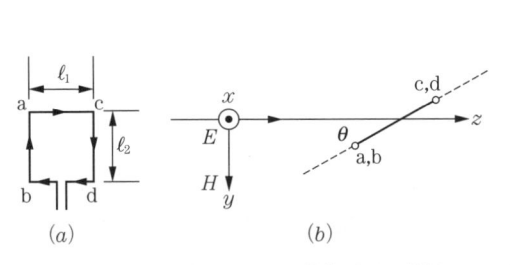

図 **6.6** ループアンテナの動作原理の説明

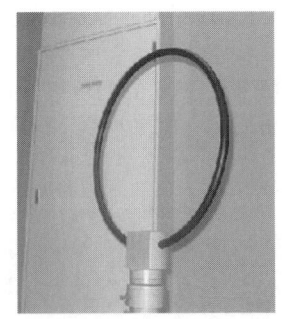

図 **6.7** ループアンテナ（円形）の例 (9 kHz〜30 MHz)[8]

ると

$$V = \left(\frac{2\pi AN}{\lambda}\right) E \cos\theta \tag{6.1}$$

で与えられる．したがって，$\theta$ が $0°$ および $180°$ のとき，すなわち入射電界の進行方向がループアンテナ面に平行のとき誘起電圧が最大となり，$90°$ および $270°$ のとき零となる．ここで

$$h_e = \frac{2\pi AN}{\lambda} \text{ [m]} \tag{6.2}$$

とおけば，$h_e$ は垂直アンテナの実効高に相当し，$V = h_e E \cos\theta$ として，最大受信電圧 $V_{\max}$ が計算できる．図 **6.7** に円形ループアンテナの例を示す．

---

**例題 6.2** 電界強度が $E = 200$ [μV/m] の地点で，直径 $1\,\text{m}$，巻数 $N = 20$ [回] の円形ループアンテナで周波数 $f = 5$ [MHz] の電波を受信したとき，最大受信電圧はいくらか．

---

【解答】 式 (1.2) より $\lambda$ [m] $= 300/5$ [MHz] $= 60$ [m] であり，実効長は $h_e = \dfrac{2\pi AN}{\lambda} = 2 \times 3.14 \times \pi (0.5)^2 \times 20/60 \fallingdotseq 1.645$ [m] となる．したがって，最大受信電圧は $V_{\max} = h_e E = 329$ [μV] となる． ◇

ループアンテナの指向性は 8 の字形であるため，受信電界が零（またはヌル (null) と呼ばれる）の点が存在することを利用して方向探知用アンテナとして用いることができる．ただし，アンテナが 1 本の場合は式 (6.1) よりわかるように，探知方向には $\pm 180°$ の不確定性が存在することになる．この問題を解決するための一つの方法として，ループアンテナ近傍に垂直アンテナを 1 本追加設置する方法がある．

例えば図 **6.6** の方形ループアンテナの電界を考えた場合，双極子 ab と cd に流れる電流の向きは逆方向に流れるため，8 の字形の電界の位相は片方を＋とすると，もう片方の位相は－となる（図 **6.8** ($a$)）．そこで，このループアンテナの側に垂直アンテナをもう 1 本設置し（図 ($b$)），ループアンテナのどちらかの電界（位相）を打ち消すように調整すれば，（図 ($c$)）のようなカージオイド

(a) ループアンテナの  
　　8の字電界指向性

(b) モノポールアンテナの  
　　電界指向性

(c) 合成電界指向性  
　　（カージオイド指向性）

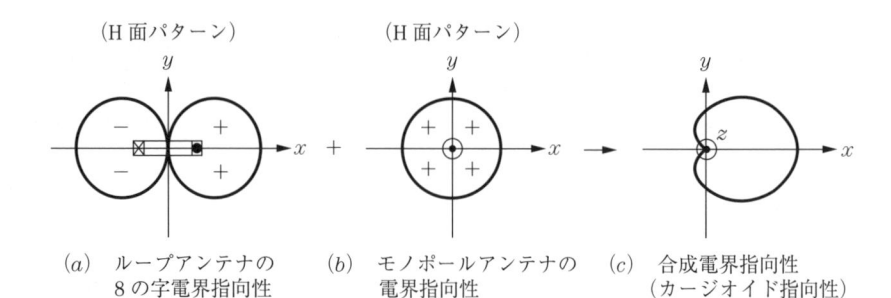

図 **6.8** カージオイド指向性

と呼ばれるヌル点が一つの単一指向性を得ることができ，原理上 ±180° の不確定性の問題は解決できることになる。

### 6.1.5 ヘリカルアンテナ

同軸線路の中心導体をらせん（ヘリックス）状に巻き，一方，外部導体を半径 $\lambda/2$ 程度の地板として同軸線路に直角に折り曲げることによって，**ヘリカルアンテナ** (helical antenna) が構成できる。図 **6.9** にその例を示す。このアンテナのパラメータとして，ヘリックスの直径 $D$，ピッチ $P$，1 巻きのアンテナ導体長 $L$，円周長 $C$，巻数 $N$，ピッチ角 $\alpha$ がある。ヘリカルアンテナは，その特性がヘリックスのパラメータにより変化するが，大きく分けて，エンドファイアヘリカルアンテナ，ブロードサイドヘリカルアンテナ，およびその変形としてのサイドファイアヘリカルアンテナに分類できる。

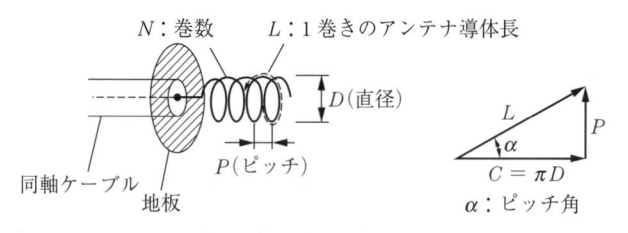

図 **6.9** ヘリカルアンテナ

## 6.1 線状アンテナ

**〔1〕エンドファイアヘリカルアンテナ（軸モード）**　エンドファイア(end-fire)ヘリカルアンテナは，ヘリックスの直径 $D$ が $0.24〜0.42\lambda$ 程度で，かつそのピッチ角 $\alpha$ が $12〜15°$ 程度の値を持つヘリカルアンテナであり，その放射パターンは図 **6.10** に示すように，アンテナの軸方向に最大の単方向性ビームを放射する。この場合，放射偏波はほぼ円偏波となる。このモードを軸モードと呼び，ヘリックス上に進行波電流が流れる。偏波の回転方向はヘリックスの巻く方向により，右旋円偏波または左旋円偏波となる。巻数は少なくとも3回以上必要である。このタイプのヘリカルアンテナは，① 広帯域動作が可能である，② 構造が簡単であり，軽量で廉価に製作できる，③ $11〜15\,\mathrm{dB}$ 程度の相対利得が実現できる，などの特徴があり，人工衛星の追尾用アンテナなどとしてよく用いられる。

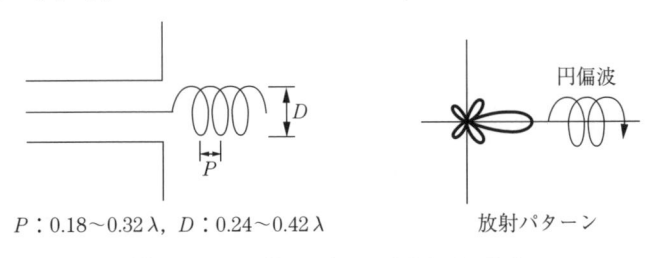

$P : 0.18〜0.32\lambda,\ D : 0.24〜0.42\lambda$

図 **6.10**　エンドファイアヘリカルアンテナ

**〔2〕ブロードサイドヘリカルアンテナ（垂直モード）**　もう一つのタイプのヘリカルアンテナは，ヘリックスの長さ $\ell$ と $\pi D$ が波長 $\lambda$ に比べて小さい場合で，ブロードサイド(broadside)ヘリカルアンテナ（垂直モードヘリカルアンテナ）と呼ばれる。偏波は一般にだ円偏波となり，アンテナ軸に垂直な方向に放射する（図 **6.11**）。

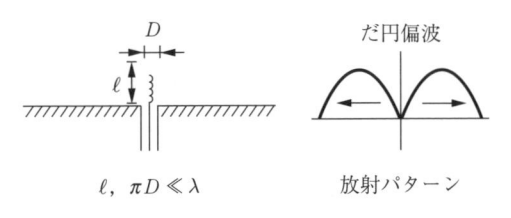

$\ell,\ \pi D \ll \lambda$

図 **6.11**　ブロードサイドヘリカルアンテナ

〔**3**〕 **サイドファイアヘリカルアンテナ**　　上述の地板（反射板）付きヘリカルアンテナのほかに，地板を取り除いて，円柱導体の外側にヘリックスを上下方向にたがいに逆方向に巻いた，**サイドファイア（sidefire）ヘリカルアンテナ**（水平偏波サイドファイアヘリカルアンテナ，垂直偏波サイドファイアヘリカルアンテナ）がある。このアンテナの放射パターンは円柱導体と直角方向にあり，ブロードサイド特性となる。以下にその例について述べる。

**1）水平偏波サイドファイアヘリカルアンテナ**　　図 **6.12**(a) に水平偏波サイドファイアヘリカルアンテナの例を示す。金属支持円柱の中央の給電点から上下方向に，ヘリックスをピッチが $\lambda/2$ でそれぞれたがいに逆方向となるように巻いたもので，先端部は円柱に短絡する。給電点から上下のヘリックスに同相で給電すると，図 (a) に示すように上側ヘリックスの電流 A と下側ヘリックスの電流 B による合成電界は，ベクトル合成の結果，その垂直偏波成分がキャンセルされ水平偏波成分のみとなる。ヘリックス上の電流は途中の放射のため減衰しながら先端部に達するため，進行波アンテナとして動作することから反射波はほとんどない。このため，このアンテナは広帯域特性を有する。

アンテナを図 (a) のように配置した場合，水平面内で無指向性（水平偏波）となり，UHF 帯テレビ放送の送信用アンテナとして利用されている。給電点インピーダンスは 50～100 Ω である。

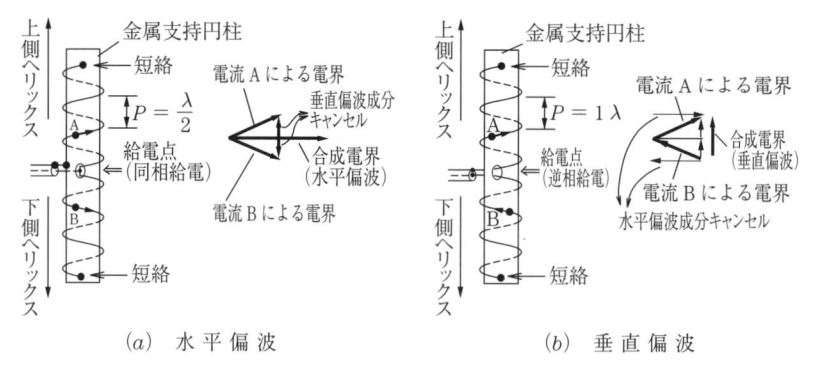

図 **6.12**　サイドファイアヘリカルアンテナ

**2）垂直偏波サイドファイアヘリカルアンテナ**　前述のヘリカルアンテナと同じアンテナにおいて，上下のヘリックスにたがいに逆相の電流を流した場合は，ベクトル合成の結果，水平偏波成分がたがいにキャンセルされ垂直偏波成分のみが残る（**図 6.12**（*b*））。このアンテナの場合は，垂直偏波成分を大きくとることが目的であるため，ヘリックスのピッチは $1\lambda$ にする。しかし，ピッチを大きくすることにより垂直面内の指向性が劣化するため，多重巻きにするなどして特性の改善を図る。アンテナを図（*b*）のように配置した場合，水平面内で無指向性（垂直偏波）となる。

### *6.1.6* ロンビックアンテナ

$\lambda/4$ 垂直アンテナや $\lambda/2$ アンテナ（半波長アンテナ）は，アンテナの先端を開放して用いるため，アンテナ線上の電流分布が正弦波状に近い定在波アンテナとして動作する。この場合，その周波数帯域は狭く，1.1：1 程度である。

これに対して，波長に比べて長い線路をアンテナとして用い，その終端部に線路の特性インピーダンスを接続した場合は，終端からの反射がないため，アンテナ線上には大きさが一様な進行波電流のみが存在することになり，進行波アンテナとして動作し，2：1 程度の広帯域特性が得られるようになる。

ロンビックアンテナ (rhombic antenna) は，長いワイヤアンテナを 4 本ひし形に配置して構成されるアンテナであるが，最初にその 1 本である水平ワイヤアンテナについて述べる。

**〔1〕自由空間中の水平ワイヤアンテナ**　**図 6.13** は，全長が $\ell$ の導線の終端部を線路の特性インピーダンス $Z_0$ で終端した場合の放射界の指向性を描いたものである（ただし，アンテナは大地より十分離れていると仮定する）。高周波電流は，左側から右側方向に流れ，一様振幅 $I_0$ で位相のみが位置とともに遅れるため，アンテナ線路の軸方向から角度 $\theta_m$ だけ変位した方向に最大放射が発生する。この角度 $\theta_m$ は水平ワイヤアンテナの全長が長いほど小さくなる。このアンテナの放射電界の強度はつぎのように与えられる。

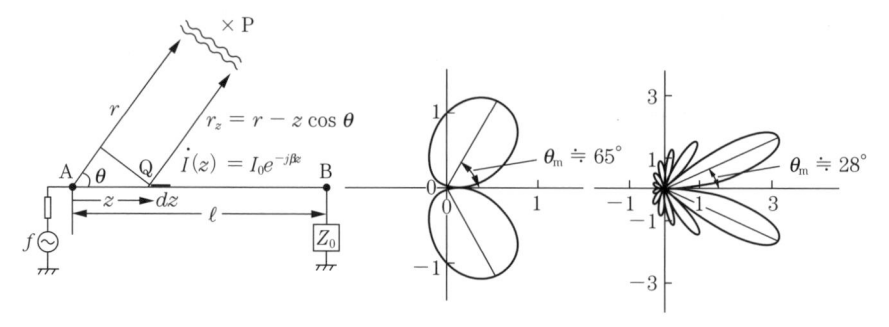

(a) 水平ワイヤアンテナ　　(b) 指向性($\ell = \lambda/2$)　(c) 指向性($\ell = 3\lambda$)

図 **6.13**　自由空間中の水平ワイヤアンテナ

$$E_\theta = \frac{60 I_0}{r} \left[ \frac{\sin\theta \sin\left\{\frac{\pi\ell}{\lambda}(1-\cos\theta)\right\}}{1-\cos\theta} \right] \quad (6.3)$$

**例題 6.3**　水平ワイヤアンテナの放射電界を与える式 (6.3) を導出せよ。

【**解答**】　図 **6.13** (a) に示すように $z$ 軸方向を定め、$z=0$ はアンテナの給電点 A を、$z=\ell$ は終端 B を表す。給電点の電流を $\dot{I}(0) = I_0$ とすれば、電流は進行波だけであり、給電点から距離 $z$ の点 Q の電流は $\dot{I}(z) = I_0 e^{-j\beta z}$ と表される。線路の位相定数 $\beta$ は、ここでは自由空間の波数 $k$ と等しいとする ($\beta = k$)。

アンテナから十分離れた観測点を P とし、給電点 A から点 P までの距離を $r (\gg \lambda)$、そしてアンテナ上の点 Q から点 P までの距離を $r_z = r - z\cos\theta$ とする。このとき、点 Q の微小部分 $dz$ を電流が $\dot{I}(z) = I_0 e^{-jkz}$ の微小ダイポールと考えれば、この微小ダイポールがつくる放射電界 $d\dot{E}_\theta$ は

$$d\dot{E}_\theta = j\frac{60\pi I_0 dz}{\lambda r_z} e^{-jkz} \sin\theta\, e^{-jkr_z} \approx \left( j\frac{60\pi I_0}{\lambda r} e^{-jkr} \sin\theta \right) e^{-jkz(1-\cos\theta)} dz$$

で与えられる。したがって、アンテナの全長にわたって積分すれば、放射電界

$$\dot{E}_\theta = \left( j\frac{60\pi I_0}{\lambda r} e^{-jkr} \sin\theta \right) \int_0^\ell e^{-jkz(1-\cos\theta)} dz$$

$$= \left( j\frac{60\pi I_0}{\lambda r} e^{-jkr} \sin\theta \right) \left\{ \frac{e^{-jk\ell(\cos\theta - 1)} - 1}{-jk(1-\cos\theta)} \right\}$$

が得られ、この式の絶対値をとれば、式 (6.3) の電界強度 $E_\theta = |\dot{E}_\theta|$ となる。　◇

〔2〕 ロンビックアンテナ　図 **6.14** に示すように，前述の水平ワイヤアンテナをひし形状に組み合わせ，その一端に高周波信号を入力すると，ひし形を構成する水平ワイヤの進行波により，軸方向に単一の強いビームが現れる。この構造のアンテナを**ロンビックアンテナ** (rhombic antenna) という。

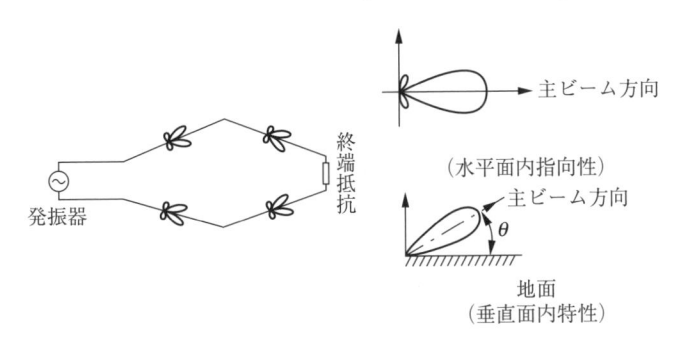

図 **6.14**　ロンビックアンテナ

ロンビックアンテナの特性は，水平ワイヤアンテナの長さ，ワイヤの傾きの角度，アンテナの地上高などにより決められる。水平ワイヤの長さは最低 $4\lambda$ 程度必要である。アンテナパラメータを適当に選ぶことにより，相対利得が十数 dB で，広帯域（周波数を 2：1 程度の範囲で変化できる）特性を得ることができ，長距離 HF 通信などに利用される。特性インピーダンスは $600 \sim 800\,\Omega$ である。なお，供給電力の半分は終端抵抗で消費されるため効率は低い。また，アンテナの地上高は放射ビームを上方に向ける作用をする。サイドローブレベルは一般に高い。

---

**コーヒーブレイク**

マルコーニ (1874〜1937，イタリア) は，ヘルツの実験に基づいて無線通信の実用化を行った。1897 年にはドーバー海峡間（イギリス〜フランス間）で，1901 年には大西洋間（イギリス〜カナダ間）での通信に成功した。1909 年，無線電信の実用化に貢献した功績によりノーベル賞（物理学賞）を受賞している。

G. Marconi[1]

## 6.2 アレーアンテナ

アンテナ素子を複数個配列したアンテナを**アレーアンテナ** (array antenna) という。ここではアレーアンテナの例として，八木・宇田アンテナ，対数周期アンテナ，スーパーターンスタイルアンテナ，金属反射板付きアンテナ，そして双ループアンテナについて説明する。

### 6.2.1 八木・宇田アンテナ

半波長アンテナの両側に，これと平行に無給電素子を配置したとき，これらの無給電素子の数，配置間隔や長さなどのパラメータを適切に選ぶことにより，単方向性のビームを得ることができる。このアンテナを発明者の名をとって**八木・宇田アンテナ** (Yagi・Uda antenna) と呼んでいる。

八木・宇田アンテナは，素子が複数個並んでいることから，アレーアンテナの一種と考えることができるが，一般にアレーアンテナに給電するためには，各素子に給電するための給電回路や分波回路が必要となり，システムが複雑になる。しかし，八木・宇田アンテナではそれが必要なく，放射器 1 か所に給電するだけで指向性アンテナとなる。

このアンテナでは，放射器から放射された電波が左右に放射されるが，同時に反射器，導波器にも到達して電圧を誘起し，再放射をもたらす。このとき，これらの電波の合成ベクトルが導波器側の方向で加え合わさり，一方，反射器側では打ち消されるため，全体として単方向性のビームを放射できるものである。

3 素子八木・宇田アンテナの構成を図 **6.15** に，また，その等利得線図を図 **6.16** に示す。このアンテナは，放射器 $P(\ell_1 = \lambda/4)$，反射器 $R(\ell_2 \geq \lambda/4)$，導波器 $D(\ell_3 < \lambda/4)$ より構成される。

また，図 **6.16** より，$\ell_1 = \ell_2 = d_2 = \lambda/4$ で，$\rho(\text{アンテナ素子の直径}) = \lambda/200$ のとき，$d_3 = 0.2\lambda$, $\ell_3 = 0.225\lambda$ に選ぶことにより，7 dB 程度の相対利得が得られることがわかる。利得を増加させるには導波器の数を増やせばよいが，そ

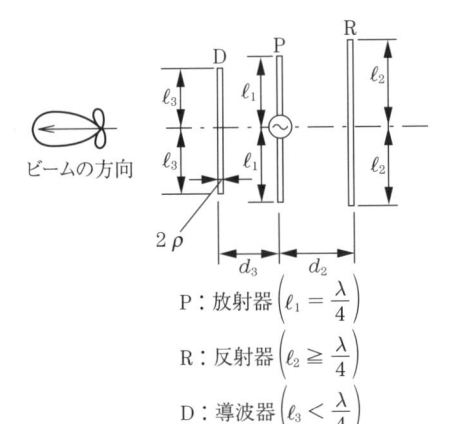

図 **6.15** 3素子八木・宇田アンテナの構成

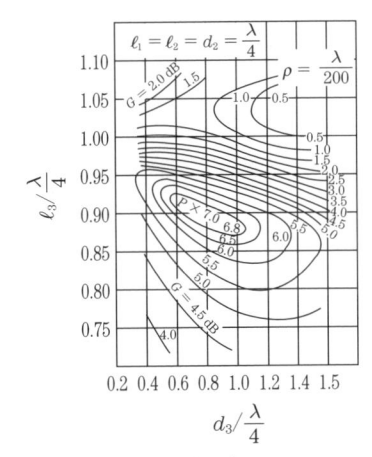

P：放射器 $\left(\ell_1 = \dfrac{\lambda}{4}\right)$

R：反射器 $\left(\ell_2 \geq \dfrac{\lambda}{4}\right)$

D：導波器 $\left(\ell_3 < \dfrac{\lambda}{4}\right)$

図 **6.16** 3素子八木・宇田アンテナの等利得線図 [10]

(a) アンテナ外観

| 名称 | 150 MHz 帯用 3 素子広帯域八木・宇田アンテナ |
|---|---|
| 周波数範囲 | 140～170 MHz 内の帯域幅 10 MHz 以下 |
| 入力インピーダンス | 50 Ω |
| 定在波比 | 1.5 以下 |
| 利得 | 7.0 dBi 以上 |
| 指向性 | 単向性（半値角） E面：±32°（平均値）、H面：±60°（平均値） |
| 前方後方比 | F/B = 13.0 dB 以上 |

(c) 電気性能表

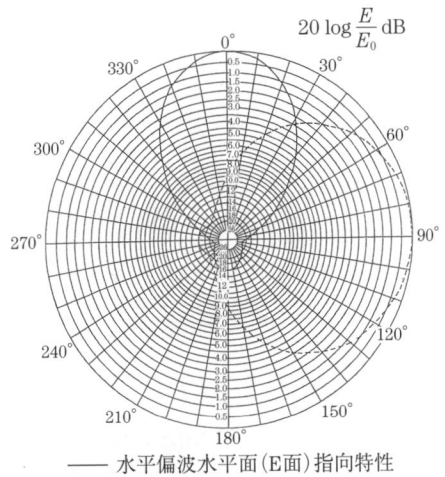

―― 水平偏波水平面（E面）指向特性
---- 垂直偏波水平面（H面）指向特性

(b) 放射パターン

図 **6.17** 150 MHz 帯 3 素子八木・宇田アンテナの実例 [9]

の数が増えるにつれ利得の増加量は徐々に減少する。導波器の数が 20 本で最大約 20 dB 程度の相対利得が得られる。なお、放射器の入力抵抗は一般に低いため、折り返し形にしてインピーダンスを増加させるなどの方法がとられる。

図 **6.17**は，150 MHz 帯で実用に供されている 3 素子八木・宇田アンテナの実例である。八木・宇田アンテナの使用帯域幅は約 6% である。八木・宇田アンテナの放射ビームは，導波器側，すなわちアンテナ素子の短い方向にあると覚えればよい。なお偏波は，アンテナ素子を含む面内の直線偏波となる。構造が簡単で，廉価に製作できることもあり，短波帯〜超短波，さらにはマイクロ波帯にわたる非常に広範囲の周波数領域で使用されている。

### 6.2.2 対数周期アンテナ

図 **6.18** (a) のように，長さの異なる半波長アンテナとその位置関係をある一定の比率にして配列したアレーアンテナを**対数周期アンテナ** (log-periodic antenna) という。このアンテナの特徴は，周波数が変化しても，入力インピーダンスがほぼ一定となることである。広帯域特性を有し，10 : 1 以上の周波数帯域を有するものもある。例としては，HF 通信用（水平偏波）対数周期アン

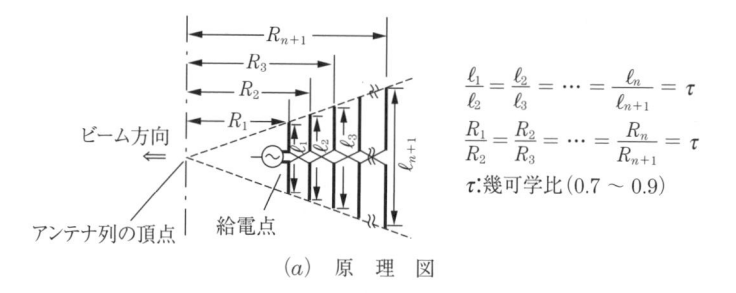

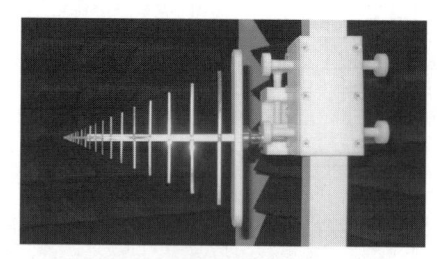

$$\frac{\ell_1}{\ell_2} = \frac{\ell_2}{\ell_3} = \cdots = \frac{\ell_n}{\ell_{n+1}} = \tau$$

$$\frac{R_1}{R_2} = \frac{R_2}{R_3} = \cdots = \frac{R_n}{R_{n+1}} = \tau$$

$\tau$:幾可学比 (0.7 〜 0.9)

(a) 原理図

(b) 1 〜 18 GHz 対数周期アンテナ[8]

図 **6.18** $\lambda/2$ アンテナ列による対数周期アンテナ

テナ，広帯域電磁波測定用あるいは不要放射波測定用アンテナなどがある．

ビームはアンテナ列の頂角（頂点）方向に放射される．使用周波数の下限は最長放射素子長が $\lambda/2$ となる周波数で，また上限は最短放射素子長が $\lambda/2$ となる周波数である．対数周期アンテナでは使用周波数が変化した場合，その周波数に対応する半波長アンテナを中心とした前後数本のアンテナにおもに電流が流れ，この電流が放射に寄与する．絶対利得は 10 dBi 程度であり，入力インピーダンスは 50〜100 Ω である．

図 **6.18** (b) に，1〜18 GHz で使用されている対数周期アンテナの例を示す．このアンテナの入力インピーダンスは 50 Ω，絶対利得は 6 dBi±2 dB，定在波比（VSWR）は 2 以下である．実際にはアンテナ素子を保護するため，アンテナ全体がカバーで覆われている．本アンテナのカバーを含めた放射部の外形寸法は 240 mm × 290 mm である．

### 6.2.3 スーパーターンスタイルアンテナ

スーパーターンスタイルアンテナ (super turnstile antenna) は，図 **6.19** (a) に示すような形状・寸法のバットウィングアンテナを 2 基空間的に直角に配置し，その中央より 90° の位相差で給電したアンテナであり，VHF および UHF 帯のテレビ送信用アンテナとして用いられる．放射偏波は水平偏波で，水平面内で無指向性である．通常，6〜12 段程度積み重ねて使用し，相対利得は約 8

(a) バットウィングアンテナ　　(b) スーパーターンスタイルアンテナ[9]

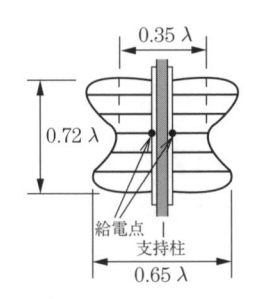

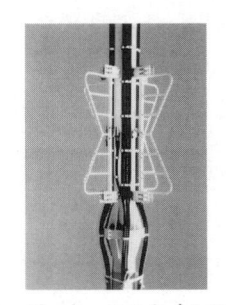

図 **6.19** スーパーターンスタイルアンテナ

〜11 dB である†。

スーパーターンスタイルアンテナの水平面内指向性をヘルツダイポールアンテナで近似して計算してみよう。図**6.20**において，長さ$\ell$のヘルツダイポールアンテナ $A_1$ および $A_2$ は水平面内にたがいに直角の角度で配置されている。アンテナ $A_2$ の電流は，$A_1$ の電流より位相が 90° 進み，アンテナ $A_1$ と $A_2$ に流れる電流はそれぞれ $\dot{I}_1 = Ie^{j0}$ と $\dot{I}_2 = Ie^{j\pi/2}$ で与えられるものとする。このとき，アンテナ $A_1$ による点 P の電界 $\dot{E}_1$ は

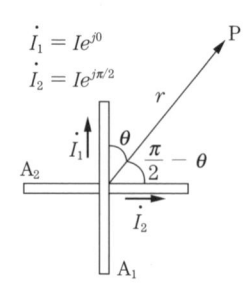

図 **6.20** ヘルツダイポールアンテナで近似したスーパーターンスタイルアンテナの水平面内指向性の計算

$$\dot{E}_1 = j\frac{60\,\pi I \ell}{\lambda r}e^{-jkr}\sin\theta \tag{6.4}$$

で与えられる。一方，アンテナ $A_2$ に流れる電流による点 P の電界 $\dot{E}_2$ は

$$\dot{E}_2 = j\frac{60\,\pi I e^{j\pi/2}\ell}{\lambda r}e^{-jkr}\sin(\pi/2 - \theta) \tag{6.5}$$

となる。よって合成電界 $\dot{E}_T$ は

$$\dot{E}_T = \dot{E}_1 + \dot{E}_2 = j\frac{60\,\pi I \ell}{\lambda r}e^{-jkr}(\sin\theta + j\cos\theta) \tag{6.6}$$

となる。したがって，電界強度は $|\dot{E}_T| = \dfrac{60\,\pi I \ell}{\lambda r}$ となり，その値は $\theta$ に無関係，すなわち水平面内で無指向性となる。

### 6.2.4　金属反射板付きアンテナ

〔**1**〕**平面反射板付き半波長アンテナ**　　金属平面反射板の前に半波長アンテナ $A_1$ があるとき，このアンテナからの電波は金属反射板により反射され，金属板前方に単方向の電波を放射することができる。

---

† スーパーターンスタイルアンテナの相対利得 $G$ は，アンテナの積み重ねの間隔を $d$，積み重ねの段数を $N$ とするとき $G = \dfrac{1.22Nd}{\lambda}$ で与えられる。ただし，$d/\lambda < 0.9$ とする。

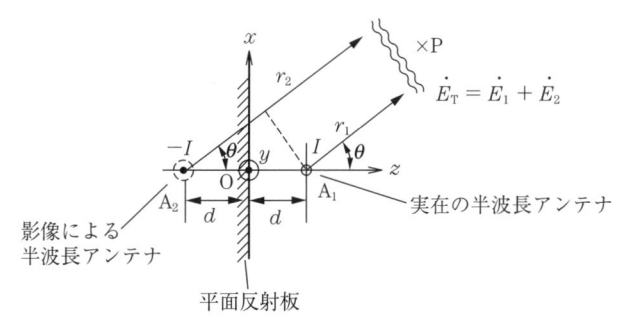

**図 6.21** 平面反射板付き半波長アンテナ

図 **6.21** で，金属反射板が $xy$ 面内に置かれているとし，原点 O から $z$ 方向に $d$ だけ離れた点に，$y$ 軸方向に $\dot{I}_1 = I$ の電流が流れている半波長アンテナがあるとする．この場合，金属反射板の反対側の点 $d$ には，影像により位相が 180° ずれた電流 $\dot{I}_2 = -I$ が流れていると考えることができる．

したがって，半波長アンテナ $A_1$ および $A_2$ の $xz$ 面内の点 P での電界は，それぞれ

$$\dot{E}_1 = j\frac{60I}{r_1}e^{-jkr_1}, \quad \dot{E}_2 = j\frac{60(-I)}{r_2}e^{-jkr_2} \tag{6.7}$$

で与えられる．アンテナ $A_1$ および $A_2$ の合成電界 $\dot{E}_T = \dot{E}_1 + \dot{E}_2$ は

$$\dot{E}_T = j\frac{60I}{r_1}e^{-jkr_1}\left(1 - e^{-jk2d\cos\theta}\right) \tag{6.8}$$

$$= j\frac{60I}{r_1}e^{-jkr_1}e^{-jkd\cos\theta}\{2j\sin(kd\cos\theta)\} \tag{6.9}$$

となる．ここで，観測点 P はアンテナより十分遠方にあるとし，振幅項については $r_1 = r_2$，位相項については $r_2 = r_1 + 2d\cos\theta$ と近似している．

例として，$d = \lambda/4$ に選べば，$\theta = 0°$ のとき，点 P における合成電界は，反射板がないときに比べて 2 倍となることがわかる．ただし，実際にアンテナの利得を求めるときは，実アンテナへの入力電力を計算する必要がある．

最初に，半波長アンテナの入力インピーダンス $\dot{Z}_1$ を求めてみよう．この場合は，半波長アンテナと影像アンテナとの間隔が $\lambda/2$ であり，また影像アンテナの電流は半波長アンテナの電流と逆相である．したがって，式 (5.65) および

図 **5.20** より

$$\dot{Z}_1 = \dot{Z}_{11} + \left(\frac{\dot{I}_2}{\dot{I}_1}\right)\dot{Z}_{12} = 73.1 + j42.6 + \left(\frac{-I}{I}\right)(-12.5 - j29.9)$$
$$= 85.6 + j72.5 \, (\Omega) \qquad (6.10)$$

となる。これより，半波長アンテナへの入力電力が $W = 85.6I^2$ と計算される。

一方，自由空間中に置かれた半波長アンテナの入力電力は $W_0 = 73.1I^2$ である。したがって，式 (5.33) の利得の定義式より，この平面反射板付きアンテナの相対利得は，次式で与えられる。

$$G_\mathrm{h} = \frac{\dfrac{E^2}{W}}{\dfrac{E_0^2}{W_0}} = \frac{\dfrac{(2E_0)^2}{85.6I^2}}{\dfrac{(E_0)^2}{73.1I^2}} = 3.42 \ (\, = 5.3 \, (\mathrm{dB})) \qquad (6.11)$$

〔2〕 スーパーゲインアンテナ　図 **6.22** に VHF 帯用のスーパーゲインアンテナ (super gain antenna) の例を示す。このアンテナは，平面反射板付き $\lambda/2$ ダイポールアンテナの一種で，四角柱の鉄塔の側面（反射板の作用をする）から，$0.3\lambda$ の位置にダイポールアンテナを水平に取り付けた水平偏波のアンテナアレーである。図ではダイポールアンテナは水平であるため，鉄塔の側面を構成する金属グリッドも水平方向に配置されている。スーパーゲインアンテナの場合は，スーパーターンスタイルアンテナと異なり，$\lambda/2$ アンテナは垂直にも取り付けることも可能であるため，VHF 帯の垂直偏波あるいは水平偏波のテ

図 **6.22**　スーパーゲインアンテナ [9]

レビ放送用，FM 放送用アンテナとして利用される。相対利得は単体で 4.5 dB 程度である。

〔**3**〕　**コーナーリフレクタアンテナ**　　図 **6.21** の平面金属反射板を図 **6.23** (a) のように折り曲げたアンテナを**コーナーリフレクタアンテナ** (corner reflector antenna) という。このアンテナは，金属反射板の影像を利用して見かけ上のアンテナの素子数を増やし，利得の向上を目指したものである。反射板の長さ $\ell$ および高さ $h$ は，それぞれ $\ell \geqq 2d$, $h \geqq 0.6\lambda$ 程度にとればよい。

(a)　概　観　図　　　　　(b)　$\alpha = 90°$ の場合の影像アンテナと電流の位相

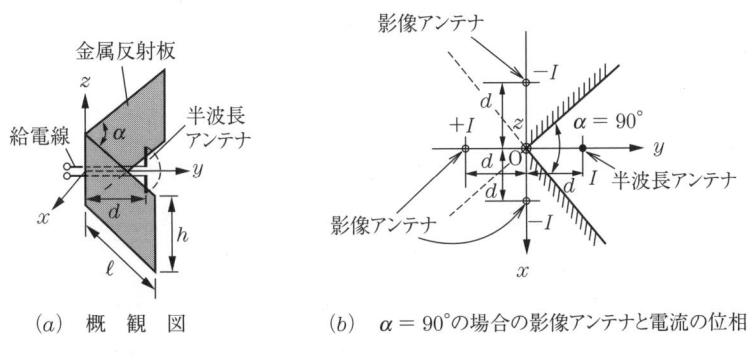

図 **6.23**　金属反射板を使用したコーナーリフレクタアンテナ

例として，開き角 $\alpha = 90°$ の場合の影像アンテナの発生位置と電流の位相を図 **6.23** (b) に示す。実在の半波長アンテナに $+I$ の電流を流した場合，$x$ 軸上の影像アンテナには $-I$ の電流が，また $-y$ 軸上の影像アンテナには $+I$ の電流が流れ，合計 4 個のアンテナが存在すると考えることができる。

いま，$d = 0.5\lambda$ にとれば，$y$ 軸方向（正面方向）に単方向性のビームが現れ，このアンテナの電界強度は半波長アンテナのそれに比べて 4 倍となる。

半波長アンテナへの入力電力を求めることにより，このコーナーリフレクタアンテナの相対利得は 9.26 倍（=9.67〔dB〕）と計算できる（**例題 6.4** 参照）。もし，開き角 $\alpha$ が $60°$ の場合は，その利得は 16.5 倍（=12.2〔dB〕）にも達し，構造が簡単で高い利得があるため，VHF 帯や UHF 帯で利用されている。

図 **6.24** に示すように，アンテナの風圧の低減，重量の低減の目的で，金属反

146    6. アンテナの実際

図 6.24　金属グリッドで構成されたコーナーリフレクタアンテナ[9]

射板の代わりに金属グリッドを用いることがある。この場合は，半波長アンテナと平行に金属グリッドを配置する必要があり，かつグリッド間の間隔は，波長より十分短くすること（$\lambda/10$ 以下）が必要である。半波長アンテナと平行に金属グリッドを配置する理由は，入射偏波に対して金属グリッド間の間隔が波長に比べて十分短かい場合，入射波はこのグリッド間隔に対して遮断波長以下となり，グリッドを通過できず反射されるためである。

市街地では，金属グリッドを用いたパラボラアンテナ見かけることがあるが，この場合もパラボラの焦点にある半波長アンテナ（一次放射器）と金属グリッドが平行の関係にあることに注意したい。

---

**例題 6.4**　図 6.25 に示すような，開き角 $\alpha = 90°$，$d = 0.5\lambda$ のコーナーリフレクタアンテナがある。(1)　このコーナーリフレクタアンテナの正面方向の電界は，自由空間に置かれた半波長アンテナ単体による電界の何倍となるか。

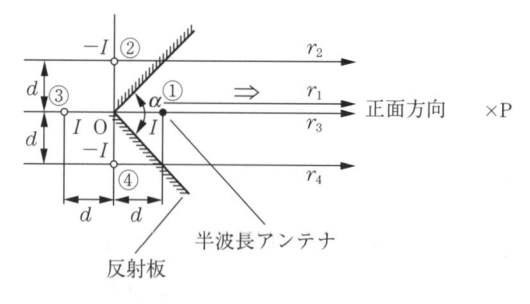

図 6.25　コーナーリフレクタアンテナ

(2) このコーナーリフレクタアンテナの相対利得はいくらか。ただし,半波長アンテナ①の給電部の電流を $I$ とする。

【解答】 (1) 開き角 $\alpha = 90°$ であるので,実在のアンテナ①(電流:$\dot{I}_1 = I$)に対して,三つの影像アンテナ②,③,④が発生し,それぞれに $\dot{I}_2 = -I, \dot{I}_3 = I, \dot{I}_4 = -I$ の電流が流れていると考える。アンテナ①から観測点Pまでの距離を $r_1$ とするとき,各アンテナから点Pまでの距離は,それぞれ $r_2 = r_1 + \lambda/2, r_3 = r_1 + \lambda, r_4 = r_1 + \lambda/2$ で与えられる。半波長アンテナに電流 $I$ が流れたときの距離 $r$ の点の最大放射方向の電界は,$\dot{E} = j60Ie^{-jkr}/r$ で与えられる。よって,四つのアンテナによる合成電界 $\dot{E}_T$ は,図 **6.25** に示す正面方向で

$$\dot{E}_T = j\frac{60I}{r_1}\left(e^{-jkr_1} - e^{-jkr_2} + e^{-jkr_3} - e^{-jkr_4}\right) \tag{6.12}$$

$$= j\frac{60I}{r_1}e^{-jkr_1}(1 - e^{-j\pi} + 1 - e^{-j\pi}) \tag{6.13}$$

$$= j\frac{60I}{r_1}e^{-jkr_1} \times 4 \tag{6.14}$$

これより,$\dot{E}_T$ はアンテナ①のみによる電界($|\dot{E}| = E$)に比べて4倍の強さとなる。

(2) 一方,アンテナ①の入力インピーダンス $\dot{Z}_1$ は,式 (5.65) を拡張して

$$\dot{Z}_1 = \dot{Z}_{11} + \left(\frac{\dot{I}_2}{\dot{I}_1}\right)\dot{Z}_{12} + \left(\frac{\dot{I}_3}{\dot{I}_1}\right)\dot{Z}_{13} + \left(\frac{\dot{I}_4}{\dot{I}_1}\right)\dot{Z}_{14} \tag{6.15}$$

となる。ここで,図 **5.20** から自己インピーダンス $\dot{Z}_{11}$ と相互インピーダンス $\dot{Z}_{12}, \dot{Z}_{13}, \dot{Z}_{14}$ の値を求め,各アンテナの電流の値を代入して入力インピーダンス

$$\dot{Z}_1 = 73.1 + j42.6 - (-24.6 + j0.8) + (4.0 + j17.7) - (-24.6 + j0.8)$$

$$= 126.3 + j58.8 \,[\Omega]$$

が得られる。これより,アンテナ①への入力電力が $W = \text{Re}\{\dot{Z}_1\}I^2 = 126.3I^2$ と計算できる。したがって,アンテナの相対利得 $G_h$ は定義式 (5.33) より

$$G_h = \frac{\dfrac{(4E)^2}{126.3I^2}}{\dfrac{E^2}{73.1I^2}} = 9.26(= 9.67 \,[\text{dB}]) \tag{6.16}$$

となる。 ◇

### 6.2.5 双ループアンテナ

〔1〕 水平偏波双ループアンテナ　水平偏波双ループアンテナ(dual loop

antenna) は 1 波長ループを偶数個直列に接続したもので，金属反射板に取り付けて使用する．ループの個数により 2L，4L，6L 形などがある．構造が単純で利得が高く，また定在波形アンテナであるにもかかわらず広帯域であるため，UHF 帯の放送用アンテナとして多く用いられている．

図 **6.26** (a) に，最も基本である 2L 形双ループアンテナの構造と電流分布を示す．図において，ループの中心にある給電点 (F) から平衡給電（電流最小）すると，上側のループの点 a までの長さは $\lambda/4$ であるから，点 a での電流は給電線上で上向き最大となる．ここから点 b までの長さは約 $\lambda/4$ であるから，点 b に向かい左上方向の電流が流れ，点 b 上で電流は零となる．つぎに，円弧 b–c–d の長さは $\lambda/2$ であるから，このループ上では逆向き（左方向）の電流が流れる．同様に点 d では電流は零，点 e に向かって左下方向の電流が流れ，点 e で電流最大となる．点 e での最大電流はここで下向きに方向が変えられ，点 F′ に向かって流れる．給電点から下側のループについても同様に考えることができる．したがってループアンテナに流れる電流は，各ループについて上下方向成分はループの左右でキャンセルされ，左右方向成分（水平偏波成分）のみ

(a) 2L 形双ループアンテナの電流分布　　(b) 等価電流分布（ダイポール列）

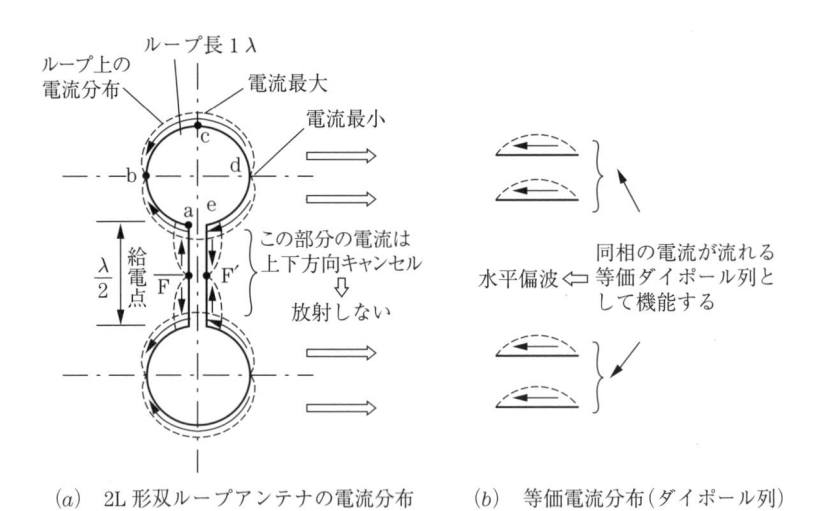

図 **6.26** 双ループアンテナ

が同相で励振されるのと等価となる．なお，給電線上の電流分布も上下方向成分はキャンセルされるため，ここからの放射もない．

したがって，この双ループアンテナを図 **6.26** (a) のように上下方向に配置すれば，図 (b) に示すように水平方向に励振された 4 個のダイポールアンテナが上下方向に存在する水平偏波アレーアンテナとなる．実際にはループを金属反射板から 0.25～0.3λ 離して固定し，反射板付きアンテナとして利用する．

相対利得は，ループ間距離が 0.5λ で反射板との距離が 0.25λ のとき，2L，4L，6L 形でそれぞれ，8 dB，11 dB，13 dB 程度である．

図 **6.27** (a) には直列接続の 2L 形双ループアンテナの実例を，また，図 (b)，(c) には図 (a) のようにアンテナを配置した場合の放射パターンの例を示す．

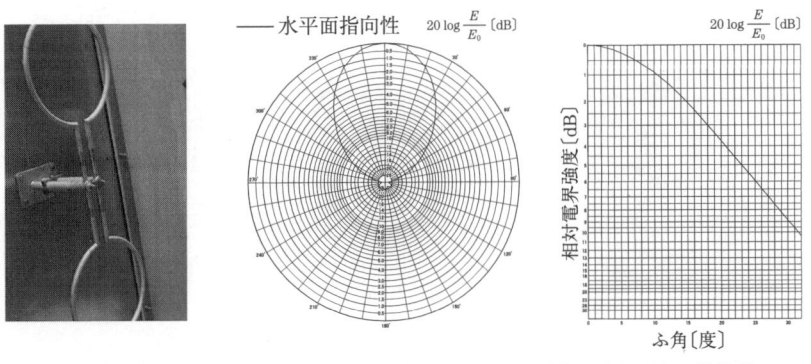

(a) 2 L 形双ループアンテナ　　(b) 水平面 (E 面) 放射パターン　　(c) 垂直面 (H 面) 放射パターン

図 **6.27**　水平偏波用 2L 形双ループアンテナと放射特性 [9]

〔2〕 **垂直偏波双ループアンテナ**　　1 波長ループに並列給電することにより，垂直偏波用の双ループアンテナを構築できる．図 **6.28** には，垂直偏波用 4L 形双ループアンテナの外観と放射特性を示す．

このアンテナでは，ループは並列に給電されている様子がわかる．このアンテナを上下方向に配置して給電した場合，垂直偏波アンテナとなるため，放射

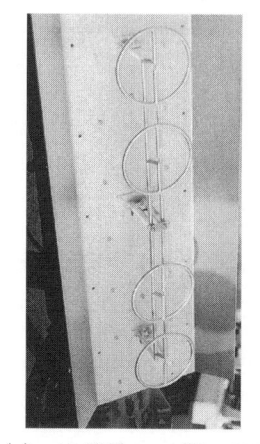

*150*　　6. アンテナの実際

(a)　4L形双ループアンテナ 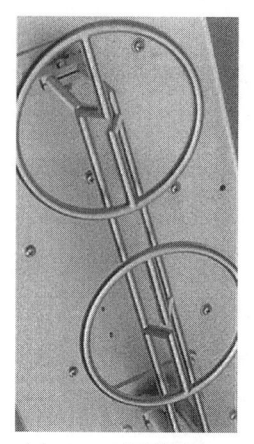　　(b)　ループ近傍拡大図

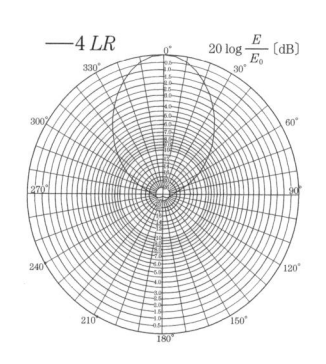

(c)　水平面(H面)放射パターン 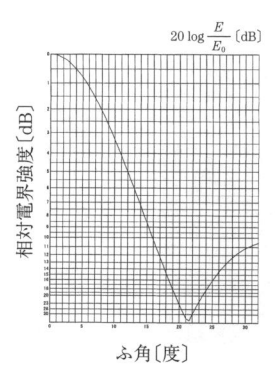　　(d)　垂直面(E面)放射パターン

図 **6.28**　垂直偏波用 4L 形双ループアンテナ [9]

特性に関しては水平面内の放射パターンはH面放射パターンとなり，垂直面内の放射パターンはE面放射パターンとなる（図 (c), (d)）。

## 6.3　平面アンテナ

平面アンテナ (planar antenna) の例として，スロット列で構成される**導波管スロットアレーアンテナ** (waveguide slot array antenna) をおもに取り上げ，

その動作原理について説明する。つぎに，薄型に平面アンテナを構成できるマイクロストリップアンテナについて簡単に説明する。

### 6.3.1 スロットアンテナ

〔**1**〕 **同軸ケーブルでスロットに給電した場合**　スロットアンテナは，金属板に細い間隙をもつスロットを切り，電波を放射させるアンテナをいう。図 **6.29** (a) において，$y$ 軸方向のスロットの長さは $\lambda/2$ で，$x$ 軸方向のスロットの幅は波長に比べて十分短いとする。このとき，スロットの中心より同軸ケーブルなどで図のように給電すると金属板の両面から電波が放射され，その偏波方向は $x$ 軸方向となる。

図 **6.29** (b) には，このスロットアンテナと補対の関係にあるダイポールアンテナを示す。いま，図 (a) および (b) のアンテナの入力インピーダンスをそれぞれ $Z_s$ と $Z_d$ とすれば，これらの間には

$$Z_s \times Z_d = (60\pi)^2 \qquad (6.17)$$

の関係があることが知られている。なお，図 (b) のアンテナからの放射電界の偏波方向は $y$ 軸方向である。

(a) スロットアンテナ　　(b) 補対ダイポールアンテナ

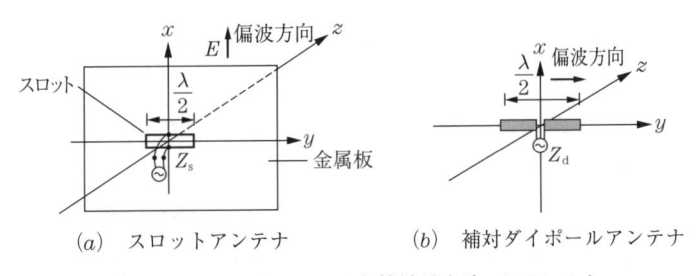

図 **6.29**　スロットアンテナと補対ダイポールアンテナ

〔**2**〕 **スロットに電波が入射した場合**　スロットからの放射は，図 **6.29** (a) の場合のようにスロットに同軸などで給電したときに発生するが，金属板に切削されたスロットに電波が入射した場合はどうだろうか。

図 **6.30** の座標系において，金属板が $xy$ 面内にあり，その面上の原点 O に，$y$ 軸方向に半波長の長さでスロットが切られているとする（スロットの $x$ 軸方向の幅は波長に比べて十分短いとする）．いま，左側（$-z$ 軸）方向から金属板に向かって，$x$ 軸方向に偏波された電界を持つ電波が入射した場合，その多くは金属板によって反射されるが，スロットを含む金属板には $x$ 軸方向の電流が流れ，スロットがこの電流を切るため，一部はこのスロットを通して $+z$ 軸方向に伝搬する．すなわち，$x$ 軸方向偏波の電波（電界）がこのスロットから放射されることになる．一方，$y$ 軸方向偏波の電界の場合は，スロットの幅が波長に比べて十分短いため，スロットは金属表面の電流を切らない．そのため，$y$ 軸方向偏波の入射電界はこの金属スロットを通過できず，この金属板により完全反射されるため，$y$ 軸方向偏波の $+z$ 軸方向への通過はない．

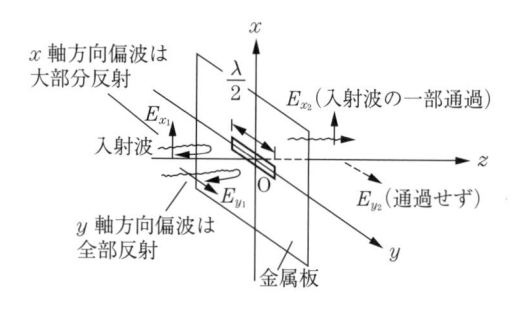

図 **6.30** スロット配置と入射電波の偏波面

### 6.3.2 導波管スロットアレーアンテナ

導波管の管壁に溝（スロット）を切り，導波管の管内を伝搬する電波を漏洩させながら放射するタイプのアンテナである．スロットの形状，配置形態はいろいろな種類があるが，ここでは，矩形導波管の H 面（広壁面）上に配置された変位スロットおよび E 面（狭壁面）に配置された傾斜スロットの二つのタイプのスロットアレーについて述べる．

〔1〕 導波管の H 面（広壁面）に配置されたスロットからの放射　　図 **6.31**(a) に導波管の H 面（広壁面）上に変位スロットが配置されたスロットアレー

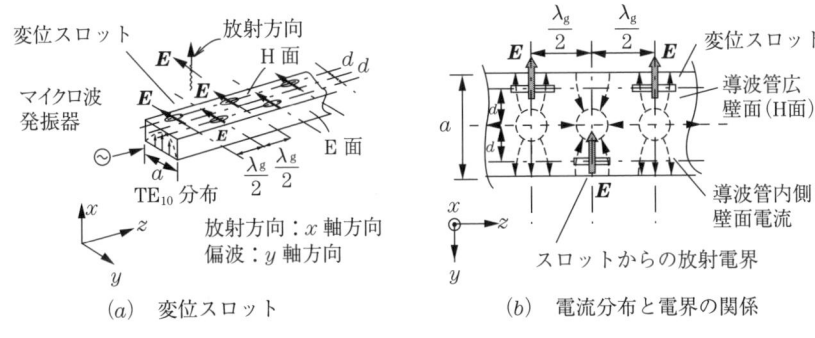

図 6.31 導波管の H 面（広壁面）に配置されたスロットからの放射

アンテナを示す．図中の導波管の左側から入力した電波は，矩形導波管の内部で $TE_{10}$ 分布の電磁界として導波管内に存在し，$z$ 軸方向に伝搬する．また，導波管内での電界のベクトルは $x$ 軸方向となり，導波管中央でその強度が最大で，$y = \pm a/2$ の導波管内側の管壁上で零となる．

このタイプのスロットアレーアンテナでは，スロットは $z$ 軸方向の長穴とし，導波管軸からそれぞれ上下に $d$ だけオフセットした位置に配置して，隣り合うスロット間の $z$ 軸方向の間隔を導波管の管内波長の半分（$\lambda_g/2$）にする．このようにすると，スロットからは $x$ 軸方向に強いビームが放射され，その偏波は $y$ 偏波となる．なお，スロットからの放射量はスロットの長さが一定のとき，変位量 $d$ により変化し，$d = 0$ では放射せず，スロット位置が管壁に近づくほど大きくなる．

スロット周辺の電流分布と放射電界の関係を図 (b) に示すが，導波管管壁電流（破線）の方向が $\lambda_g/2$ ごとに変化するため，導波管の中心からオフセットしてスロットを設けることにより $y$ 軸方向の偏波（同相の電界）が得られることがわかる．この導波管を水平にして用いれば，このアレーアンテナの偏波は垂直偏波となる．

例として，外形寸法が 340 mm×283 mm×30 mm の 12 GHz 帯導波管平面アンテナ（スロットアレーアンテナ）の試作例を図 6.32 (a) に示す．アンテナには 2 mm 幅の横向きのスロットが 162 個配置されており，その裏側に設けら

れたスネーク状の WRJ-10 規格の矩形導波路 (幅 22.9 mm, 高さ 10.2 mm) を伝搬する電波により励振されている。図 (a) の配置で給電した場合，図 **6.31** より電波の偏波は垂直偏波となる。図 (b), (c) に，この試作アンテナの E 面および H 面放射パターン ($f = 11.9$ [GHz]) の測定結果を示す。アンテナ面と直角方向に鋭いビームが観測されているのがわかる。

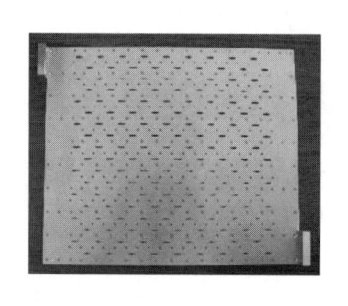

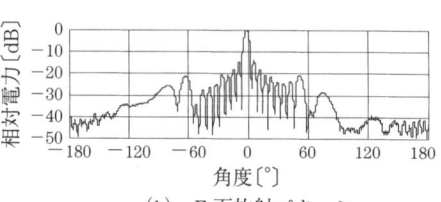

(a) アンテナの試作例
(b) E 面放射パターン
(c) H 面放射パターン

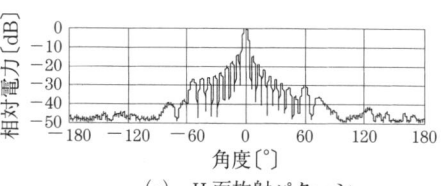

図 **6.32** 12 GHz 帯導波管スロットアレーアンテナ

〔**2**〕 **導波管の E 面 (狭壁面) に配置されたスロットからの放射**　導波管の E 面 (狭壁面) に配置されたスロットからの放射について図 **6.33** で考えてみる。今度は，スロットを $x$ 軸から $\theta$ だけ傾けて配置する (傾斜スロット)。〔**1**〕項と同様，スロットの $z$ 軸方向の配置間隔を $\lambda_g/2$ とすると，ビームの方向はほぼ $y$ 方向となるが，その偏波面はどうだろうか。

図 (b) において，一番左側のスロット A からの放射を考えてみる。この場合，$x$ 軸から $\theta$ だけ左側に傾けて配置されたスロットからの電界の方向は，管壁の電流の方向が下向き ($-x$ 軸方向) であるため，図の灰色に網がけしたベクトルとなり，$-z$ 軸方向成分の $E_H$ と $-x$ 軸方向成分の $E_V$ とに分解される。

ところが，一つ右側のスロット B は，スロット A と異なり，$x$ 軸から $\theta$ だけ右側に傾けて配置されてあり，また管壁の電流の方向はこの位置では $+x$ 軸方向であるため，このスロット B からの放射電界の成分は $-z$ 軸方向成分の $E_H$

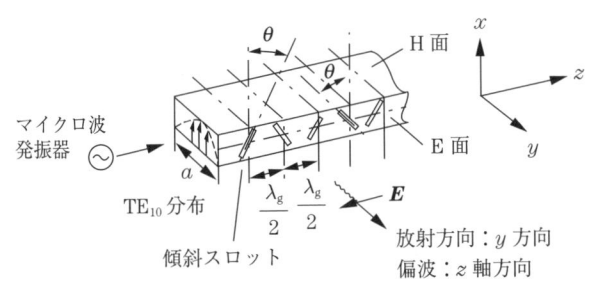

(a) 傾斜スロット

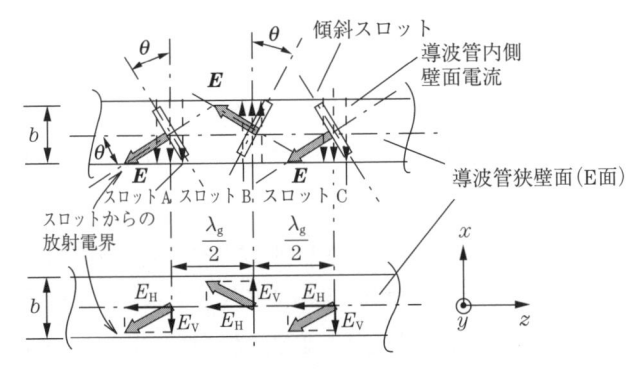

(b) 電流分布と電界の関係

図 *6.33* 導波管の E 面（狭壁面）に配置されたスロットからの放射

と $+x$ 軸方向成分の $E_V$ に分解できる．したがって，このスロットアレー全体として見ると，水平偏波成分が加え合わさり放射されることがわかる．垂直偏波成分は，隣り合うスロットごとのベクトル方向が逆方向であるため相殺されて放射しない．この形態のスロットでは，もし $\theta = 0°$ であれば管壁の電流がスロットを切らないので放射せず，また $\theta = 90°$ の場合は，隣り合うスロットからの放射電界ベクトルが逆方向となる．

したがって，このアンテナでは適当な角度 $\theta$ で動作させることになる．通常 $\theta \leq 15°$ にとる．もしこの導波管を水平にして用いれば，このアレーアンテナの偏波は水平偏波となる．

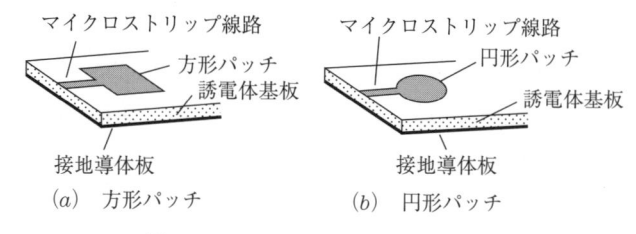

### 6.3.3 マイクロストリップアンテナ

誘電体基板上に設けられた細いストリップ状の伝送線路をマイクロストリップ線路という。マイクロストリップ線路は，同軸線路や導波管線路に比較して小形で軽量であるため，マイクロ波帯の線路や回路 (MIC: microwave integrated circuit) として非常に多く用いられている。この線路により給電されるアンテナを**マイクロストリップアンテナ** (microstrip antenna) と呼んでいる。電波を放射するアンテナ素子には種々の形があり，正方形パッチ，円形パッチ，方形パッチ，だ円パッチなどと呼ばれる。

マイクロストリップアンテナは，誘電体基板上にエッチングなどの手法により製作され，上述のマイクロストリップ線路により給電されるもののほかに，誘電体基板の背面より同軸線路により給電されるものもある。**図 6.34** (a) に方形パッチ，図 (b) に円形パッチを放射素子としたマイクロストリップアンテナを示す。この図の例では，パッチの中心線上の一点から給電したもので，直線偏波励振のアンテナとして動作する。このマイクロストリップアンテナを円偏波励振するには，たがいに直交した2偏波を 90° の位相差で給電すればよい。円偏波発生の基本としては，二点給電方式がまず考えられるが，その場合，3 dB 電力分配器や位相差給電のための位相調整用の回路が必要となるため，給電系の損失が発生し構造も一般に複雑になる。

図 6.34 マイクロストリップアンテナ
(a) 方形パッチ
(b) 円形パッチ

これに対して，**図 6.35** のように，図 (a) の正方形パッチや図 (b) の円形パッチに切り込みを入れ，たがいに直交して流れる電流 $i_1$ と $i_2$ の共振周波数を変化させる方法がある。すなわち，図 (a) の場合は，電流 $i_1$ 方向のパッチ

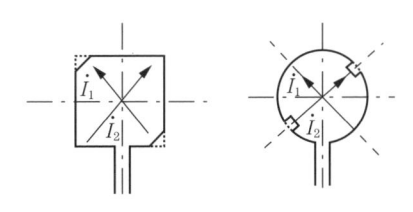

(a) スリット付き　(b) スリット付き　(c) GPS用マイクロストリップ
　　正方形パッチ　　　　円形パッチ　　　　　アンテナ (1.5 GHz 帯)

**図 6.35** 円偏波発生用一点給電マイクロストリップアンテナ

の長さに比べ，電流 $\dot{I}_2$ 方向のパッチの長さが長いので，$\dot{I}_2$ モードの共振周波数は $\dot{I}_1$ モードのそれより低くなる．したがって，切り込みの量を適切に調整すると，$\dot{I}_1$ モードと $\dot{I}_2$ モード間の位相差を 90° にすることができ，円偏波の発生が可能となる．このタイプのアンテナは，構造も簡単であるためよく用いられる．図 **6.35** (c) に，GPS用一点給電（同軸線路による背面給電）円偏波マイクロストリップアンテナの実例を示す．

### 6.3.4 無給電アンテナ

**無給電アンテナ** (passive reflector) は，マイクロ波中継回線などにおいて，伝搬通路上に障害物などが存在する場合に，これを避けるために用いられるアンテナである．このアンテナの実例として，図 **6.36** (a) に示すような反射板タ

(a) 実　　例　　　　　　　　　(b) 利用イメージ

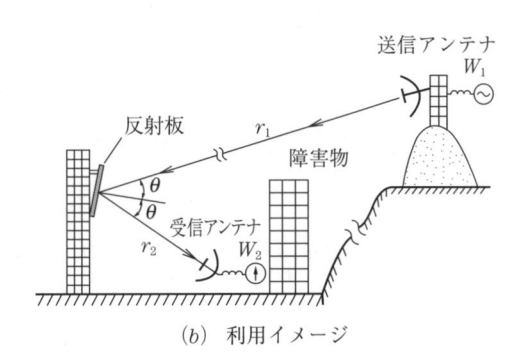

**図 6.36** 無給電アンテナ（反射板）

イプのアンテナがある。図 (b) は，その利用イメージである

**例題 6.5** 図 **6.36** (b) の無給電アンテナ（反射板）を用いたマイクロ波回線において，受信アンテナで取り出せる最大受信電力は何 dBm か。ただし，伝搬路は自由空間とし，回線の構成パラメータは**表 6.1** のとおりとする。

表 **6.1** マイクロ波回線の構成パラメータ

| | | | |
|---|---|---|---|
| 送信電力 $W_1$ | 1 W | 送信用円形パラボラアンテナの効率 $\eta_1$ | 60% |
| 使用周波数 $f$ | 12 GHz | 受信用円形パラボラアンテナの直径 $D_2$ | 2 m |
| 反射板への入射角 $\theta$ | 30° | 受信用円形パラボラアンテナの効率 $\eta_2$ | 70% |
| 送信アンテナと反射板間の距離 $r_1$ | 30 km | 反射板（長方形）の面積 $A$ | $4 \times 6$ m |
| 受信アンテナと反射板間の距離 $r_2$ | 10 km | 反射板の効率 $\eta_A$ | 80% |
| 送信用円形パラボラアンテナの直径 $D_1$ | 3 m | | |

【解答】 対向する二つ（一対）のマイクロ波アンテナ間における受信電力は，一般に次式で与えられる（式 (5.52) 参照）。

$$W_r = \left(\frac{\lambda}{4\pi r}\right)^2 G_1 G_2 W_t \quad \text{（フリスの伝達公式）} \tag{6.18}$$

ここで，$W_t$ および $W_r$：送信電力および受信電力，$G_1$ および $G_2$：送信および受信アンテナの絶対利得，$r$：送信アンテナと受信アンテナ間の距離，$\lambda$：波長である。
　ここでは，①送信アンテナと反射板間の回線，②反射板と受信アンテナ間の回線，の二つの回線が結合された二重の伝搬路となっていると考えることができる。したがって，送信アンテナ，受信アンテナ，反射板の絶対利得をそれぞれ，$G_{a1}, G_{a2}, G_r$ とし，送信電力，受信電力をそれぞれ $W_1, W_2$ とすれば，受信アンテナでの受信電力は次式で与えられる。

$$W_2 = \left(\frac{\lambda}{4\pi r_1}\right)^2 \left(\frac{\lambda}{4\pi r_2}\right)^2 G_{a1} G_{a2} G_r^2 W_1 \tag{6.19}$$

ここで，送信アンテナ，受信アンテナの絶対利得はつぎのように与えられる。

$$G_{a1} = \eta_1 \left(\frac{\pi D_1}{\lambda}\right)^2, \quad G_{a2} = \eta_2 \left(\frac{\pi D_2}{\lambda}\right)^2 \tag{6.20}$$

また，反射板の絶対利得 $G_r$ は，反射板の面積を $A$，反射板の効率を $\eta_A$，入射角（反射板の法線と電波の入射方向がなす角）を $\theta$ として，つぎのように与えられる。

$$G_r = \frac{\eta_A A \cos\theta}{\left(\dfrac{\lambda^2}{4\pi}\right)} \tag{6.21}$$

式 (6.20)〜(6.21) を式 (6.19) に代入すると，受信電力 $W_2$ はつぎのようになる．

$$W_2 = \left(\frac{\lambda}{4\pi r_1}\right)^2 \left(\frac{\lambda}{4\pi r_2}\right)^2 \eta_1 \left(\frac{\pi D_1}{\lambda}\right)^2 \eta_2 \left(\frac{\pi D_2}{\lambda}\right)^2 \left(\frac{\eta_A A \cos\theta}{\left(\dfrac{\lambda^2}{4\pi}\right)}\right)^2 W_1 \tag{6.22}$$

表 *6.1* のパラメータを式 (6.22) に代入して

$$W_2 = 7.3 \times 10^{-5}\,[\mathrm{mW}] = -41.3\,[\mathrm{dBm}]$$

を得る． ◇

## 6.4 開口面アンテナ

開口面アンテナ (aperture antenna) とは，パラボラアンテナ，電磁ホーンアンテナなどのように放射のための "開口部" を有するアンテナのことをいい，マイクロ波帯以上の周波数帯域で使用することが多い．一般に開口面アンテナの利得は絶対利得が用いられる．

### 6.4.1 電磁ホーンアンテナ

電磁ホーンアンテナ (electromagnetic horn antenna) は，矩形導波管や円形導波管の終端開口部を徐々に広げてホーン状にしたアンテナであり，終端直接開放の導波管アンテナに比べて，自由空間とのインピーダンス整合が大きく改善できる特徴がある．単にホーンアンテナ，角錐ホーンアンテナ，あるいは電磁ホーンと呼ぶこともある．

ホーンアンテナでは，導波管からの波はホーン内部を球面波状に伝わるため，開口をあまり大きくすると開口面中心部と周辺部で位相のずれが増大し，性能の低下につながる．このため，使用波長に対し適当な寸法が存在する．通常，その絶対利得が 20 dB 程度のものがよく用いられる．ホーンアンテナの種類とし

ては，扇形ホーンアンテナ（E面扇形ホーンアンテナ，H面扇形ホーンアンテナ），角錐ホーンアンテナ，円錐ホーンアンテナなどがある。

〔**1**〕 **扇形ホーンアンテナ**

**1**）　**E面扇形ホーンアンテナ**(sectoral horn antenna) は，図 **6.37** (*a*) に示すように $TE_{10}$ モード励振の矩形導波管終端開口部をE面（電界の振動面）方向に徐々に広げ，所要の開口を持たせたものである。遠方界は，ホーン開口部の長手方向に直角な面内（$yz$面内）で扁平な $x$ 軸方向偏波のビーム形状を有する。図 (*b*) にその利得を示すが，ホーンの長さ $\ell_e$ を一定にして $b$ の長さを増大すると，利得は最初は増加するが，ある長さ以上になると反対に低下することがわかる。実験用E面扇形ホーンアンテナ（Xバンド）の試作例を図 (*c*) に

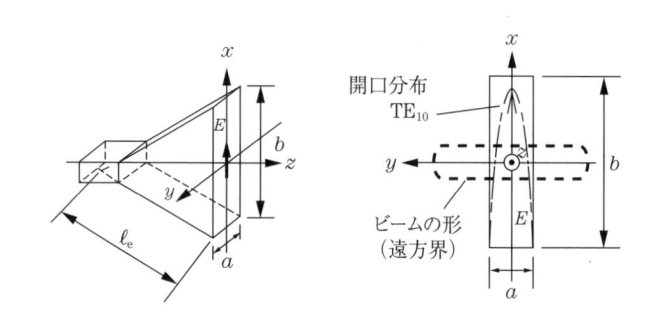

(*a*)　E面扇形ホーンアンテナ

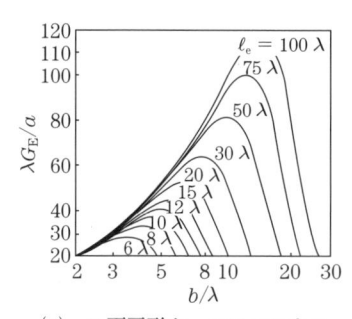

(*b*)　E面扇形ホーンアンテナの絶対利得[11]

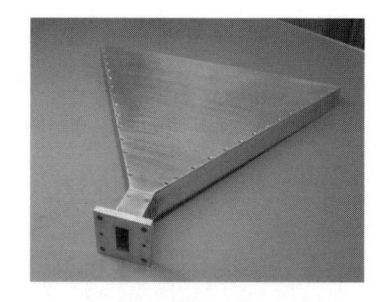

(*c*)　実験用E面扇形ホーンアンテナ(Xバンド)

図 **6.37**　E面扇形ホーンアンテナ

示す。図 **6.37** の E 面扇形ホーンアンテナの絶対利得は

$$G_\mathrm{E} = \frac{64}{\pi} \frac{a\ell_\mathrm{e}}{\lambda b} \{C(u)^2 + S(u)^2\} \quad \left(u = \frac{b}{\sqrt{2\lambda\ell_\mathrm{e}}}\right) \quad (6.23)$$

で与えられる[11]。ここで，$C(x), S(x)$ はコルヌの積分

$$C(x) = \int_0^x \cos\left(\frac{\pi}{2}x^2\right)dx, \quad S(x) = \int_0^x \sin\left(\frac{\pi}{2}x^2\right)dx \quad (6.24)$$

である。その値を図 **6.38** に示す。

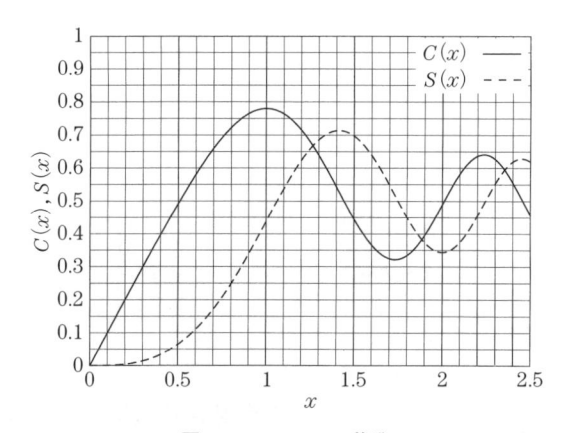

図 **6.38** コルヌの積分

---

**例題 6.6** 矩形導波管（内側寸法：22.9 mm×10.2 mm）により給電された図 **6.37** (a) の E 面扇形ホーンアンテナの絶対利得 $G_\mathrm{E}$ を求めよ。ただし，パラメータはつぎのとおりとする。周波数：$f = 12.0$ 〔GHz〕，ホーン開口部の寸法：$a = 22.9$ 〔mm〕，$b = 120.0$ 〔mm〕，ホーンの長さ：$\ell_\mathrm{e} = 211.0$ 〔mm〕。

【解答】 題意より，E 面扇形ホーンアンテナのパラメータは $a = 22.9$ 〔mm〕，$b = 120.0$ 〔mm〕，$\ell_\mathrm{e} = 211.0$ 〔mm〕であるから，これより $u = 1.17$ となる。図 **6.38** より，$C(u) = C(1.17) = 0.73, S(u) = S(1.17) = 0.60$ が得られるので，これを式 (6.23) に代入して $G_\mathrm{E} = 29.3$ を得る。 ◇

**2)** **H 面扇形ホーンアンテナ**は，$TE_{10}$ モード励振の矩形導波管終端開口部を H 面（電界の振動面と直角）方向に徐々に広げ，所要の開口を持たせたもの

である．遠方界はホーン開口部の長手方向に直角な面内（$xz$ 面内）で $x$ 軸方向偏波の扁平なビーム形状となる（図 **6.39** ($a$)）．E 面扇形ホーンアンテナと同様，ホーンの長さ $\ell_m$ を一定として，$a$ の長さを増大した場合の利得は，図 ($b$) のように変化する．図 ($c$) には，実験用 H 面扇形ホーンアンテナ（X バンド）の試作例を示す．図 ($a$) に示す H 面扇形ホーンの絶対利得は

$$G_H = 4\pi \frac{b\ell_m}{\lambda a} \left[ \{C(v) - C(w)\}^2 + \{S(v) - S(w)\}^2 \right] \qquad (6.25)$$

$$v = \frac{1}{\sqrt{2}} \left\{ \frac{\sqrt{\lambda \ell_m}}{a} + \frac{a}{\sqrt{\lambda \ell_m}} \right\}, \quad w = \frac{1}{\sqrt{2}} \left\{ \frac{\sqrt{\lambda \ell_m}}{a} - \frac{a}{\sqrt{\lambda \ell_m}} \right\} \qquad (6.26)$$

で与えられる[11]．

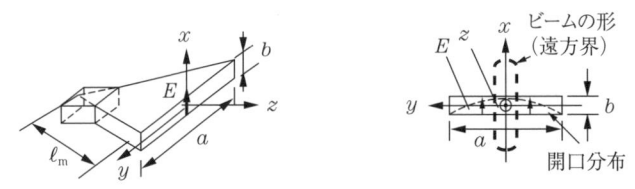

($a$) H 面扇形ホーンアンテナ

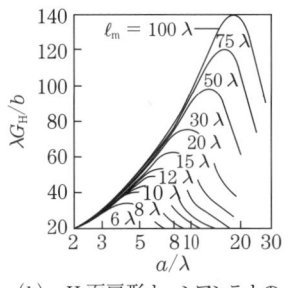

($b$) H 面扇形ホーンアンテナの絶対利得[11]

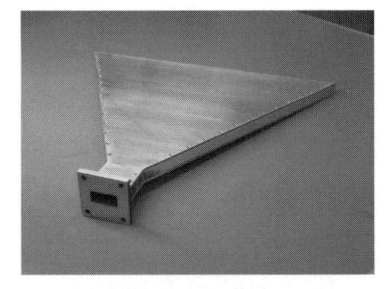

($c$) 実験用 H 面扇形ホーンアンテナ（X バンド）

図 **6.39** H 面扇形ホーンアンテナ

---

**例題 6.7** 矩形導波管（内側寸法：$22.9\,\mathrm{mm} \times 10.2\,\mathrm{mm}$）により給電された図 **6.39** ($a$) の H 面扇形ホーンアンテナの絶対利得 $G_H$ を求めよ．ただし，パラメータはつぎのとおりとする．周波数：$f = 12.0\,[\mathrm{GHz}]$，ホーン開口部の寸

法：$a = 148.0$ [mm]，$b = 10.2$ [mm]，ホーンの長さ：$\ell_\mathrm{m} = 231.0$ [mm]。

【解答】 題意より，H 面扇形ホーンアンテナのパラメータは，$a = 148.0$ [mm]，$b = 10.2$ [mm]，$\ell_\mathrm{m}=231.0$ [mm] であるから，これより $v = 1.74, w = -1.02$ となり，図 **6.38** より，$C(v) = C(1.74) = 0.32, S(v) = S(1.74) = 0.51, C(w) = C(-1.02) = -0.78, S(w) = S(-1.02) = -0.46$ が得られるので，これを式 (6.25) に代入して $G_\mathrm{H} = 17.2$ となる。    ◇

**例題 6.8** 船舶に使用されるレーダーアンテナは水平方向に長い。その理由を説明せよ。

【解答】 船舶のアンテナの役割は，自船が海上などを航行中，他船や障害物と衝突しないように水平方向に存在する物体を探知することである。したがって，アンテナのビーム幅が水平面内で鋭いことが水平面内方向に存在する物体の探知分解能を上げることとなる。これを実現するには，アンテナ列は水平方向に長ければよい。    ◇

〔2〕 角錐ホーンアンテナ  角錐ホーンアンテナ (pyramidal horn antenna) は，$\mathrm{TE}_{10}$ モードで励振された矩形導波管の終端開口部を E 面方向および H 面方向に同時に徐々に広げてホーン状にしたアンテナ (図 **6.40**) であり，単独でアンテナとして利用されるほか，アンテナの絶対利得測定時の標準ホーンアンテナとして，またパラボラアンテナなどの一次放射器としても用いられる。

角錐ホーンアンテナの絶対利得 ($G_0$) は，E 面扇形ホーンアンテナの利得と

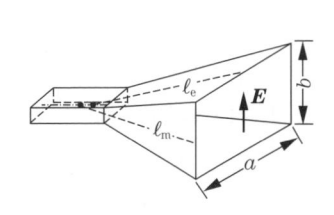

(a) 開口部の寸法パラメータ

(b) X バンド帯角錐ホーンアンテナ (8.0 ～ 12.4 GHz)

図 **6.40** 角錐ホーンアンテナ

H面扇形ホーンアンテナの利得の積の形で，つぎの式で与えられる[11]。

$$G_0 = \frac{\pi}{32}\left[\frac{\lambda}{a}G_E\right]\left[\frac{\lambda}{b}G_H\right] \tag{6.27}$$

ただし，式 (6.27) において，$\lambda G_E/a$ の計算では，$a$ は E 面扇形ホーンアンテナの $a$ の値を，また $\lambda G_H/b$ の計算では，$b$ は H 面扇形ホーンアンテナの $b$ の値を使用する．

**例題 6.9** 矩形導波管（内側寸法：22.9 mm×10.2 mm）により給電された図 **6.40** (a) の角錐ホーンアンテナの絶対利得 ($G_0$) を求めよ．ただし，パラメータはつぎのとおりとする．周波数：$f = 12.0$ 〔GHz〕，ホーン開口部の寸法：$a = 148.0$ 〔mm〕，$b = 120.0$ 〔mm〕，ホーンの長さ：$\ell_e = 211.0$ 〔mm〕，$\ell_m = 231.0$ 〔mm〕．

**【解答】** 例題6.6 と例題6.7 の結果を用い，式 (6.27) を計算すると，$G_0 = 132.3 (= 21.2$ 〔dB〕) を得る． ◇

### 6.4.2 中央給電パラボラアンテナ

パラボラアンテナは，マイクロ波やミリ波帯の通信用などとして最も多く利用されているアンテナである．図 **6.41** に示すように，焦点 F に置かれた一次放射器から軸対称な反射鏡を照射するタイプのパラボラアンテナを**中央給電パラボラアンテナ** (center-fed parabolic reflector antenna) という．パラボラアンテナで反射された電波は平面波に変換されることから，$z$ 軸方向に鋭い指向性をもつペンシルビームとなる．使用される偏波は，直線偏波あるいは円偏波がある．また，たがいに直交する二つの偏波間（垂直偏波と水平偏波，あるいは右旋円偏波と左旋円偏波）には干渉がないため，独立した情報をそれぞれの偏波に乗せ，直交両偏波を同時に使用して単一偏波の 2 倍の情報を伝送する偏波共用方式が採用できる．なお，円偏波使用時には，一次放射器からの偏波は反射鏡による反射後は逆向きの偏波となる．

図 **6.42** には，電波暗室（コンパクトレンジ）内で遠方放射パターンを測定

## 6.4 開口面アンテナ

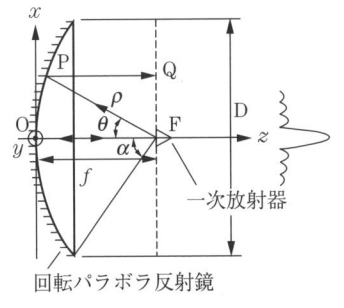

**図 6.41** 中央給電パラボラアンテナ

**図 6.42** 12 GHz 帯中央給電小形パラボラアンテナ

中の 12 GHz 帯小形パラボラアンテナ（直径 500 mm, 開口角 180°）を示す。

パラボラアンテナの焦点 F から鏡面上の点 P までの距離を $\rho$, アンテナの中心軸（$z$ 軸）と点 P のなす角を $\theta$ とする。回転放物面の性質から，焦点 F から出た電波がアンテナの頂点で反射して再び焦点に戻ったときの距離 $2f$ と，鏡面上の点 P に当たって反射され，点 Q まで移動したときの距離 $\rho + \rho\cos\theta$ が等しくなるので，$2f = \rho + \rho\cos\theta$ である。よって

$$\rho = \frac{2f}{1+\cos\theta} \tag{6.28}$$

の関係が成り立つ。すなわち，焦点距離 $f$ が決まれば，焦点から反射鏡までの距離 $\rho$ は $\theta$ の関数として上式で表され，反射鏡面はその軌跡となる。また，反射鏡の直径を $D$ とし，焦点から見たときの $z$ 軸と反射鏡アンテナのエッジの張る角度を $\alpha$ とすれば，これらの間には

$$\frac{f}{D} = \frac{1}{4\times\tan(\alpha/2)} \tag{6.29}$$

の関係がある。例えば，$\alpha = 90°$，すなわち焦点が反射鏡エッジを含む平面上にあるときは $f/D = 0.25$ となる。

直径が $D$ で一様開口分布を有する円形パラボラアンテナの電力半値ビーム幅（$\theta_{-3}$：ビーム両側）は，およそつぎのとおりである。

$$\theta_{-3} \simeq 70\frac{\lambda}{D} \text{ [°]} \tag{6.30}$$

中央給電小形パラボラアンテナは，これまで多く利用されてきたが，① 一次放射器からパラボラアンテナに向かって照射された電波の一部が一次放射器に戻ってくるため定在波が生じること。② 一次放射器に給電するための導波管や同軸給電線路が反射鏡から反射された平面波の一部をブロックするため，利得の低下やサイドローブの劣化，および広角方向への不要散乱を生じること。などの理由からその開口効率は 50～60％程度である。なお，上述①の対策として，反射鏡アンテナの頂点に必要な厚さと直径を持つ"頂点整合板"を装荷して反射を抑圧する方法がある。また，②に関しては，給電導波管などの外周に電波吸収体を装荷して不要散乱を低減することができる。

直径 $D$ の円形パラボラアンテナの絶対利得 $G_a$ は，その実効面積を $A_e = \eta\pi\left(\dfrac{D}{2}\right)^2$ とすれば，式 (5.51) より

$$G_a = \eta\left(\frac{\pi D}{\lambda}\right)^2 \tag{6.31}$$

で与えられる。ここで，$\eta$ は開口効率，$\lambda$ は波長である。

---

**例題 6.10** (1) 開口直径 $D = 2$ [m]，一様開口分布の円形パラボラアンテナの周波数 $f = 5$ [GHz] でのビーム半値幅は何度か。(2) 周波数 $f = 12$ [GHz]，開口直径 $D = 50$ [cm] の円形パラボラアンテナ（開口効率 $\eta = 0.8$）の絶対利得を計算せよ。

---

【解答】 (1) 波長は，式 (1.2) より，$\lambda$ [mm] $= 300/f$ [GHz] $= 300/5 = 60$ [mm] であるから，式 (6.30) より，$\theta_{-3} \simeq 70\lambda/D = 2.1$ [°] となる。(2) 式 (6.31) より，$G_a = 0.8(\pi \times 500/25)^2 = 3158 (= 35.0$ [dB]$)$ となる。 ◇

### 6.4.3 オフセットパラボラアンテナ

**オフセットパラボラアンテナ** (offset parabolic reflector antenna) は図 **6.43** に示すように，回転パラボラ反射鏡の一部を反射鏡面として利用したものである。この形態のアンテナの特徴は，パラボラ反射鏡で反射された平面波の伝搬通路上に散乱体（一次放射器，給電導波管，支柱など）が存在しないため，放

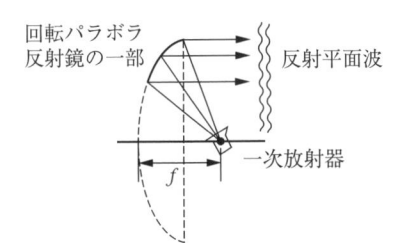

図 **6.43** オフセットパラボラアンテナ

射特性の劣化，特に広角方向への電波の不要散乱を防ぐことが可能で，低サイドローブアンテナを実現できることである．

また，アンテナ開口部周辺に電波吸収体を装荷することにより，広角方向で

(a) アンテナ外観

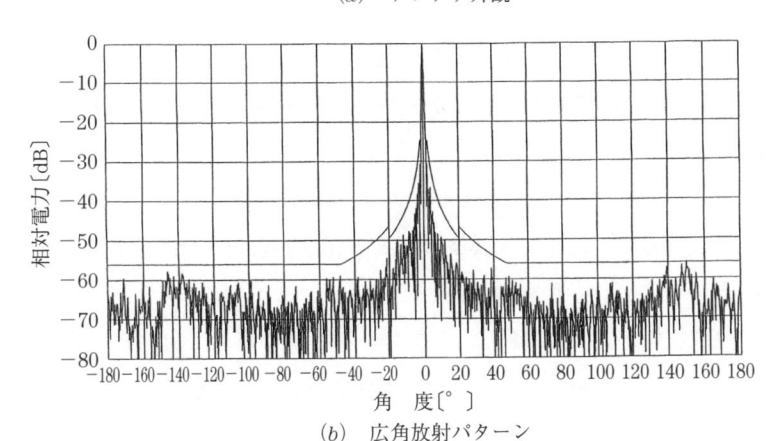

(b) 広角放射パターン

図 **6.44** 衛星通信地球局用オフセットアンテナ[9]

の放射レベルをさらに抑圧可能である。これらの優れた性能から，オフセットアンテナは，マイクロ波帯あるいはミリ波帯の衛星通信，地上間の一般商用通信，公衆通信用アンテナとして広く用いられている。

図 **6.44** (*a*) に 1.8 m$\phi$ の衛星通信地球局用アンテナの外観と，放射特性 (図 (*b*)) を示す。このアンテナは，衛星への送信 (アップリンク) 周波数が 14 GHz 帯，衛星からの受信 (ダウンリンク) 周波数が 12 GHz 帯の直交直線偏波のアンテナで，その絶対利得は 14.25 GHz において 46.0 dB である。

図 (*b*) より，アンテナの主ビームから 48° 以上の広角においては，開口面上に散乱体がないことなどにより，サイドローブレベルは $-10$ dBi 以下の性能が得られていることがわかる。オフセットアンテナの身近な例として，12 GHz 帯の放送衛星 (BS) や通信衛星 (CS) 用の受信アンテナが挙げられる。

### 6.4.4 交差偏波識別度

空間的に 90° で直交する二つの電波 (偏波) は，同じ周波数で同時に使用しても，たがいに干渉しない性質がある。したがって，二つの偏波の共用により伝送容量を 2 倍にできることから，無線回線においては "偏波共用方式" を採用するケースが多くある。しかしながら，現実のアンテナにおいては二つの偏波間の干渉を完全に零とすることは困難であり，あるレベルの干渉が発生する。

例えば，パラボラアンテナの入力導波管に垂直偏波を入射した場合，ほとんどの電波は垂直偏波で放射されるが，同時に水平偏波成分も放射される。この直交偏波成分 (水平偏波成分) を**交差偏波** (cross polarization) と呼ぶ。この場合は，垂直偏波が主偏波 (principal polarization) となる。ここで交差偏波の電力と主偏波の電力の比を**交差偏波識別度** (cross-polarization discrimination：XPD) といい，デシベル (dB) で表す。

交差偏波放射が発生する理由としては，アンテナ自体に関しては，①一次放射器自体からの交差偏波放射，②パラボラ反射鏡からの放射，③支柱からの散乱などが考えられ，また伝搬路に関しては，伝搬路途中での媒体の不均一性などによる偏波面の回転などが挙げられる。

### 6.4.5 カセグレンアンテナ

パラボラ反射鏡の焦点に回転双曲面（副反射鏡）の一方の焦点を合わせ，もう一方の双曲面の焦点に一次放射器の位相中心を合わせて構成した2枚の反射鏡システムのアンテナを**カセグレンアンテナ** (Cassegrain antenna) という。図**6.45**にその基本構成を示す。一次放射器の位相中心から放射された電波は副反射鏡に照射されるが，この副反射鏡から反射された波はパラボラ反射鏡の焦点から放射された波のように主反射鏡に向けて再び照射される。

カセグレンアンテナは，つぎに示す特徴を有する。

① 一次放射器に接続する入出力装置を主反射鏡頂点付近に設置可能なため，アンテナの可動が要求される場合に有効であり，衛星通信や宇宙通信用，電波望遠鏡用などに利用される。

② 宇宙通信用あるいは衛星通信用の地球局アンテナとして使用する場合，アンテナサイドローブの大半は上空を向くため，また，一次放射器により照射された電波の副反射鏡スピルオーバ（漏洩電力）も上空を向くため，地上の大地雑音の影響を受けにくく，低雑音特性を有する。

③ 主反射鏡の直径は100波長以上が多い（絶対利得50〜70 dB程度）。

④ 副反射鏡と主反射鏡の寸法比が通常1：10程度である。

⑤ 2枚の反射鏡の鏡面を修正することにより高能率特性が得られる。開口能率は通常のアンテナでは60%程度であるが，鏡面修整により70〜80%にも達するなどの優れた特徴を有する。

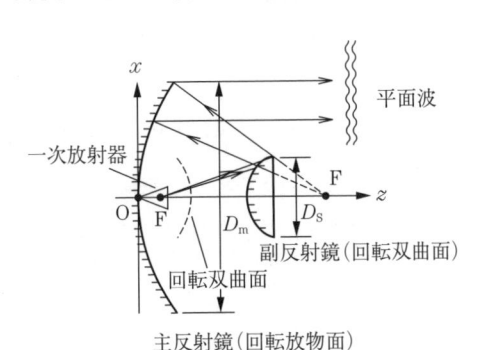

**図 6.45** カセグレンアンテナ

⑥ 交差偏波成分が少ない。

例として，4 GHz 帯および 6 GHz 帯衛星通信地球局用の 29.6 m$\phi$ カセグレンアンテナの外観とその給電系の構成図を図 **6.46** に示す。このアンテナの主反射鏡および副反射鏡は，主反射鏡の開口面分布が可能な限り一様となるよう鏡面修整されており，4 GHz において 60.6 dB の絶対利得を有する高能率のアンテナである（**例題6.11**）。

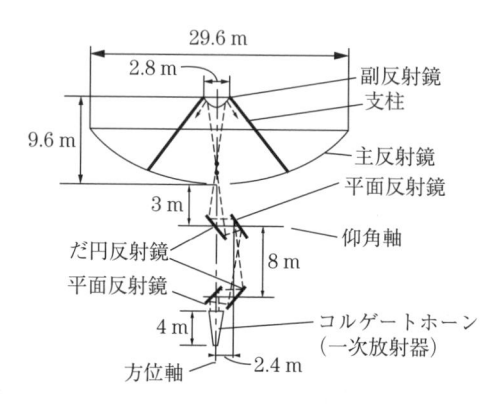

(a) アンテナ外観　　(b) アンテナおよび給電系の構成

図 **6.46** 衛星通信地球局用カセグレンアンテナ [12),13)]

一次放射器から放射された電波は，4枚の反射鏡で反射されてビーム給電されているため，アンテナビーム方向に無関係に通信装置を主反射鏡の頂点近傍に設置可能な構成となっている。図より主反射鏡および副反射鏡の直径はそれぞれ 29.6 m，2.8 m であり，その比は約 10：1 となっていることがわかる。

---

**例題 6.11** 図 **6.46** の鏡面修整カセグレンアンテナにおいて，周波数 $f = 4$ 〔GHz〕での絶対利得が 60.6 dB であるとき，このアンテナの効率はいくらか。

---

【解答】 $D = 29.6 \times 10^3$ 〔mm〕，式 (1.2) より $\lambda$ 〔mm〕 $= 300/f$ 〔GHz〕 $= 300/4 = 75$ 〔mm〕，$G_a = 10^{6.06}$ を式 (6.31) の $G_a = \eta \left(\dfrac{\pi D}{\lambda}\right)^2$ に代入して，$\eta = 0.747$ を得る。　◇

なお，カセグレンアンテナの副反射鏡である回転双曲面を回転だ円面にしたアンテナは，グレゴリアンアンテナと呼ばれ，カセグレンアンテナと類似の特徴を有する。

### 6.4.6　ホーンリフレクタアンテナ

ホーンリフレクタアンテナ (horn reflector antenna) は，パラボラ反射鏡の一部と長い電磁ホーンアンテナを組み合わせ，図 **6.47** (a) のような構成にしたアンテナである。ホーンの位相中心をパラボラアンテナの焦点に一致させることにより，ホーンから球面波的に放射された電波がパラボラ反射鏡により平面波に変換され，放射される仕組みになっている。

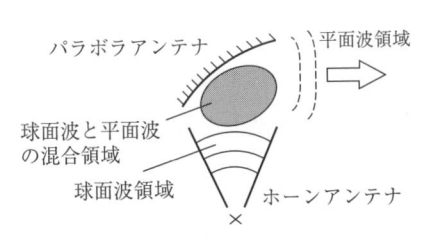

(a)　ホーンリフレクタアンテナの動作イメージ

(b)　鉄塔に取り付けられたアンテナ群[12]

図 **6.47**　ホーンリフレクタアンテナ

このアンテナの特徴として，①ホーンの長さは通常十分長いため，ホーン開口部でのインピーダンスは空気の固有インピーダンスに近くなり，開口部からの反射が小さい。また，ホーンからパラボラ反射鏡に照射される電波はほとんどホーンに戻らないため，広帯域にわたり良好な周波数特性を有する。②オフセットアンテナ形式であるため，放射開口面上に散乱体が存在せず，サイドローブレベルが低い。③直交 2 偏波の共用が可能である。④円偏波で励振した場合は，主ビームの方向が偏波の回転方向（右旋，あるいは左旋）によって，幾何学

的中心軸からたがいに反対方向にシフトする性質がある。⑤直線偏波で励振したときは，反射鏡の非対称面内に交差偏波成分が発生する。などが挙げられる。

実際の設置例を 図 **6.47** (b) に示す。

### 6.4.7　誘電体レンズアンテナ

誘電体の比誘電率を $\varepsilon_\mathrm{s}$ とし，$c$，$v$ をそれぞれ自由空間中および誘電体中の電波の速度とし，また $\lambda$，$\lambda_\mathrm{d}$ をそれぞれ自由空間中および誘電体中の電波の波長とすれば，屈折率 $n$ との間には

$$n = \sqrt{\varepsilon_\mathrm{s}} = \frac{c}{v} = \frac{\lambda}{\lambda_\mathrm{d}} \tag{6.32}$$

の関係がある（一般に $n > 1$）。

図 **6.48** (a) に示すように誘電体レンズを凸レンズの形状とし，波源 O から発した球面波が空間を伝搬し，距離 $r$ の誘電体上の点 P に到達したときの，位相遅れ $\frac{2\pi}{\lambda}r$ と，波源 O から同時に発してレンズの軸上を $S$ だけ伝搬し，さらにレンズ内の点 Q に達したときの位相遅れの和 $\frac{2\pi}{\lambda}S + \frac{2\pi}{\lambda_\mathrm{d}}(r\cos\theta - S)$ が等しいとき，この**誘電体レンズ** (dielectric lens) は球面波–平面波変換器として動作する。このとき

$$r = \frac{(n-1)S}{n\cos\theta - 1} \tag{6.33}$$

の関係が成立する。ここで $S$ は，レンズの焦点距離である。

図 **6.48** (b) には，E 面扇形ホーンアンテナに誘電体レンズを装荷して，ホーン開口部 A-A′ の電磁界分布の一様化を図り，金属グリッド表面波アンテナに給電した平面アンテナの例を示す。図 **6.48** (c)，(d) には $f = 12$ 〔GHz〕で実測した E 面扇形ホーンアンテナの開口面 A-A′ 上での振幅分布（上段）および位相分布（下段）を示す。誘電体レンズの装荷により位相分布が一様化されていることがわかる。

6.5 アンテナの分類　173

(a) 誘電体レンズのパラメータ　　(b) 金属グリッド表面波アンテナ

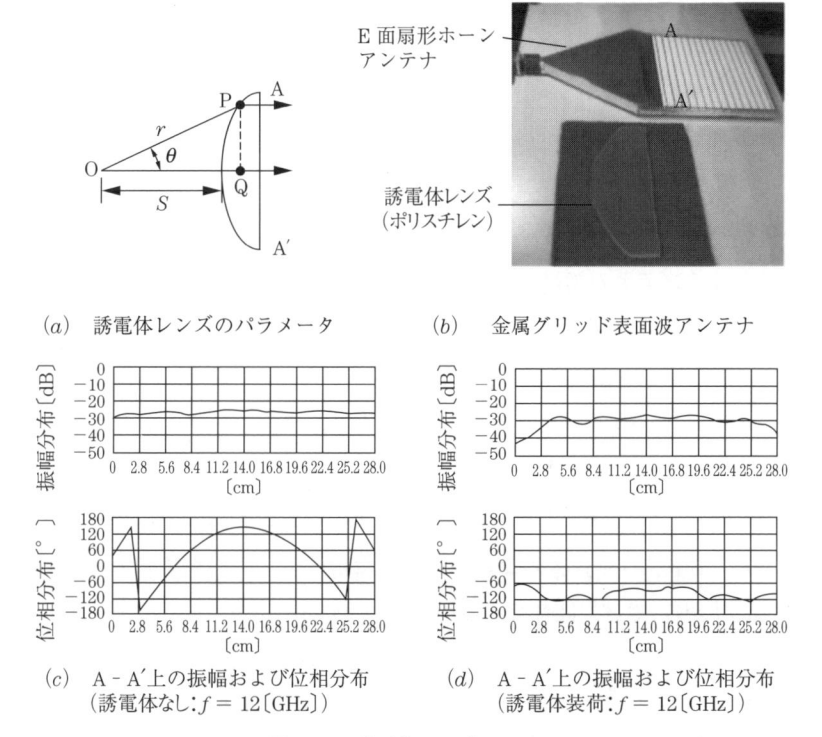

(c) A-A′上の振幅および位相分布　　(d) A-A′上の振幅および位相分布
　　（誘電体なし：$f = 12$[GHz]）　　　　（誘電体装荷：$f = 12$[GHz]）

図 **6.48** 誘電体レンズアンテナ

## 6.5 アンテナの分類

アンテナの分類方法にはいくつか考えられるが，ここでは，アンテナの分類の仕方として，指向性，偏波，周波数特性，使用周波数帯の項目で分類した結果についてまとめた．

### 6.5.1 指向性による分類

〔1〕 **等方性（無指向性）アンテナ**　図 **6.49** に示すように，空間中にある点波源（と仮定されたアンテナ）から，球面状に一様にエネルギーが放射されるアンテナを**等方性（無指向性, isotropic）アンテナ**という．このアンテナは実際には存在し

図 6.49 等方性アンテナ
（無指向性アンテナ）

ない仮想のアンテナであるが，$\lambda^2/(4\pi)$ の実効面積を有し，主としてマイクロ波帯以上のアンテナの絶対利得の標準として用いられる。

〔2〕 全方向性アンテナ　　全方向性(omnidirectional)アンテナとは，ある平面内（例えば水平面内）で無指向性（360°をカバー）を有する放送局や携帯電話の基地局などのアンテナをいう。例として，スーパーターンスタイルアンテナ，垂直モノポールアンテナなどがある。ここで"全方向性"とは，空間のすべての方向に一様に放射する点波源アンテナの性質をいうのではなく，例えば図 6.50 に示すように，大地上に設置された垂直モノポールアンテナが，水平面内（$xy$ 面内）で無指向性である場合をいう。

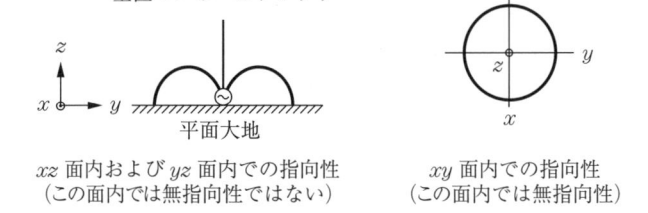

垂直モノポールアンテナ

平面大地

$xz$ 面内および $yz$ 面内での指向性
（この面内では無指向性ではない）

$xy$ 面内での指向性
（この面内では無指向性）

図 6.50　全方向性アンテナ

〔3〕 単一方向性アンテナ　　単一方向性(unidirectional)アンテナとは，八木・宇田アンテナ，パラボラアンテナ，レンズアンテナなどのように，アンテナの放射ビームが特定の一方向に向いているアンテナである。また，アンテナ単体では単一方向性でなくても，例えばダイポールアンテナのエンドファイアアレーのように，アンテナ列の位相差給電などにより，単一方向性が得られる場合も単一方向性アンテナとなる（図 6.51）。

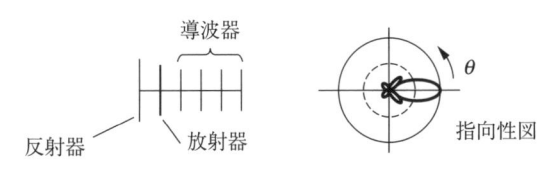

図 **6.51** 単一方向性アンテナ (例：八木・宇田アンテナ)

### 6.5.2 偏波による分類

〔**1**〕 **直線偏波アンテナ** 直線偏波(linear polarization)アンテナには，以下の2種類がある。

*1*) **水平偏波アンテナ** 電界の偏波面が大地に平行なアンテナを**水平偏波**(horizontal polarization)アンテナといい，水平に置かれた八木・宇田アンテナ，半波長ダイポールアンテナなどがある。また，FMあるいはテレビ放送用スーパーターンスタイルアンテナも水平偏波アンテナである。

*2*) **垂直偏波アンテナ** 電界の偏波面が大地に垂直なアンテナを**垂直偏波**(vertical polarization)アンテナといい，中波放送用垂直モノポールアンテナ，ブラウンアンテナ，携帯電話用基地局アンテナ†などがある。

〔**2**〕 **円偏波アンテナ** 電界の偏波面が時間の経過とともに，伝搬軸と直角な面内で回転するアンテナを**円偏波**(circular polarization)アンテナといい，BS放送（12 GHz帯右旋円偏波）受信用アンテナ，軸モードヘリカルアンテナなどがある。円偏波には，電界の回転方向により2種類の定義がある。

以下，円偏波の定義について説明する。図 **6.52** に示すように，$x$ 軸方向に偏波された電界 $E_1$ と $y$ 軸方向に偏波された電界 $E_2$ が，大きさが等しくたがいに 90°の位相差があるとき円偏波となる。図 **6.52** (a) において，$E_1$ と $E_2$ が $z$ 軸方向に伝搬するとき，合成波のベクトルの先端は，伝搬軸に垂直に位置された途中のつい立て上で時間の経過とともに右回りで回転し，その軌跡は円となる。このように，電界ベクトルの先端が電波を発射する方向から見て右回りに回転する電波を**右旋円偏波**(right-hand circular polarization)と呼ぶ。一方，この偏波

---

† 垂直偏波単独のほかに，垂直・水平偏波共用，±45°偏波共用などがある。

(a) 右旋円偏波　　　　　　　　(b) 左旋円偏波

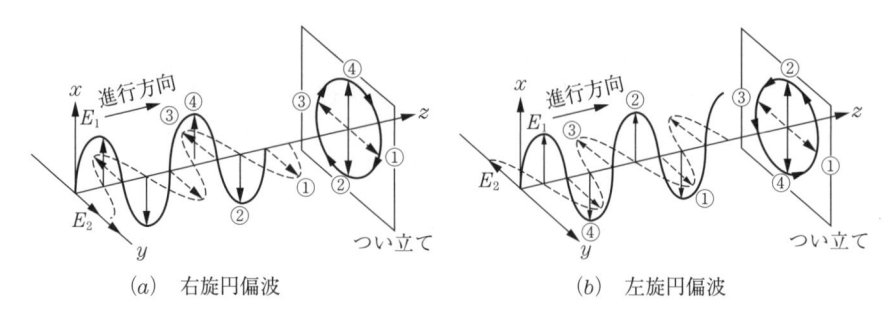

図 **6.52**　円偏波の定義

の回転方向が左回転の場合を**左旋円偏波** (left-hand circular polarization) と呼ぶ。もし，$E_1$ と $E_2$ の大きさが異なるときは，**だ円偏波** (elliptical polarization) となる。

### 6.5.3　周波数特性による分類

アンテナは，その周波数帯域の特性により大きくつぎのように分類される。

〔**1**〕　**狭帯域アンテナ**　　1.1：1 程度の周波数帯域（例えば 100～110 MHz）で動作するアンテナを狭帯域 (narrow-band) アンテナといい，ダイポールアンテナ，スロットアンテナなどがある。

〔**2**〕　**広帯域アンテナ**　　2：1 程度の周波数帯域（例えば 100～200 MHz）で動作するアンテナを広帯域 (wide-band) アンテナといい，V 形アンテナ，ロンビックアンテナ，ホーンアンテナなどがある。

〔**3**〕　**超広帯域アンテナ**　　10：1 にも及ぶ周波数帯域（例えば 100～1 000 MHz）で動作するアンテナを超広帯域 (ultra-wide-band) アンテナといい，対数周期アンテナ，スパイラルアンテナなどがある。

### 6.5.4　使用周波数帯による分類

アンテナを使用周波数帯により分類すると，**表 6.2** のようになる。

表 6.2 使用周波数帯によるアンテナの分類

| 使用周波数帯 | 分　類 |
|---|---|
| 長波 (low frequency: LF) | 逆 L アンテナ，T 形アンテナなど |
| 中波 (medium frequency: MF) | モノポールアンテナ，ループアンテナ，円管柱アンテナ，バーアンテナなど |
| 短波 (high frequency: HF) | 半波長ダイポールアンテナ，V 形アンテナ，ロンビックアンテナなど |
| 超短波 (very high frequency:VHF)<br>極超短波 (ultra high frequency: UHF) | 八木・宇田アンテナ，スーパーターンスタイルアンテナ，対数周期アンテナ，コーナーリフレクタアンテナ，モノポールアンテナ，双ループアンテナ，ヘリカルアンテナなど |
| センチ波 (super high frequency: SHF)<br>ミリ波 (extremely high frequency: EHF) | ホーンアンテナ，パラボラアンテナ，カセグレンアンテナ，マイクロストリップアンテナ，スロットアンテナ，誘電体アンテナなど |

## 6.6　アンテナに関する計測

　本節では，マイクロ波アンテナの絶対利得の測定法および放射パターンの測定法について説明するとともに，電磁波を放射する電子機器の特性評価に有用な電波暗室や，アンテナの特性測定に威力を発揮するコンパクトレンジについて説明する．

### 6.6.1　利 得 の 測 定

　アンテナの利得を求める方法にはいくつかあるが，あらかじめその利得がわかっている標準アンテナ（電磁ホーンアンテナ）を利用して，試験アンテナの利得を置換法により求める方法について紹介する．標準アンテナは測定周波数帯によりその種類が異なるが，一般に UHF 帯以下ではダイポールアンテナなどを，また，それ以上の周波数帯では電磁ホーンアンテナを用いることが多い．ここでは，標準アンテナとして X バンド (8.0～12.4 GHz) の電磁ホーンアンテナを使用した場合の利得測定方法を示す．図 **6.53** に利得測定のための構成例

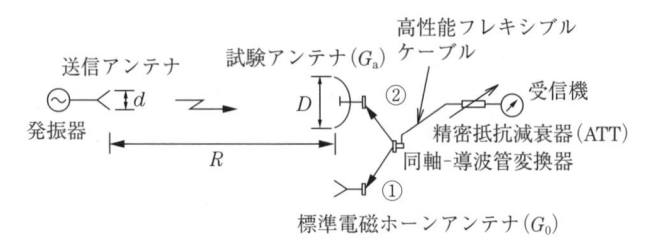

図 **6.53** アンテナの利得測定

を示す。試験アンテナとしてパラボラアンテナを図示している。

〔**1**〕 測定の手順

**1**) 高性能フレキシブルケーブルを標準電磁ホーンアンテナ（絶対利得 $G_0$）に接続し，受信レベルが最大になるようにホーンアンテナの方向調整を行い，送信アンテナからの電波を受信する。このとき，精密抵抗減衰器（ATT）を調整して，受信レベルを任意の値に設定し，その読み（$ATT(1)$）を記録する。受信機側のフレキシブルケーブルは，測定時のアンテナへの接続および取り外しの際，その振幅および位相の変化が小さい高品質のものを使用する。

**2**) 標準電磁ホーンアンテナに接続していたケーブルを取り外し，試験アンテナ（受信アンテナ）に接続する。このとき，試験アンテナの利得の大小により，受信レベルが変化するので，前のレベルと同じ値となるように ATT を再び調整する。このときの ATT の読みを $ATT(2)$ とすれば，この試験アンテナの絶対利得（$G_\mathrm{a}$）は

$$G_\mathrm{a}[\mathrm{dB}] = G_0[\mathrm{dB}] + ATT(2)[\mathrm{dB}] - ATT(1)[\mathrm{dB}] \qquad (6.34)$$

で求められる。この方法（置換法）による利得測定の特徴は，測定精度が受信側の ATT の精度により決められ，ケーブルなどの測定系の損失には依存しないことである。

〔**2**〕 測定時の注意事項

① 送信アンテナと試験アンテナの主ビームを正確に正対させる。

② 送信アンテナと試験アンテナの偏波面を合わせる。

③ 送信アンテナと試験アンテナは，地面からの反射波の影響を除去するため，

それぞれ地面より十分高い位置に設置して実験を行うことが望ましい。

なお，測定に際しては，送信アンテナと受信アンテナ間の最小距離は，送信アンテナおよび受信アンテナ（試験アンテナ）の最大開口長をそれぞれ，$d$, $D$ とすれば，両アンテナ間の最短距離と最長距離の差 $\Delta R$ を $\lambda/16$ 以下にするという条件から導かれ，近似的に

$$R > 2\frac{(d+D)^2}{\lambda} \tag{6.35}$$

で与えられる。

この領域を遠方界領域と呼び，測定はこれ以上の距離をおいて行うことが必要である。例えば，$f = 12$ [GHz] で，$d = 200$ [mm] の送信アンテナを用いて，$D = 500$ [mm] の試験アンテナの測定を行う場合，式 (6.35) より送受信間の最低距離は約 $R = 39$ [m] 必要となる。ただし，**6.6.4** 項で述べるコンパクトレンジ内での測定のように，開口の大きな送信アンテナを用いた場合には，式 (6.35) の条件とは別に，もう一つの測定可能な近い領域（距離）が存在することが報告されている [14]。

**例題 6.12** 図 **6.53** の構成でパラボラアンテナの利得測定を行った。標準電磁ホーンアンテナの絶対利得は，測定周波数で 20.5 dB と既知である。最初に，高性能フレキシブルケーブルを標準アンテナに接続して，その受信レベルをある値にセットした。このときの精密抵抗減衰器の読みは 20.0 dB であった。つぎに，同ケーブルを試験アンテナ (パラボラアンテナ) に接続し，前と同じ受信レベルになるよう精密抵抗減衰器を調整したところ，その読みは 30.0 dB となった。(1) このパラボラアンテナの絶対利得を求めよ。(2) パラボラアンテナを別の小形電磁ホーンアンテナに交換して同様に利得測定を行ったところ，精密抵抗減衰器の読みは 15 dB となった。この小形電磁ホーンアンテナの絶対利得はいくらか。

【解答】 (1) 式 (6.34) より，$G_a = 20.5 + (30.0 - 20.0) = 30.5$ [dB] となる。(2) 同様に式 (6.34) より，$G_a = 20.5 + (15.0 - 20.0) = 15.5$ [dB] となる。 ◇

### 6.6.2 放射パターンの測定

放射パターン (radiation pattern) とは，角度に対するアンテナの相対放射強度のことをいう．測定は図 **6.53** の利得の測定系と同様，$R > 2(d+D)^2/\lambda$ の遠方界領域の条件下で行う．

実際の測定は，図 **6.54** に示すように送信側アンテナから測定周波数の電波を受信側の試験アンテナに向けて放射し，これを受信側で試験アンテナを回転しながら受信する．アンテナの受信レベルは，通常大きく変化するので，回転角に対する相対受信レベルはデシベル (dB) で測定することがほとんどである．試験アンテナからの出力である受信レベルの測定には，ネットワークアナライザ（振幅のみの測定では，スペクトラムアナライザでもよい）がよく用いられる．理由としては，ダイナミックレンジが大きくとれること，振幅と位相が同時に計測可能なこと，送信波源の周波数変動に対応可能なこと，標準で GP-IB(general purpose interface bus) 制御可能の場合が多く，パソコンなどによる自動計測が可能なことなどが挙げられる．

従来は，電界強度測定器とアンテナパターンレコーダを組み合わせた，アンテナ特性測定用の特殊な受信装置が多く用いられていたが，近年では上述のような高機能化された電子機器の発達により，特別なアンテナ特性測定器を用いて測定するというイメージが薄れてきている．

図 **6.54** 放射パターンの測定イメージ

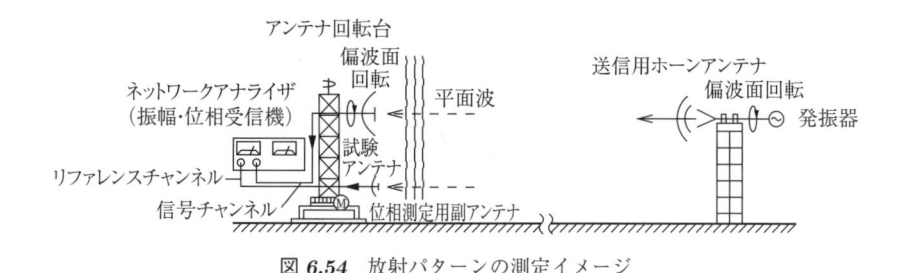

図 **6.54** の測定系において，試験アンテナであるパラボラアンテナの放射特性を測定する際，振幅と位相の測定を同時に行う場合は，相対位相測定の基準と

なるリファレンスチャンネル用のケーブル，あるいは副アンテナが必要となる。

一般に，アンテナ放射パターンの測定においては，送信アンテナと試験アンテナの距離を大きくとる $(R>2(d+D)^2/\lambda)$ 必要があるため，位相パターン計測の際には，受信側に副アンテナを設置してリファレンス信号を取り出し，位相の基準とする。

放射パターンの測定は，利得の測定時と同様，周辺に反射物，散乱体などがない屋外の自由空間で行う。特に広角でのサイドローブやバックローブの評価が必要な場合は周囲の環境が重要となる。直線偏波アンテナの放射パターン測定では，電界に直角な面内での測定（H面放射パターン）と電界を含む面内での測定（E面放射パターン）の両方を行うことが多い（これら二つの偏波面を主偏波面と呼んでいる）。

通常，試験アンテナを載せるアンテナ回転台は，水平 (azimuth) 方向にだけ回転するタイプのものが多い。したがって，H面放射パターンの測定では，送信アンテナおよび試験アンテナの偏波を垂直偏波にして測定し，一方，E面放射パターンの測定では反対に，送信アンテナおよび試験アンテナを水平偏波にして行う。測定は，受信アンテナを搭載する回転台の角度信号および受信出力を，それぞれレコーダの $x$ 軸および $y$ 軸に入力して記録する。

一般的な測定手順としては，最初に送信アンテナと試験アンテナの方向調整を行い，たがいの主ビームを一致させる。つぎに，回転台上の受信アンテナを回転させ，放射パターン（E面放射パターン，H面放射パターンなど）の測定を行う[†]。

これらの主偏波パターンのほかに，アンテナの偏波共用時のデータとして必要な交差偏波パターンがある。これは，垂直偏波と水平偏波が，空間的にたが

---

[†] **測定時の注意事項**：平面大地上でのアンテナの利得の測定あるいは放射パターンの測定においては，受信点に置かれる試験アンテナまたは利得標準アンテナの受信レベルは，送信アンテナからの直接波と大地反射波の干渉波の合成電界として測定され，その値は送信アンテナおよび試験アンテナの高さ，アンテナ間の距離などによって変化する。したがって，利得あるいは放射パターンなどの測定においては，この大地反射波の影響を考慮することが必要となる。大地の影響を少なくするためには，送信アンテナおよび受信アンテナの地上高をできるだけ高くする必要がある。

いに直交した状態でのパターンのことであり，直交偏波間の干渉の度合いを意味するものである。測定は，例えば送信偏波を垂直偏波に選び，回転台上の受信偏波を水平偏波として測定する。

---

**コーヒーブレイク**

**近傍界–遠方界変換法**

　アンテナの遠方界放射パターンを測定するためには，送信アンテナと受信アンテナの距離を十分にとって行う，いわゆるリアルタイムの放射パターン測定が一般的である。しかしながら，上述のようにアンテナ測定において平面大地からの反射が大きい場合や，測定アンテナの開口が波長に比べて十分大きい場合，あるいはアンテナの形状や重量の関係で，測定用回転台に取り付けできない場合など，遠方界での測定環境が利用できないときは，試験アンテナの近傍での放射界（ニアーフィールド）の振幅と位相を計測し，そのデータを FFT（高速フーリエ変換）を用いて遠方界を計算する近傍界–遠方界変換法を用いることがある。この方法は，試験アンテナから電波を放射し，その放射近傍界領域で開口面電界分布（振幅および位相）をプローブを走査して計測し，計算機により遠方界を再構築する方法である。この場合，開口面にわたって走査するときは，プローブによるデータ測定間隔（ピッチ）は $0.5\lambda$ 以内にする。プローブの操作方法は，主として平面走査方式，円筒面走査方式，球面走査方式の三つの操作方法があり，測定に適したアンテナ，遠方界再構築の容易さ，価格など，それぞれの操作方法による特徴がある。例えば，平面走査方式はアンテナが回転不可能なときに適し，円筒面走査方式はアンテナが仰角方向に回転不可能な場合の計測に向いている。

---

### 6.6.3　電　波　暗　室

〔1〕**電波暗室が必要な理由**　　室内の壁面に電波吸収体を貼り付けた空間を**電波暗室** (anechoic chamber) と呼び，アンテナなどの特性測定に使用される。その特徴として，① 室内には電波吸収体が取り付けられているため，内部で発生した電波の壁面からの反射がない。② 電波暗室の外側は一般にシールド面（70〜100 dB 程度のものが多い）となっており，電波吸収体で未吸収の電磁波も外部には漏洩しない。同時に，外部からの不要電磁波も暗室内へ侵入しない。したがって，"外部に干渉せず，外部からの干渉を受けない室内自由

空間"での実験が可能である。③ 室内空間であるため，全天候における実験が可能である。同時に，長期にわたる測定も可能である。④ 試験アンテナの特性測定のためのシステムを電波暗室の近くに設置でき，また試験アンテナへのアクセスも容易であるため，実験効率がきわめて良い，などが挙げられ，EMI (electromagnetic interference) 問題の観点からも，電磁波関連の実験にはいまや必須の設備である。

〔2〕 **電波暗室の例**　　代表的な電波暗室の例として，直方体形状の電波暗室がある（図 **6.55**）。図中，左側から標準信号発振器の電波を送信用小形ホーンアンテナなどを用いて，右側の試験アンテナに向けて放射する。試験用の受信アンテナの設置位置は，図中の右壁より少し離れた所を選ぶのが普通である。電波暗室内での実験においては，図に示されるように，暗室側面からの反射波（特に側面中央部からの反射波），および背面（右壁）からの反射波が試験アンテナの領域に入り込むため，これらの場所の電波吸収体は，できるだけ高性能のものを用いる。

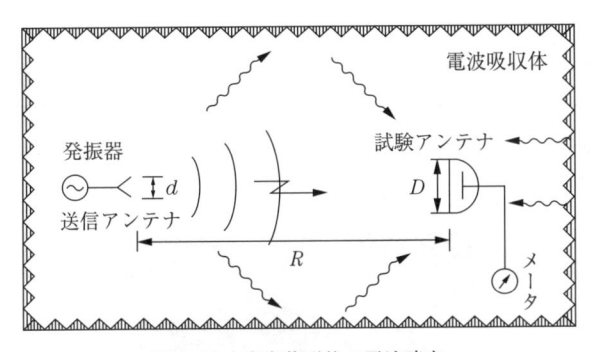

図 **6.55**　直方体形状の電波暗室

電波暗室の性能評価のため，クワイエットゾーン (quiet zone：静かな領域) を定義し，その領域内では，電波暗室壁面からの散乱波，反射波のレベルは，発振器からの直接波のレベルに比較して，ある定められたレベル以下である，と表現する。

例えば，"この電波暗室の $-50\,\mathrm{dB}$ 以下のクワイエットゾーンは，壁面より $2\,\mathrm{m}$ 離れた点を中心とした直径 $50\,\mathrm{cm}$ の球"のように表現する。

〔3〕 **電波吸収体について** 電波吸収体は，電磁波のエネルギーを熱エネルギーに変換することによって入射電磁波を吸収するものであり，損失性の大きい材料で構成されるが，"電波吸収体である"と呼ばれるには，どの程度電波を吸収すれば良いのだろうか。明確な基準はないが，一般には，電波吸収体からの反射エネルギーが，入射エネルギーの $1\%(-20\,\mathrm{dB})$ 以下とする場合が多い。電波吸収体に要求される特性としては，吸収する周波数が広帯域にわたること，電波の入射偏波に依存しないこと，できれば薄く軽いこと，強度があることなどが挙げられる。

---

**コーヒーブレイク**

**電波吸収体の手作り体験記**

電波吸収体は市場に種々のものが出回っている。例えば，$60\,\mathrm{cm}\times60\,\mathrm{cm}$ 角の X バンド用の電波吸収体の価格は 1〜2 万円程度である（もちろんその特性は，垂直入射で $-50\,\mathrm{dB}$ もあり申し分ない）。だが，自分で作ることはできないだろうか。一例として，古紙で作られた鶏卵輸送用の凸凹の紙パックに注目した。これに墨汁を塗って数枚重ねたところ，X バンドで $-25\,\mathrm{dB}$ 程度の特性が得られた（図）。廉価（一組み数百円程度）な簡易電波吸収体として利用できる。自作するのもまた楽しい[16]。

図 廃材利用の簡易電波吸収体

また，屋外で使用する場合には，長期間の耐候性に優れることが必要となる。電波吸収材としては，材料の複素比誘電率の虚数部に依存する誘電性電波吸収材（カーボン含有発泡ポリスチロール，カーボン含有発泡ポリエチレンなど），材料の複素比透磁率の虚数部に依存する磁性電波吸収材（焼結フェライトなど），また，材料の導電率に関係する導電性電波吸収材がある。

形状には，平板形，くさび形（山形），ピラミッド形などがある。また，平板形には吸収体が1枚で構成される単層形と2枚以上で構成される多層形がある。

電波吸収体は，使用周波数が広帯域にわたることが望ましいが，その構成材料，構成形状などにより，ある一定の許容反射レベル（例えば，$-20\,\mathrm{dB}$）を満足する周波数帯域が存在する。一般には，許容レベル以下となる周波数帯域（$\Delta f$）を，その中心周波数（$f_0$）で割った周波数比帯域幅により，狭帯域形，広帯域形，超広帯域形に分類している[15]。

なお，電波暗室を構成する電波吸収体は，電気性能に優れることが第一条件ではあるが，長期間の使用に耐え得るよう，加湿劣化などのない電波吸収材を選定することが望ましい。

### 6.6.4 コンパクトレンジ

電波暗室内に平面波を発生するアンテナを設置し，アンテナの放射パターンや，利得などの特性試験を可能にした環境を**コンパクトレンジ** (compact range) と呼んでいる。コンパクトレンジ用平面波発生アンテナの代表的な例として，オフセットパラボラアンテナがある。通常，電波暗室内の長手方向壁面近くにアンテナをセットし，アンテナの焦点に設置された一次放射器により反射鏡を照射し，平面波を電波暗室内で実現する。

試験用の受信アンテナは，電波暗室の対向壁面から適当な距離をおいて設置される。コンパクトレンジの性能は，試験アンテナが設置される近傍での平面波の振幅および位相のリップルの少なさで評価される。このリップルを低減するため，反射鏡周辺部を緩やかな曲面で構成したり，セレーション（のこぎり状のギザギザ）を施したりする。

また，オフセットアンテナ形式の場合は，非対称面で交差偏波（励振偏波に直交した偏波）成分の放射が現れるため，反射鏡の焦点距離および開口面積を大きくとることなどにより，振幅および位相のリップルの改善を図るとともに，交差偏波放射を低減することが必要となる．反射鏡の焦点距離および開口面積を大きくとることは，試験アンテナと送信アンテナ（オフセットアンテナ）間の相互干渉（特に，試験アンテナがオフセットアンテナ正面を向いたとき）の低減にも役立つ．オフセットアンテナの開口は，試験アンテナを設置する場所にもよるが，少なくとも試験アンテナ最大開口の4倍程度とすることが望ましい．

なお，実際のアンテナ放射パターン測定においては（特にダイナミックレンジが大きいアンテナの特性測定においては），一次放射器からの直接波が測定データに入り込まないよう，一次放射器周辺に電波吸収体を設置することが必要である．図 **6.56** にコンパクトレンジの概念図を，また図 **6.57** (a) に小形コンパクトレンジ内でのアンテナ放射パターンの測定風景の一例を示す．

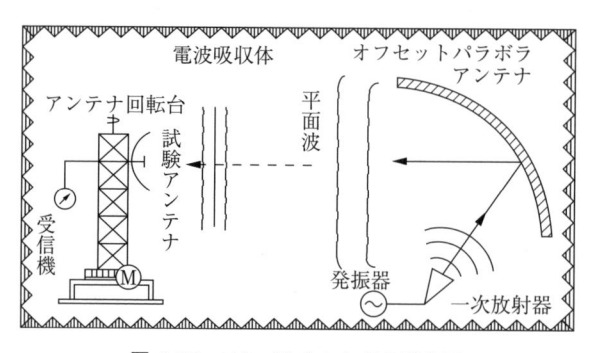

図 **6.56** コンパクトレンジの概念図

コンパクトレンジの最大の特徴は，電波暗室内の試験アンテナ近傍において平面波環境が構築されているため，いわゆる自由空間内でのアンテナ特性測定時に必須とされているアンテナ間の必要距離 $(R > 2(d+D)^2/\lambda)$ の条件とは別に，"送信アンテナの近傍において，試験アンテナの測定が可能である"[14]ということである．さらに，電波暗室内での測定であるため，試験アンテナへのアクセスが容易で，長期にわたる測定が可能なことも大きな特徴である．

(a) 平面波発生用円形オフセットアンテナと測定中の平面アンテナ

(b) コンパクトレンジ前室

図 6.57　アンテナの放射パターンの測定風景（秋田工業高等専門学校電気情報工学科）

## 演 習 問 題

【1】垂直部，水平部の長さがともに 10 m である逆 L 形接地アンテナの実効長は，水平部のない場合の実効長の何倍となるか計算せよ。ただし，使用周波数は 2.5 MHz とし，アンテナの短縮率は無視できるものとする。

【2】水平偏波サイドファイアヘリカルアンテナの (1) 構造を図示して説明せよ。また，(2) その給電方法，(3) 動作原理，(4) 電気的特性について述べよ。

【3】矩形導波管の狭壁面（E 面）上に，$\lambda_g/2$（$\lambda_g$：導波管の管内波長）の間隔で，たがいに逆方向に傾けて切削された問図 6.1 のような傾斜スロットアンテナがある。いま，このアンテナを水平に配置して動作させた場合，(1) その放射偏波（電界）は，水平偏波，垂直偏波のいずれとなるか。また，(2) その理由について説明せよ。

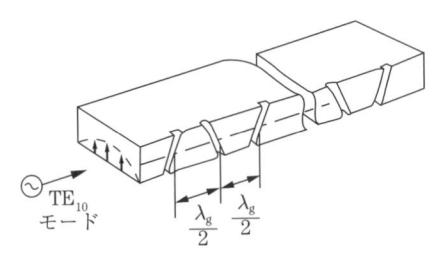

問図 6.1

【4】円周が約 $1\lambda$ のループ2個を，約 $\lambda/2$ の間隔で接続し，平行二線式線路で中央より給電した問図 **6.2** のような双ループアンテナがある。いま，このアンテナを地面に垂直に配置して動作させた場合，(1) その放射偏波（電界）は，水平偏波，垂直偏波のいずれとなるか。また，(2) その理由についてアンテナ上の電流分布を示して説明せよ。

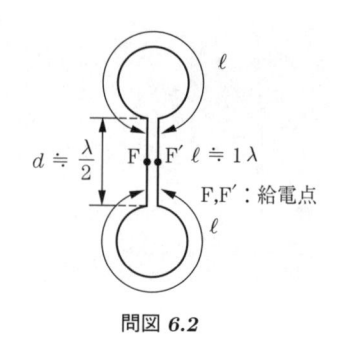

問図 **6.2**

【5】開口効率が $80\%$ で直径が $1\,\mathrm{m}$ の円形パラボラアンテナを用いて，周波数 $f = 8$ 〔GHz〕，出力 $P = 10$ 〔mW〕の電波を，$50\,\mathrm{km}$ 先の受信用正方形平面アンテナに向けて送信している。いま，この正方形平面アンテナの受信電力を $-60\,\mathrm{dBm}$ とするためには，平面アンテナの一辺の長さがいくらであればよいか。ただし，この平面アンテナの効率を $\eta = 0.8$ とする。

【6】カセグレンアンテナの (1) 構造を図示して説明せよ。また，(2) その特徴を五つ挙げよ。

【7】右旋円偏波について，図示して説明せよ。

【8】エンドファイアヘリカルアンテナについて，(1) 構造を図示して説明せよ。また，(2) その特徴を三つ挙げよ。

【9】半波長アンテナによって給電された問図 **6.3** のようなコーナリフレクタアンテナにおいて，開き角 $\alpha = 60°$，$d = 0.5\lambda$ のとき，このアンテナの正面方向の利得（相対利得）を求めよ。ただし，半波長アンテナの入力インピーダンスは図 **5.20** を用いて求めよ。

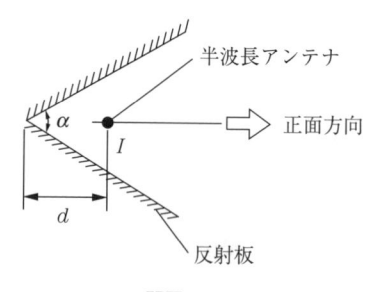

問図 **6.3**

# 演習問題

**【10】** 問図 **6.4** の誘電体レンズアンテナにおいて，波源 O から発した波長 λ の電波が，点 P，点 Q に達したとき同位相となるための条件は $r = \dfrac{(n-1)S}{n\cos\theta - 1}$ であることを証明せよ。ただし，誘電体の屈折率を $n$ とする。

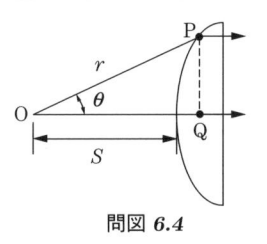

問図 **6.4**

**【11】** フェージング防止アンテナについて説明せよ。

**【12】** 電波暗室の特徴を三つ挙げよ。

**【13】** アンテナの利得や放射パターンを測定する際，送信アンテナ（最大開口長：$d$）と受信アンテナ（最大開口長：$D$）間の必要距離は，アンテナ間の最短距離と最長距離の差（$\Delta R$）を $\lambda/16$ 以下にするという条件から，近似的に $R > 2\dfrac{(d+D)^2}{\lambda}$ と求められることを証明せよ。

**【14】** ある電波吸収体に電波を入射したときの反射レベルが，同寸法の金属板からの反射レベルに比較して $-20\,\mathrm{dB}$ であった。(1) この電波吸収体で熱に変換されるエネルギーは入射エネルギーの何パーセントか。(2) 反射レベルが $-30\,\mathrm{dB}$ の場合はどうか。

**【15】** 水平方向にだけ回転可能なアンテナ回転台がある。いま，この回転台に直線偏波のパラボラアンテナを取り付けて，その E 面放射パターンおよび H 面放射パターンを測定したい。送信偏波および回転台上のアンテナ配置をどのようにすればよいか。

**【16】** コンパクトレンジとは何か。図示して説明せよ。

# 付　　　録

## *1.* 接頭語と基礎定数（本書で使用するもの）

付表 *1.1*　10 の倍数を表す接頭語

| 記号 | 名　称 | 量 | 記号 | 名　称 | 量 |
|---|---|---|---|---|---|
| T | テラ | $10^{12}$ | d | デシ | $10^{-1}$ |
| G | ギガ | $10^{9}$ | c | センチ | $10^{-2}$ |
| M | メガ | $10^{6}$ | m | ミリ | $10^{-3}$ |
| k | キロ | $10^{3}$ | μ | マイクロ | $10^{-6}$ |
| h | ヘクト | $10^{2}$ | n | ナノ | $10^{-9}$ |
| da | デカ | $10^{1}$ | p | ピコ | $10^{-12}$ |

付表 *1.2*　基　礎　定　数

| 定　数　名 | 記号 | 数　　値 | 備　　考 |
|---|---|---|---|
| 真空中の光速度 | $c$ | $3 \times 10^{8}$ m/s | $1/\sqrt{\varepsilon_0 \mu_0} \fallingdotseq 2.99792458 \times 10^{8}$ m/s |
| 真空中の誘電率 | $\varepsilon_0$ | $8.854 \times 10^{-12}$ F/m | $10^{7}/(4\pi c^2) \fallingdotseq 10^{-9}/(36\pi)$ |
| 真空中の透磁率 | $\mu_0$ | $4\pi \times 10^{-7}$ H/m | |
| 真空中の波動インピーダンス | $Z_0$ | $120\pi\ \Omega$ | $\sqrt{\mu_0/\varepsilon_0} \fallingdotseq 376.7\ \Omega$ |
| 素電荷 | $q$ | $1.602 \times 10^{-19}$ C | |
| 電子の質量 | $m$ | $9.109 \times 10^{-31}$ kg | |
| ボルツマン定数 | $k$ | $1.38 \times 10^{-23}$ J/K | |
| プランク定数 | $h$ | $6.63 \times 10^{-34}$ J·s | |
| 地球の半径 | $R$ | 6 370 km | |
| 自然対数の底 | $e$ | 2.718 28 | $\log_{10} e \fallingdotseq 0.4343$ |

## *2.*　電波工学で用いられるデシベル単位

（定義 1）　二つの電力 $P_1$ および $P_2$ がある場合の相対的な電力比

$$P\ [\mathrm{dB}] = 10 \log_{10} \frac{P_2\ [\mathrm{W}]}{P_1\ [\mathrm{W}]} \tag{付 2.1}$$

付　　　　　　　　録　　　191

(定義 2)　二つの電圧 $V_1$ および $V_2$ がある場合の相対的な電圧比 (二つの電流 $I_1$ および $I_2$ がある場合の相対的な電流比)

$$V\,[\mathrm{dB}] = 20\log_{10}\frac{V_2\,[\mathrm{V}]}{V_1\,[\mathrm{V}]} \quad \left(I\,[\mathrm{dB}] = 20\log_{10}\frac{I_2\,[\mathrm{A}]}{I_1\,[\mathrm{A}]}\right) \qquad (付\,2.2)$$

◎ 基準電力 $P_1$ を $1\,\mathrm{mW}\,(=0\,[\mathrm{dBm}])$ とした場合の電力表示：$P\,[\mathrm{dBm}]$

$$P\,[\mathrm{dBm}] = 10\log_{10}\frac{P_2\,[\mathrm{mW}]}{1\,[\mathrm{mW}]} = 10\log_{10}P_2\,[\mathrm{mW}] \qquad (付\,2.3)$$

◎ 基準電界強度 $E_1$ を $1\,\mathrm{\mu V/m}\,(=0\,[\mathrm{dB\mu}])$ とした場合の電界強度表示：$E\,[\mathrm{dB\mu}]$

$$E\,[\mathrm{dB\mu}] = 20\log_{10}\frac{E_2\,[\mathrm{\mu V/m}]}{1\,[\mathrm{\mu V/m}]} = 20\log_{10}E_2\,[\mathrm{\mu V/m}] \qquad (付\,2.4)$$

・ネーパについて

任意の回路の入力電圧を $V_1$，出力電圧を $V_2$ とした場合，$V_1$ と $V_2$ の関係が

$$V_2 = V_1 e^{\gamma} \qquad (付\,2.5)$$

で与えられるとき，この式の両辺の自然対数をとって次式を得る．

$$\gamma\,[\mathrm{Np}] = \log_e\frac{V_2}{V_1} \qquad (付\,2.6)$$

ここで得られる $\gamma$ の値は，正の場合は $V_1 < V_2$ を意味し，負の場合は $V_2 < V_1$ を意味する．単位にはネーパ (Neper，単位記号：Np) が使われ，おもに，伝送線路の減衰定数の単位として使用される．特に，$\gamma = 1\,[\mathrm{Np}]$ のとき，$V_2/V_1 = e^1$ であるので，式 (付 2.2) に代入して，$20\log_{10}e = 20\log_{10}2.718 = 20 \times 0.434\,3 ≒ 8.686\,[\mathrm{dB}]$ を得る．すなわち，$1\,[\mathrm{Np}] ≒ 8.686\,[\mathrm{dB}]$ の関係が得られ，これは，ネーパとデシベルの換算に利用できる．電流の場合は上記の $V$ を $I$ と置き替えることにより，同様の議論ができる．

## 3.　導波管回路の整合の実例

ここでは導波管回路の整合の実際例として，一端を開放した X バンドの矩形導波管アンテナを例にとり，ポスト (容量性ビス) を用いた整合方法の実際について詳しく解説する．この付録の内容を理解することにより，単一周波数のみでの整合ではなく，必要な周波数帯域にわたる導波管回路の整合の手順を習得することができる．

### 3.1 整合のための準備

**〔1〕 スミスチャート**　分布定数線路においては，その入力インピーダンスは，インピーダンスを見る位置により変化し，半波長ごとに同じ値を繰り返すことが知られている。このインピーダンスを表すのに便利な図としてスミスチャートがある。

スミスチャート上でインピーダンスを表現するときは，負荷インピーダンスを線路の特性インピーダンスで割った値（正規化インピーダンス：$\dot{Z}_N$）を用い

$$\dot{Z}_N = \frac{R}{Z_0} + j\frac{X}{Z_0} = r + jx \tag{付 3.1}$$

として表現する。

付図 **3.1** $(a)$ に示されるように，スミスチャートの外周は線路長を波長に換算して目盛られている。チャートの中心は，線路の特性インピーダンス ($\dot{Z}_0$) と負荷インピーダンス ($\dot{Z}_L$) が等しい点，すなわち整合点を表している。図中上半分は誘導性領域を，また下半分は容量性領域を表す。

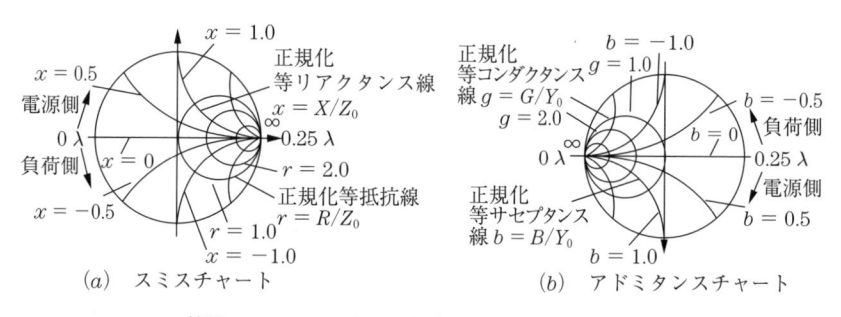

$(a)$ スミスチャート　　　　　$(b)$ アドミタンスチャート

付図 **3.1**　スミスチャートとアドミタンスチャート

**〔2〕 アドミタンスチャート**　伝送線路において整合をとる場合，線路に並列に整合素子を装荷することが多く，その場合，スミスチャートよりもアドミタンスチャートを用いたほうが便利なことが多い。アドミタンスチャートはスミスチャートを原点に対し，180°回転したものと同一であり，付図 **3.1** $(b)$ のような形をしている。ただし，スミスチャートでの正規化等抵抗線および正規化等リアクタンス線は，それぞれ正規化等コンダクタンス線および正規化等サセプタンス線となる。

### 3.2 整合の実際（一端開放矩形導波管アンテナの整合）

付図 **3.2** に整合実験に使用した矩形導波管（アンテナ）を示す。この導波管は，内側寸法が 22.9 mm × 10.2 mm，導波管長が 104.5 mm の X バンドの矩形導波管 (WRJ-10) であり，これを定在波測定器の測定端に接続し，ポスト（容量性ビス）を用いて，11.8

~12.2 GHz の周波数帯で，アドミタンスチャートを用いて整合をとった。図は，整合後の写真であり，導波管開口部近傍にポストが見える。

付図 **3.3** (*a*) に定在波測定器の実例と，図 (*b*) に測定イメージを示す。定在波測定器（矩形導波管形）は，導波管の広壁面の中央に，軸方向に沿って細いスロットを切り，そこから細い探針（プローブ）を導波管内部に垂直に挿入し，$z$ 軸方向に移動しながら導波管内の電界分布（定在波分布：$x$ 軸方向偏波）を測定できるようにした装置である。

付図 **3.2** 矩形導波管アンテナ

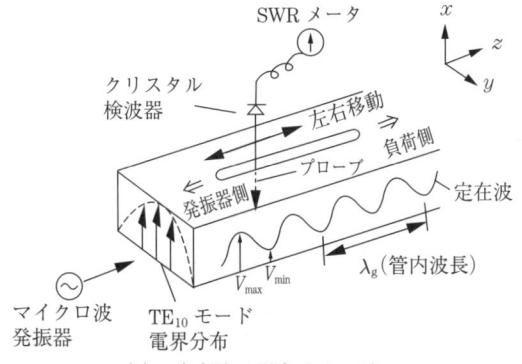

(*a*) 定在波測定器(X バンド)　　　(*b*) 定在波の測定イメージ

付図 **3.3** 定在波測定器の実例と定在波の測定

プローブにはクリスタル検波器が取り付けられてあり，その出力を取り出す構造になっている。定在波とは，マイクロ波発振器から $z$ 方向へ進む波（入射波）と，負荷から反射されて $-z$ 方向へ戻る波との合成波として導波管内に存在する波のことをいう。定在波測定器を用いて，定在波比 $S$ や定在波の発生位置を測定することにより，負荷のインピーダンス（アドミタンス）を知ることができる。整合のための具体的手順は，波数チャートの作成，$S$ と $\ell_{min}$ の測定，測定データのアドミタンスチャート上での表現，ポストによる整合などに大きく分けられる。

以下，各項目ごとに詳しく説明する。

〔**1**〕 **波数チャートの作成**　　定在波測定器の測定端を完全短絡して，プローブを左右に移動して定在波が零（最小）の点を数か所測定する。このときの定在波測定器上の読みを $\ell_{min}'$ とすれば，ある点の $\ell_{min}'$ とその隣の $\ell_{min}'$ の長さは，導波管の管内波長 ($\lambda_g$) の半分，すなわち，$0.5\lambda_g$ となる（**付表 3.1** および **付図 3.4**）。

これを **付図 3.5** のように描いたものを波数チャートと呼ぶことにする。図は矩形

付表 3.1　波数チャート用測定データ〔単位：mm〕

| 波数 | 周波数〔GHz〕 | 11.8 | 11.9 | 12 | 12.1 | 12.2 |
|---|---|---|---|---|---|---|
| | 0 | 91.9 | 90.7 | 89.7 | 88.1 | 87.3 |
| | 0.5 | 107.2 | 106 | 104.6 | 103.2 | 102.1 |
| | 1 | 122.6 | 120.5 | 119.4 | 118.1 | 116.5 |
| | 1.5 | 137.8 | 136.2 | 134.6 | 132.9 | 131.1 |
| | 2 | 153.3 | 151.5 | 149.5 | 147.7 | 145.9 |

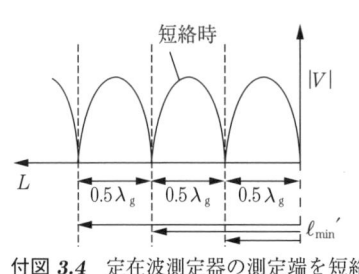

付図 3.4　定在波測定器の測定端を短絡した場合の定在波パターン

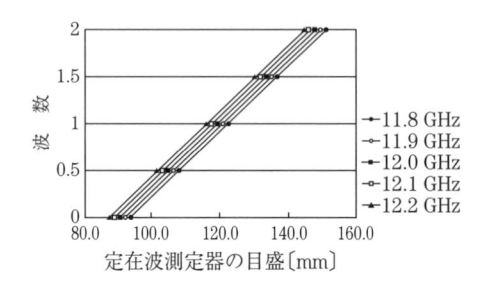

付図 3.5　波数チャート

導波管アンテナと同じ寸法である X バンドの定在波測定器を用い，11.8～12.2 GHz（0.1 GHz ごと）の周波数で測定した波数チャートの例である．

〔2〕 $S$ と $\ell_{min}$ の測定　　つぎに，定在波測定器の測定端に測定用の負荷（矩形導波管アンテナ）を接続し，測定器のプローブを左右に移動する．すると，負荷からの反射量に応じた定在波パターンが**付図 3.6** の (a) のように観測される．図では，定在波測定器の測定端を短絡した場合の定在波パターンも併せて示している．これから，定在波の電圧最小点（点 A）および電圧最大点（点 B）が，〔1〕項と同様 $0.5\lambda_g$ ごとに繰り返し現れることがわかる．この定在波パターンから

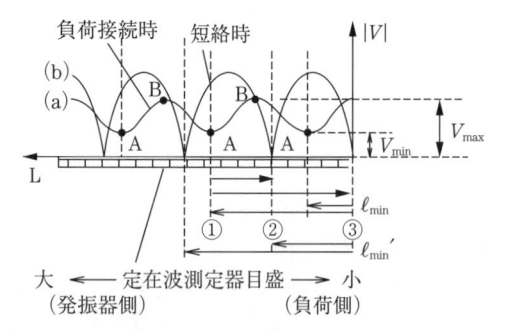

付図 3.6　短絡時または負荷接続時の定在波パターン

$$S = \frac{V_{\max}}{V_{\min}} \tag{付 3.2}$$

が求められる．この $S$ は電圧定在波比 (VSWR：voltage standing wave ratio) と呼ばれ，伝送線路の整合の状態を表す指標としてよく用いられる重要なパラメータである．例えば，$V_{\max} = V_{\min}$ のときは $S = 1$ となり，反射波は線路に存在せず整合状態を示す．すなわち，入射エネルギーはすべて負荷に吸収されるか，あるいは負荷がアンテナの場合は，入射エネルギーはすべて外部に放射されることを意味する．逆に負荷が完全短絡のときは $V_{\min} = 0$ となるため，$S \to \infty$ となり入射波は負荷からすべて反射され，線路上の定在波は半波長ごとに零 → 最大 → 零の繰り返しパターンとして現れる．

この電圧定在波比 $S$ と反射係数 $|\dot{\Gamma}|$ の間には

$$|\dot{\Gamma}| = \frac{S-1}{S+1} \tag{付 3.3}$$

の関係があり，これより $S$ を測定して線路の反射係数を知ることができる．

**例題 3.1** 付図 3.3 (b) のセットアップで，アンテナ（負荷）の定在波比 $S$ を測定したところ，その値は 1.22 であった．(1) 反射係数 $|\dot{\Gamma}|$ の絶対値はいくらか．(2) このとき，アンテナによって反射されるエネルギーは入射エネルギーの何パーセントか．

**【解答】** (1) $|\dot{\Gamma}| = (S-1)/(S+1) = 0.22/2.22 = 0.1$．(2) $|\dot{\Gamma}|^2 = 0.01$ となるから，入射エネルギーの 1% が反射される． ◇

〔3〕 測定データのアドミタンスチャート上での表現

**1）アドミタンスチャート上の特別な点** 付図 **3.6** の (a) で測定された定在波パターンは，アドミタンスチャート上ではどこに表現されるのだろうか．その説明のために，付図 **3.7** に中心部を拡大したアドミタンスチャートを示す．

定在波比 $S$ のときの線路のアドミタンスは，チャート上で半径 $S$ の円上の点のどこかに対応する（半径は，中心を通る水平線の左半分の目盛が $S$ を表すので，これを用いる）．このとき，付図 **3.6** の定在波パターン (a) の点 A は付図 **3.7** の点 A に対応し，コンダクタンスが最大となる．

一方，この定在波パターン (a) の点 B は付図 **3.7** の点 B に対応し，コンダクタンスが最小となる．つまり，分布定数線路においては，"線路の位置によって，すなわち見る点（基準点：rp）によって，アドミタンス（インピーダンス）が変わる" ことになる．例えば，付図 **3.6** の点 A から rp を負荷側に移動していくと，付図 **3.7** 上でのアドミタンスは，点 A から反時計回りに半径 $S$ の円周上を移動する．もし rp が付図 **3.6** で点 B に移動すれば，そのアドミタンスは付図 **3.7** 上の点 B に到達する．

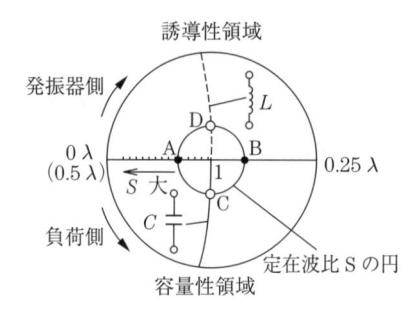

付図 3.7 アドミタンスチャート（中心部拡大図）

rpがさらに負荷側に移動すれば，再び点Aに戻る．すなわち付図 3.6 でrpが点Aから負荷側に移動して再びAに戻ったときは，そのアドミタンスは付図 3.7 上で，点A→点B→点Aのように半径$S$の円周上を1周しもとに戻り，その波数（波長で規格化した移動量）は$0.5\lambda$となる．

このように，rpを移動させることによって，その点でのアドミタンスが変化することがわかったが，負荷の整合という観点から，付図 3.7 のアドミタンスチャート上には，"特別な点"がいくつか存在する．その一つがチャートの中心である．この点は，アドミタンスが，$Y_N = g + jb = 1 + j0$の点，すなわち"整合点"であることを意味し，整合作業を行う場合には，負荷のアドミタンスをこの点に持ってくることを意味する．

一方，点C，点Dも"重要な点"で，整合をとるときにはよく利用される．点Cは正の純サセプタンス（$C$：キャパシタンス）であり，点Dは負の純サセプタンス（$L$：インダクタンス）である．アドミタンスチャートの上半分，下半分はそれぞれ誘導性領域，容量性領域を示す．

**2） 定在波測定器の測定端でのアドミタンス**　　分布定数線路においては，そのアドミタンス（インピーダンス）は，線路の位置によって変化することがわかったが，ここではアドミタンスの基準点(rp)を付図 3.6 の定在波測定器の測定端，すなわち③の点(rp.1)とした場合について考えてみる．

前述の説明より，定在波比が$S$のときは，付図 3.6 の定在波パターンは，付図 3.7 の半径$S$の円周上の点に対応するが，あらかじめわかっている点として，付図 3.6 の点A（定在波測定器の読み：$\ell_{min}$）は純抵抗（チャート上では，最大コンダクタンス）として，付図 3.7 の点Aに対応している．

したがって，定在波測定器の一番右端の位置（③）でのアドミタンスを見るときには，例えば①の点を③の点まで負荷側に移動すればよい．このことは，付図 3.7 では，点Aを反時計回りに$\ell_{min}/\lambda_g$（$\lambda_g$は導波管の管内波長）だけ回転することに対応する．アドミタンスは$0.5\lambda_g$ごとに同じ点に戻るため，もし$\ell_{min}/\lambda_g$が0.5を超えた場合は，

①→③への移動は実際には①→②（最も近い短絡点）への移動でよいことになる。

別の表現をすれば，②の位置は定在波測定器の測定端③と同じ位置，ということになる。この作業をあらかじめ測定しておいた波数チャート（付図 **3.5**）を用いて測定周波数ごとに行い，アドミタンスチャート上にプロットすれば，定在波測定器の測定端③でのアドミタンスの周波数特性を描くことができる。周波数 $11.8 \sim 12.2\,\mathrm{GHz}$ で，$0.1\,\mathrm{GHz}$ ごとに行った矩形導波管アンテナの $S$ と $\ell_{\min}$ の測定データを**付表 3.2** に示す。

付表 **3.2** 矩形導波管アンテナの $S$ と $\ell_{\min}$ の測定データ

| 周波数〔GHz〕 | $S$ | $\ell_{\min}$ |
|---|---|---|
| 11.8 | 1.61 | 113.1 |
| 11.9 | 1.63 | 110.4 |
| 12.0 | 1.59 | 107.9 |
| 12.1 | 1.55 | 105.25 |
| 12.2 | 1.62 | 102.8 |

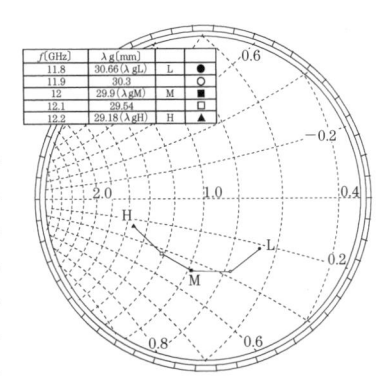

付図 **3.8** 定在波測定器の測定端③(rp.1)でのアドミタンス

このデータと波数チャート（付図 **3.5**）を用いて作成した定在波測定器の測定端③(rp.1)でのアドミタンスの周波数特性を**付図 3.8** に示す。図より，アンテナの定在波比は $1.55 \sim 1.63$ で，rp.1 で見たときのアドミタンスは，チャートの中心線より下側に存在しているため，全帯域で容量性となっていることがわかる。それでは，このアドミタンスについて，基準点を変えたときはどのようになるだろうか。つぎに考えてみよう。

**3) 基準点を負荷側に移動したときのアドミタンス** アドミタンスを見る点，すなわち基準点 (rp) を負荷側に移動したときのアドミタンスの変化を理解するために，前述の付図 **3.8** に追加的に補助線やアドミタンスの波数などを記入した説明図を作成する（付図 **3.9**）。

付図 **3.9** において，チャートの中心 O より，アドミタンスの中心点 M ($f = 12$〔GHz〕) に線を引き，チャートの外周（波数目盛り）と交わった位置での波数を読む。波数は1周 $0.5\lambda$ であり，チャートの中心を通る中心線上の一番左側の点を基準点 $(0\lambda)$ とし，この点から時計回りに1周すれば，見る点を発振器側に $0.5\lambda$ 移動したことになり，また反時計方向に1周すれば，見る点を負荷側に $0.5\lambda$ 移動したことに相当する。

この図からアドミタンスの中心点 M の波数は，$0\lambda$ の点（すなわち点 A）から負荷

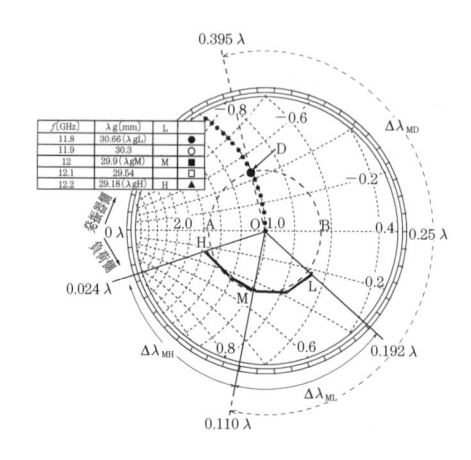

付図 3.9 基準点の移動を説明するための図（アドミタンスは付図 3.8(rp.1) に同じ）

方向に $0.110\lambda$ だけ移動した点であることがわかる。

　整合の第一ステップは，このアドミタンスを周波数帯域全体にわたって，負の純サセプタンスを表すDの位置（純インダクタンス点）付近に持ってくることである。この目的を達成するため，最初に，点M ($\lambda_{gM}$:12.0 GHz) をDの位置 (rp.2) に移動することを考える。そのためには，点Mを $\Delta\lambda_{MD} = 0.395\lambda_{gM} - 0.110\lambda_{gM} = 0.285\lambda_{gM}$ だけ反時計方向に回転すればよい。これは，基準点を rp.1 から導波管上で $0.285 \times 29.90\,[\mathrm{mm}] = 8.522\,[\mathrm{mm}]$ だけ負荷側に移動することを意味する。

　このとき，点H ($\lambda_{gH}$:12.2 GHz) および点L ($\lambda_{gL}$:11.8 GHz) のチャート上での移動量は，それぞれ $8.522/\lambda_{gH} = 0.292\lambda_{gH}$ および $8.522/\lambda_{gL} = 0.278\lambda_{gL}$ となる。すなわち，基準点をある一定の長さ移動した場合は，$\lambda_{gL} > \lambda_{gM} > \lambda_{gH}$ の関係から，アドミタンスのチャート上での（波長で規格化された）変化量は，周波数が高いほど（波長が短いほど）大となる。

　この性質を利用して，付図 3.9 におけるアドミタンスの周波数による広がりを狭めることを考える。すなわち，基準点を $0.5\lambda$ の整数倍回転した場合のアドミタンスは，チャート上でもとの位置に戻るため，rp.2 上での点Mを負荷側にさらに2回転 (rp.3)，4回転 (rp.4)，6回転 (rp.5) しても，点Mはチャート上では前と同じ点，すなわちDの位置（負の純サセプタンス）に移動することとなる。(付図 3.10)

　一方，基準点の移動距離が大きいほど，点Mの波数変化量に対する点Hの波数変化量は大となり，点Lの波数変化量は小となる。したがって点Mを基準としてチャート上で負荷側（反時計方向）に必要な回数だけ回転させれば，その回数に応じてアドミタンスの点Hは点Mに追いつき，点Lは遅れて点Mに近づくことになる。rp.2 の点から負荷側にさらに6回転した rp.5 の位置での結果を付図 3.11 に示す。

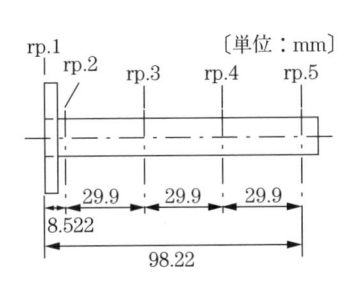

付図 **3.10** 矩形導波管の rp の位置 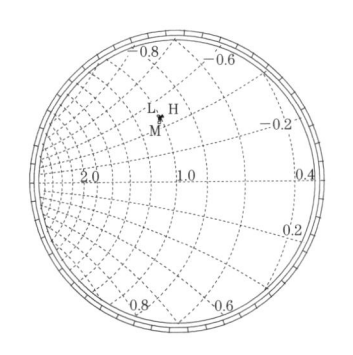　　付図 **3.11** rp.5 でのアドミタンス

付図 **3.11** より，アンテナのアドミタンス分布は，rp.5 の位置において純サセプタンス（L 成分）に近い値としてまとまっていることがわかる。

ここまでは，基準点を適切に移動して，アンテナのアドミタンスが負の純サセプタンス（L 成分）となる位置を求める作業を行ってきたが，つぎに第 2 ステップとして，その "整合" について考えよう。

**4） ポストによる整合**　　導波管の広壁面（H 面）中央にポスト（小ねじ）を挿入すると，挿入した位置でのポストのアドミタンスは，挿入量が小さい場合，付図 **3.12** のように正の純サセプタンス（C 成分）となる。したがって，ポストによる分布定数線路の整合を考える場合は，整合をとるべき負荷のアドミタンス特性（周波数特性）がまとまって負の純サセプタンス（L 成分）にくる位置（チャートの中心線上，上半分）を求め，その位置にポストを挿入すればよい。

実際の整合調整においては，ポストを少しずつ挿入し，負荷のアドミタンスの変化を見ながら微調整することとなる。rp.5 の位置にポストを徐々に挿入（挿入長：$d$ [mm]）した場合のアドミタンスの変化の様子を付図 **3.13** に示す。図より，ポストの挿入量に対応して，負荷のアドミタンスがまとまったままで下方に移動し，$d = 3.55$ [mm] のとき，整合前の最大定在波比（$S = 1.63$）は，11.8〜12.2 GHz の周波数帯域にわたって，1.08 以内に抑圧されていることがわかる。

なお，1 本のポストで整合の目標に達しないときは，チャートの中心付近に近づいた負荷アドミタンスの周波数特性を解析し，別の "負の純サセプタンス点" を求め，同様の調整作業を行うことによりさらに整合レベルを上げることができる。

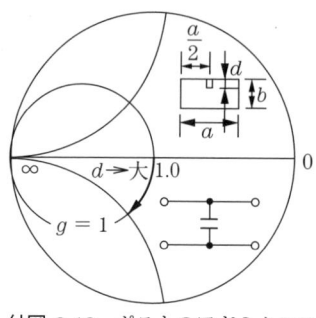

付図 **3.12** ポストのアドミタンス 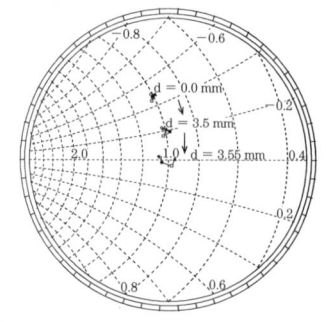　　付図 **3.13** ポスト挿入長によるアドミタンスの移動（ポスト位置　rp.5）

## 4. 電波伝搬の概要

　電波を用いた基本的な伝送システムの構成を**付図 4.1** に示す．伝送する情報（音声，映像，データなど）を乗せた電波は，送信機から伝送線路を通って送信アンテナへと送られ空間へ放射される．放射された電波は，地上（大地や海），対流圏（大気や雨），電離圏（層）などのさまざまな媒質 (medium) の影響を受けながら，媒質中を伝搬する．そして，受信アンテナへ到達した電波は捕捉されたのち，伝送線路を経て受信機へ入力され，情報が取り出される．このように，電波のエネルギーが媒質中を伝搬することを**電波伝搬** (radio propagation) という．

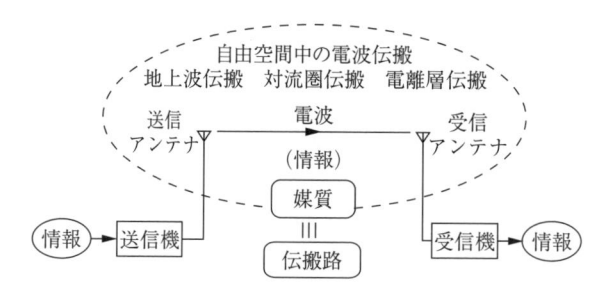

付図 **4.1** 無線通信と電波伝搬

　電波を有効に利用するためには，電波の**伝搬路**（電波の通り道）を一種の伝送線路と考え，各周波数帯における電波の**伝搬様式**（伝わり方）の把握が必要となる．電波の伝搬様式は，送信アンテナから放射された電波が受信アンテナに到達するまでの電波の伝搬経路により，**付図 4.2** に示すように大別される．

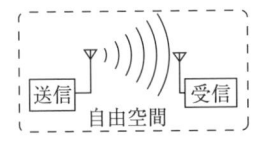

付録    201

- フリスの伝達公式
- 自由空間基本伝送損
- 宇宙局対宇宙局
- 地球局対宇宙局

送信 —)))) 受信
自由空間

(a) 自由空間中の電波伝搬

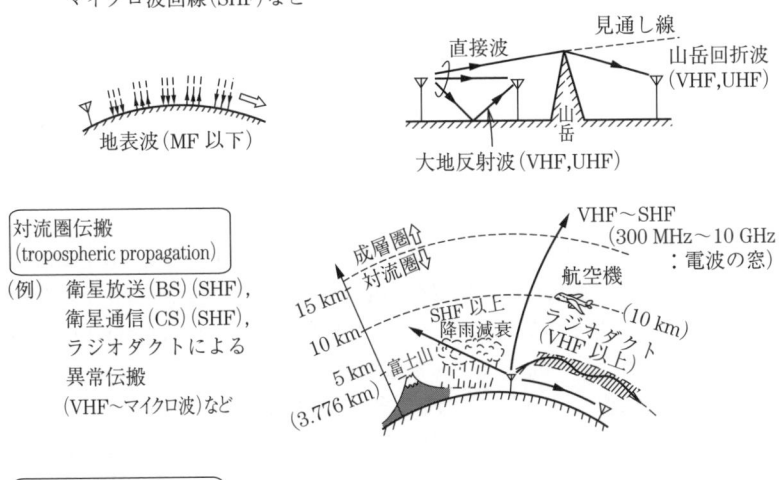

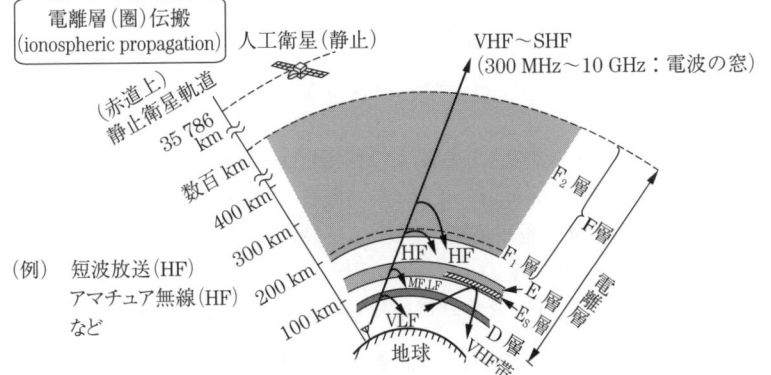

地上波伝搬 (ground-wave propagation)

(例) ラジオ・テレビなどの地上放送 (MF〜UHF), 携帯電話などの移動通信 (VHF〜UHF), マイクロ波回線 (SHF) など

見通し線
直接波
山岳回折波 (VHF, UHF)
地表波 (MF 以下)
大地反射波 (VHF, UHF)

対流圏伝搬
(tropospheric propagation)

(例) 衛星放送 (BS) (SHF), 衛星通信 (CS) (SHF), ラジオダクトによる異常伝搬 (VHF〜マイクロ波) など

成層圏
対流圏
VHF〜SHF (300 MHz〜10 GHz : 電波の窓)
航空機
15 km
SHF 以上 降雨減衰 (10 km)
10 km ラジオダクト (VHF 以上)
5 km 富士山 (3,776 km)

電離層(圏)伝搬
(ionospheric propagation)

人工衛星 (静止)
VHF〜SHF (300 MHz〜10 GHz : 電波の窓)

(赤道上) 静止衛星軌道 35,786 km
数百 km
400 km   $F_2$ 層
300 km  HF HF  $F_1$ 層   F 層
200 km  ME/LF  E 層    電離層
100 km  VLF  $E_s$ 層
地球  VHF 帯   D 層

(例) 短波放送 (HF)
アマチュア無線 (HF) など

(b) 実際の電波伝搬

付図 **4.2**　電波伝搬の概要

### 4.1 自由空間中の電波伝搬

自由空間中における電波伝搬は，送受信アンテナ間，およびその周辺に何も存在しない仮想的なモデルにおける電波の伝搬様式である．しかし，300 MHz〜10 GHz 程度の電波[†1]を利用して，地上局と宇宙局（人工衛星）の間で通信を行う場合や，送受信アンテナの指向性が鋭い場合などは，実用上，自由空間中における電波伝搬として取り扱うことができる．また，自由空間中の電波伝搬は，無線による通信回線の設計や評価などにもよく用いられる伝搬様式である．

### 4.2 地上波伝搬

送受信点の間の距離が比較的近い場合であって，大地（海を含む）や山岳の影響を受けて伝搬する電波を**地上波** (ground wave) と呼び，その伝搬様式を**地上波伝搬** (ground-wave propagation) という．地上波は，地表波，直接波，大地反射波，回折波に分類される．

**地表波** (surface wave) は，大地の影響を受けながら地表に沿って伝搬する電波で，MF 以下の電波がこれに該当する．地表波を利用した代表的な例として，国内の中波放送（AM ラジオ放送，526.5〜1 605.5 kHz）がある．HF 以上の電波では，送信アンテナから受信アンテナに直接到達する**直接波** (direct wave) と，送信アンテナから放射された電波が大地で反射されて受信アンテナに到達する**大地反射波** (ground-reflected wave) が干渉し，受信点の場所によって電波が強められたり弱められたりするので，送受信点の位置関係を決定する際は注意を要する．**回折波** (diffracted wave) は，送受信点を結ぶ線上に山岳やビルなどの障害物があり，送信点から受信点が見えない場合（見通し外）でも，電波の回折現象により受信点に到達する電波である．HF〜UHF の電波は回折の影響を受けやすい周波数帯である．

### 4.3 対流圏伝搬

地表から高さ 9〜16 km までの大気の層は，**対流圏** (troposphere) と呼ばれている．**対流圏伝搬** (tropospheric propagation) はこの対流圏の影響を受けて伝搬する電波の伝搬様式であり，VHF 以上の電波が該当する[†2]．一般に地表付近における大気の屈折率は，約 1.000 3 と真空の屈折率 (1.0) よりわずかに大きい値であることが知られている．大気は上空になるほど薄くなるので大気の屈折率は上空ほど小さくなる．VHF

---

[†1] この周波数帯の電波は，対流圏および電離層の影響が小さく**電波の窓** (radio window) と呼ばれている．地上から電波を放射する場合，電波の窓より低い周波数帯の電波は電離層により反射され，また，高い周波数帯では対流圏における減衰が大きく，大気の外に出ることができない．

[†2] HF 以下の電波は，対流圏の影響は無視できる．

以上の電波はこの屈折率の変化の影響を受けて電波通路がわん曲し，曲線となる。また，気象条件によっては大気中の屈折率の分布が複雑になり，その影響を受けて VHF 以上の電波が本来到達できないような場所に伝搬し，電波障害を引き起こすことがある（ラジオダクト (radio duct) などによる異常伝搬）。さらに雨や霧などが存在する空間をマイクロ波以上の電波が伝搬する場合，減衰が大きくなったり雨滴による散乱によって電波が乱されるなど，通信や放送に支障をきたす場合がある。

### 4.4 電離層伝搬

地球上層の大気を構成する分子は，太陽からの紫外線や X 線などによって電離し，地上約 50〜数千 km の高さに自由電子が存在する領域が生じる。この領域は**電離圏** (ionosphere) と呼ばれている。電離圏の電子密度は，太陽活動，季節，時刻などにより絶えず複雑に変化している。この電離圏の中で，地上から約 50〜数百 km の高さに，特に電子密度の大きくなる領域（層）が 4 か所形成され，地上に近いほうからそれぞれ D 層，E 層，$F_1$ 層，$F_2$ 層と呼ばれている。これらの層は**電離層**と呼ばれ，HF 以下の電波伝搬に影響を与える。**付表 4.1** に電離層の概要を示す。

### 4.5 フェージング

受信点の電界強度が伝搬路上の媒質の影響を受けて，時間とともに変動する現象をフェージング (fading) という。無線通信において，フェージングは代表的な電波障害であり，回線設計および無線局の運用の際は，つねに考慮する必要がある[†]。**付表 4.2** に，各伝搬様式における代表的なフェージングを示す。実際には，これらのフェージングが同時に起こっていることが多い。

---

[†] 代表的な対策を以下に紹介する。① 送信アンテナの指向性を高める。② 受信機に AGC 回路（自動利得調整回路）を設ける。③ 空間合成法 (space diversity)：二つ以上の受信アンテナを設置し，アンテナ出力を合成する。④ 偏波合成法 (polarization diversity)：垂直および水平の二つのアンテナを設置し，アンテナ出力を合成する。⑤ 周波数合成法 (frequency diversity)：一つの信号を異なる周波数を持ついくつかの搬送波で送信し，受信アンテナの出力を合成する。

付表 4.1　電離層の概要

| | D層 | E層 | $E_S$層（スポラジックE層） | $F_1$層 | $F_2$層 |
|---|---|---|---|---|---|
| 高さ | 約 50〜90 km | 約 90〜160 km | 約 100〜110 km（E層とほぼ同じ高さにある） | 約 180〜200 km（昼夜および季節によって変化する） | 約 200〜数百 km（昼夜および季節によって変化する） |
| 電子密度 | 電離層の中で最小 | D層より大きくF層より小さい。 | 発生と消滅が不規則。発生時にはE層より大きくなることがある。 | D層およびE層より大きく，$F_2$層より小さい。 | 電離層の中で最大 |
| 発生要因 | 太陽の紫外線 | 太陽の紫外線 | いくつかの条件が推定されているが詳細は不明。 | 太陽の紫外線 | 太陽の紫外線 |
| 特徴 | 昼間発生し，夜間に消滅する。夏によく発生し，冬は少ない。 | 昼間，電子密度が大きくなり，正午に最大となる。夜間は電子密度が小さくなる。夏はより電子密度が大きくなり冬は小さい。 | 中・低緯度で夏の昼間によく発生し，日によって変動が激しい。狭い範囲に出現し，低緯度ほど電子密度が大きい。 | 昼間の電子密度は大きい。夜は一体化して$F_2$層と一体を形成する。夏は$F_1$層と$F$層を形成する。夏は明瞭に現れ，冬はほとんど認められない。 | 昼間の電子密度は大きい。夜間は$F_1$層と一体となり$F$層を形成する。夏は電子密度の昼間と夜間の差は小さく，冬は昼間と夜間の差が大きい。 |
| 電波伝搬への影響 | LF帯より長い波長の電波に対する反射層として作用する。LF帯より短い波長の電波に対しては減衰（吸収）層として働く。 | 昼間はMF〜LF帯より長い波長の電波に対する反射層として作用する。LF帯より短い波長の電波に対しては減衰層として働く。夜間はMF〜LF帯をよく反射する。 | HF帯の定常通信には妨害となる。VHF帯の電波を反射して異常伝搬を引き起こす（定常的な通信には使えない。混信などの原因となる）。 | MF帯, HF帯の電波を夜に反射するが，昼と夜で反射の状況が異なる。 | HF帯の電波をよく反射し，定常通信に利用されるが，季節や時間帯によって反射の状況が異なるため，周波数の切り替えなどの対策が必要。 |

付表 **4.2** 代表的なフェージング

| 地上波および対流圏伝搬におけるフェージング（マイクロ波帯） ||
|---|---|
| シンチレーションフェージング | 大気の動揺や霧の発生消滅などによって，伝搬路の誘電率分布が不規則となり，多数の伝搬路が生じて直接波と干渉することによって発生する軽微なフェージング。数十〜数秒程度の短周期のものが多い。 |
| K形フェージング | 大気の屈折率の変化により，受信点の電界強度（直接波と大地反射波の合成電界）が変動することにより生じるフェージング。 |
| ダクト形フェージング | 伝搬路にラジオダクトが発生し，直接波がダクト内に閉じ込められることにより受信点以外に伝搬することによって生じるフェージング。発生は突然で，受信点電界強度の変動が大きく，実用上問題となる。 |
| 吸収形フェージング | 雨や雪，霧，雲などによる電波の吸収や散乱によって，受信点電界強度が弱められることによって生じるフェージング。 |

| 電離層伝搬におけるフェージング（HF帯） ||
|---|---|
| 干渉性フェージング | 送信アンテナから放射された電波が，いくつかの異なった伝搬路を通って受信アンテナに到達し，たがいに干渉して受信電界強度が変動することによって生じるフェージング。一般に周波数が低いほど起こりやすい。電離層の高さが大きく変化するときに起こりやすい。 |
| 吸収性フェージング | 電離層で受ける減衰が，短時間に変動することによって生じるフェージング。 |
| 偏波形フェージング | 電波が電離層で反射される際，電離層の状態により反射波（偏波面）が乱され，受信アンテナの誘起電圧が変動することによって生じるフェージング。 |
| 跳躍性フェージング | 電離層の状態の変化により，使用電波が電離層を突き抜けたり，反射波の地上での到達点が本来の到達点の内側や外側に変動したりする。このため受信電界強度が大きく変動して生じるフェージング。電離層の高さが大きく変化するときに起こりやすい。 |
| 同期性フェージング，選択性フェージング | ある送受信システムで，使用しているすべての周波数が等しく（一様に）受けるフェージングを同期性フェージング，周波数によってフェージングが異なるようなものを選択性フェージングという。 |

# 引用・参考文献

1) フリー百科事典「ウィキペディア (Wikipedia)」
2) 古谷恒雄：空中線系および電波伝搬－空中線・伝送回路－，啓学出版 (1983)
3) 狩原眞彦：空中線系・電波伝搬の研究〔上・下巻〕，近代科学社 (1973)
4) 徳丸　仁：基礎電磁波，森北出版 (1992)
5) 安達三郎：電磁波工学，コロナ社 (1983)
6) 細野敏夫：電磁波工学の基礎，昭晃堂 (1981)
7) 岩井陸路：解説 アンテナの基礎，東京電機大学出版局 (1972)
8) 秋田県産業技術総合研究センター 高度技術研究所：技術資料
9) 電気興業株式会社：技術資料
10) 宇田新太郎：電波工学演習，p.76, 学献社 (1973)
11) 電子情報通信学会 編：アンテナ工学ハンドブック，pp.392-393, オーム社 (1980)
12) 三菱電機株式会社：技術資料
13) M.Tomita, S.Itohara, T.Kitsuregawa, and M.Mizusawa：Cassegrain Antenna Fed by Four-Reflector Beam-Waveguide for Satellite Communications Earth Station, International Symp. on Antennas and Propagation (ISAP'71), Japan (1971)
14) 片木孝至：放射パターン測定に必要な送受間距離は？，信学会論文誌 B, **J71-B**, 11, p.1332 (1988)
15) 清水康敬ほか 編：電磁波の吸収と遮蔽，pp.130-132, 日経技術図書 (1989)
16) 宮田克正ほか：廃材を利用した電波吸収体の試作，昭和59年度電子通信学会総合全国大会講演論文集，3-231, p.896 (1984)
17) 若井　登，後藤尚久 監修：電波辞典，クリエイト・クルーズ (2000)
18) 宮　憲一 監修：改訂 衛星通信技術，コロナ社 (1985)
19) 吉川忠久：1・2陸技受験教室③ 無線工学 B, 東京電機大学出版局 (2000)
20) 安達宏司：無線工学 B 合格のためのアンテナ系・電波伝搬，ムイスリ出版 (1994)
21) 後藤憲一，山崎修一郎：詳解 電磁気学演習，共立出版 (1970)

# 演習問題解答

## 1 章

**【1】** $T = \dfrac{1}{f} = \dfrac{1}{300 \times 10^6} = 3.33$ 〔ns〕, 式 (1.2) より, $\lambda$〔m〕 $= \dfrac{300}{f\,〔\text{MHz}〕} = \dfrac{300}{300} = 1$〔m〕となる。

**【2】** 地上波放送では, 電波が A 市から B 市へ到達するのに要する時間は $T_{\text{AB}} = d/c = 0.003$〔s〕である。一方, 衛星放送では, 衛星を地上 $h = 36\,000$〔km〕にある静止衛星とすれば, 電波の到達時間は $T_{\text{ASB}} \approx 2h/c = 0.240$〔s〕となる。したがって, 到着時間の差は, $T_{\text{ASB}} - T_{\text{AB}} = 0.237$〔s〕である。

## 2 章

**【1】** 伝搬定数の定義式 (2.7) と式 (2.11) から $\alpha + j\beta = \sqrt{(R + j\omega L)(G + j\omega C)}$ であり, この式の両辺を 2 乗して実部と虚部を等しくおくと

$$\alpha^2 - \beta^2 = RG - \omega^2 LC \tag{解 2.1}$$

$$2\alpha\beta = \omega(LG + CR) \tag{解 2.2}$$

が得られる。ここで, $\alpha^2 + \beta^2 = \sqrt{(\alpha^2 - \beta^2)^2 + 4\alpha^2\beta^2}$ の関係を利用すれば

$$\alpha^2 + \beta^2 = \sqrt{(R^2 + \omega^2 L^2)(G^2 + \omega^2 C^2)} \tag{解 2.3}$$

である。したがって, 式 (解 2.1) と式 (解 2.3) から

$$\alpha^2 = \dfrac{1}{2}\left\{\sqrt{(R^2 + \omega^2 L^2)(G^2 + \omega^2 C^2)} + (RG - \omega^2 LC)\right\} \tag{解 2.4}$$

が求められ, 本文の式 (2.12) が導ける。同様に式 (解 2.1) と式 (解 2.3) から $\beta^2$ を求めて, 本文の式 (2.13) が得られる。

**【2】** 題意より, $Z_0 = \sqrt{\dfrac{L}{C}} = 50$〔Ω〕と $v = \dfrac{1}{\sqrt{LC}} = 2 \times 10^8$〔m/s〕であり, 両式から $L = 0.25$〔μH〕, $C = 100$〔pF〕が求められる。

**【3】** 整合がとれた線路であり, 電圧は入射波だけ, つまり式 (2.14) の第 1 式 $\dot{V}(z) = \dot{V}e^{-\alpha z}e^{-j\beta z}$ で表される。この式に $\alpha = 0.1$, $\beta = \pi/3$, $\dot{V} = 12$ そして $z = 7$

を代入して，$\dot{V}(7) = 12e^{-0.1\times 7}e^{-j(7/3)\pi} = 5.96e^{-j\pi/3}$ となる．また，$\beta = \pi/3$，$v = 2\times 10^8$ より，$\omega = \beta v = \dfrac{2}{3}\pi\times 10^8$ 〔rad/s〕となる．これより瞬時値を求めると $v(7, t) = \mathrm{Re}\{\sqrt{2}\dot{V}(7)e^{j\omega t}\} = 8.43\cos\left\{\left(\dfrac{2}{3}\pi\times 10^8\right)t - \dfrac{1}{3}\pi\right\}$ となる．

【4】 式 (2.42) から $\dot{Z}_{\mathrm{in}} = jZ_0\tan\beta\ell$ であり，$\dot{Z}_{\mathrm{in}} = -j300$ 〔Ω〕，$Z_0 = 300$ 〔Ω〕を代入して $\tan\beta\ell = -1$ となる．これより $\beta\ell = (3/4)\pi$ が得られ，$\ell = (3/8)\lambda$ が求められる．ここで，波長は $\lambda = 2$ 〔m〕であり，線路の最短長は $\ell = 0.75$ 〔m〕となる．

【5】 図 **2.14** に示すように，電圧定在波分布の波腹（例えば $d = d_{\mathrm{M}}$）において，電圧は最大値 $V_{\max}$ を，電流は最小値 $I_{\min}$ をとる．したがって，線路のインピーダンス $\dot{Z}(d)$ は，電圧定在波分布の波腹で最大

$$Z_{\max} = \frac{V_{\max}}{I_{\min}} = Z_0\frac{1+|\dot{\Gamma}|}{1-|\dot{\Gamma}|} = Z_0 S \quad\text{(解 2.5)}$$

である．逆に，電圧定在波分布の波節で線路のインピーダンスは最小となる．

$$Z_{\min} = \frac{V_{\min}}{I_{\max}} = Z_0\frac{1-|\dot{\Gamma}|}{1+|\dot{\Gamma}|} = \frac{Z_0}{S} \quad\text{(解 2.6)}$$

【6】 電圧反射係数を $\dot{\Gamma} = |\dot{\Gamma}|e^{-j\phi}$ とおけば，$S = \dfrac{1+|\dot{\Gamma}|}{1-|\dot{\Gamma}|} = 3$ より $|\dot{\Gamma}| = 1/2$ となる．また，$d_{\mathrm{N}} = \lambda/8$ で電圧最小より $2\beta d_{\mathrm{N}} + \phi = \pi$ となり，$\phi = \pi/2$ が得られる．したがって負荷のインピーダンス $\dot{Z}_{\mathrm{L}}$ は，$\dot{\Gamma} = \dfrac{\dot{Z}_{\mathrm{L}} - Z_0}{\dot{Z}_{\mathrm{L}} + Z_0} = \dfrac{1}{2}e^{-j(\pi/2)}$ から $\dot{Z}_{\mathrm{L}} = 30 - j40$ 〔Ω〕と求められる．

【7】 式 (2.51) より $I_{\min} = \dfrac{V_{\mathrm{i}}}{Z_0}(1-|\dot{\Gamma}|)$, $I_{\max} = \dfrac{V_{\mathrm{i}}}{Z_0}(1+|\dot{\Gamma}|)$ であり，伝送電力 $P$ は式 (2.55) から $P = \dfrac{V_{\mathrm{i}}^2}{Z_0}(1-|\dot{\Gamma}|^2) = Z_0 I_{\min}I_{\max} = 300\times 0.2\times 0.6 = 36$ 〔W〕となる．

【8】 伝搬定数は，条件 $(L/R = C/G)$ が成立しているとき

$$\dot{\gamma} = \sqrt{RG\left(1+j\omega\frac{L}{R}\right)\left(1+j\omega\frac{C}{G}\right)} = \sqrt{RG}\left(1+j\omega\frac{L}{R}\right) \quad\text{(解 2.7)}$$

と変形でき，減衰定数 $\alpha$ と位相定数 $\beta$ が，それぞれ

$$\alpha = \sqrt{RG},\quad \beta = \omega\frac{L}{R}\sqrt{RG} = \omega\sqrt{LC} \quad\text{(解 2.8)}$$

と求められる．信号のひずみには，周波数によって減衰量が異なることによる減衰ひずみと周波数により伝搬速度 $v$ が違うときに生じる位相ひずみがある．

条件 ($L/R = C/G$) が成立する伝送線路では，式 (解 2.8) から減衰定数 $\alpha$ は定数であり減衰ひずみはなく，また伝搬速度は $v = 1/\sqrt{LC}$ となり位相ひずみも生じない。

## 3章

【1】 式 (3.4)：拡張されたアンペアの法則 $\oint_C \boldsymbol{H} \cdot d\boldsymbol{\ell} = \int_A \left( \boldsymbol{J} + \dfrac{\partial \boldsymbol{D}}{\partial t} \right) \cdot \boldsymbol{n} dS$ の左辺に，ストークスの積分定理を適用すると，$\oint_C \boldsymbol{H} \cdot d\boldsymbol{\ell} = \int_A (\nabla \times \boldsymbol{H}) \cdot \boldsymbol{n} dS$ となる。これより，任意の閉曲面 $A$ に対して両式が成り立つには，$\nabla \times \boldsymbol{H} = \boldsymbol{J} + \dfrac{\partial \boldsymbol{D}}{\partial t}$ でなければならない。

式 (3.5)：ファラデーの電磁誘導の法則 $\oint_C \boldsymbol{E} \cdot d\boldsymbol{\ell} = -\int_A \left( \dfrac{\partial \boldsymbol{B}}{\partial t} \right) \cdot \boldsymbol{n} dS$ の左辺に，ストークスの積分定理を適用すると，$\oint_C \boldsymbol{E} \cdot d\boldsymbol{\ell} = \int_A (\nabla \times \boldsymbol{E}) \cdot \boldsymbol{n} dS$ となる。これより，$\nabla \times \boldsymbol{E} = -\dfrac{\partial \boldsymbol{B}}{\partial t}$ を得る。

式 (3.6)：(電束についての) ガウスの法則 $\int_A \boldsymbol{D} \cdot \boldsymbol{n} dS = \int_V \rho dV$ の左辺にガウスの積分定理を適用すると，$\int_A \boldsymbol{D} \cdot \boldsymbol{n} dS = \int_V (\nabla \cdot \boldsymbol{D}) dV$ となる。これより，任意の $V$ に対して両式が成り立つには，$\nabla \cdot \boldsymbol{D} = \rho$ でなければならない。

式 (3.7)：(磁束についての) ガウスの法則にガウスの積分定理を適用すると，$\int_A \boldsymbol{B} \cdot \boldsymbol{n} dS = \int_V (\nabla \cdot \boldsymbol{B}) dV = 0$ となる。これより，$\nabla \cdot \boldsymbol{B} = 0$ を得る。

【2】
$$\nabla \times (\nabla \times \boldsymbol{A}) = \begin{vmatrix} \boldsymbol{i}_x & \boldsymbol{i}_y & \boldsymbol{i}_z \\ \partial/\partial x & \partial/\partial y & \partial/\partial z \\ (\nabla \times \boldsymbol{A})_x \text{成分} & (\nabla \times \boldsymbol{A})_y \text{成分} & (\nabla \times \boldsymbol{A})_z \text{成分} \end{vmatrix} \text{より}$$

$$[\nabla \times (\nabla \times \boldsymbol{A})]_x \text{成分} = \dfrac{\partial}{\partial y}(\nabla \times \boldsymbol{A})_z \text{成分} - \dfrac{\partial}{\partial z}(\nabla \times \boldsymbol{A})_y \text{成分}$$

を得る。この式に

$$(\nabla \times \boldsymbol{A})_z \text{成分} = \dfrac{\partial A_y}{\partial x} - \dfrac{\partial A_x}{\partial y}, \quad (\nabla \times \boldsymbol{A})_y \text{成分} = \dfrac{\partial A_x}{\partial z} - \dfrac{\partial A_z}{\partial x}$$

を代入・整理すると

$[\nabla \times (\nabla \times \boldsymbol{A})]_x$ 成分

$$= \frac{\partial}{\partial y}\left(\frac{\partial A_y}{\partial x} - \frac{\partial A_x}{\partial y}\right) - \frac{\partial}{\partial z}\left(\frac{\partial A_x}{\partial z} - \frac{\partial A_z}{\partial x}\right) + \frac{\partial^2 A_x}{\partial x^2} - \frac{\partial^2 A_x}{\partial x^2}$$

$$= \frac{\partial}{\partial x}\left(\frac{\partial A_x}{\partial x} + \frac{\partial A_y}{\partial y} + \frac{\partial A_z}{\partial z}\right) - \left(\frac{\partial^2 A_x}{\partial x^2} + \frac{\partial^2 A_x}{\partial y^2} + \frac{\partial^2 A_x}{\partial z^2}\right)$$

$$= \frac{\partial}{\partial x}(\nabla \cdot \boldsymbol{A}) - (\nabla^2 \boldsymbol{A})_x \text{ 成分} = [\nabla(\nabla \cdot \boldsymbol{A})]_x \text{ 成分} - (\nabla^2 \boldsymbol{A})_x \text{ 成分}$$

となる．同様にして，$[\nabla \times (\nabla \times \boldsymbol{A})]_y$ 成分 $= [\nabla(\nabla \cdot \boldsymbol{A})]_y$ 成分 $- (\nabla^2 \boldsymbol{A})_y$ 成分，および，$[\nabla \times (\nabla \times \boldsymbol{A})]_z$ 成分 $= [\nabla(\nabla \cdot \boldsymbol{A})]_z$ 成分 $- (\nabla^2 \boldsymbol{A})_z$ 成分 が得られ，与式が証明される．

【3】 式 (3.20)：$\dot{k}^2 = \omega^2 \varepsilon \left(1 - j\dfrac{\sigma}{\omega \varepsilon}\right)\mu = \omega^2 \mu \varepsilon - j(\omega \mu \sigma)$，式 (3.42)：$\dot{k} = \beta - j\alpha$ $(\beta \geqq 0, \alpha \geqq 0)$ より，$\dot{k}^2 = \beta^2 - \alpha^2 - j2\beta\alpha$，以上より，$\beta^2 - \alpha^2 = \omega^2 \mu \varepsilon$（実部），$2\beta\alpha = \omega\mu\sigma$（虚部）が成り立つ．これを連立すると，$\alpha^4 + (\omega^2 \mu \varepsilon)\alpha^2 - (\omega\mu\sigma/2)^2 = 0$ が得られ，2次方程式の解の公式を利用して $\alpha^2 = \dfrac{\omega^2 \mu \varepsilon}{2}\left[\sqrt{1 + \left(\dfrac{\sigma}{\omega\varepsilon}\right)^2} - 1\right]$ を得る．

一方，$\beta^2 = \alpha^2 + \omega^2 \mu \varepsilon = \dfrac{\omega^2 \mu \varepsilon}{2}\left[\sqrt{1 + \left(\dfrac{\sigma}{\omega\varepsilon}\right)^2} + 1\right]$ を得る．以上より，式 (3.43) と式 (3.44) が導かれる．

媒質が誘電体の場合：$1 \gg \left(\dfrac{\sigma}{\omega\varepsilon}\right)$ の条件より，$\sqrt{1 + \left(\dfrac{\sigma}{\omega\varepsilon}\right)^2} \approx 1 + \dfrac{1}{2}\left(\dfrac{\sigma}{\omega\varepsilon}\right)^2$ の近似が成り立つので，これを式 (3.43) および (3.44) に代入することにより，式 (3.47) が導かれる．

媒質が良導体の場合：$1 \ll \left(\dfrac{\sigma}{\omega\varepsilon}\right)$ の条件を式 (3.43) と式 (3.44) に適用することにより，$\alpha \approx \omega\sqrt{\dfrac{\mu\varepsilon}{2}}\sqrt{\dfrac{\sigma}{\omega\varepsilon}}$ および $\beta \approx \omega\sqrt{\dfrac{\mu\varepsilon}{2}}\sqrt{\dfrac{\sigma}{\omega\varepsilon}}$ が得られ，式 (3.48) が導かれる．

【4】 $\lambda$ [m] $= 300/f$ [MHz] $= 300/300 = 1$ [m] より，$|\boldsymbol{k}| = 2\pi/\lambda = 2\pi$ [rad/m] を得る．$\theta = 30°$，$\phi = 45°$ より，伝搬方向の単位ベクトル $\boldsymbol{k}/|\boldsymbol{k}|$ は，$\boldsymbol{k}/|\boldsymbol{k}| = (\sin\theta\cos\phi)\mathbf{i}_x + (\sin\theta\sin\phi)\mathbf{i}_y + (\cos\theta)\mathbf{i}_z = (\sqrt{2}/4)\mathbf{i}_x + (\sqrt{2}/4)\mathbf{i}_y + (\sqrt{3}/2)\mathbf{i}_z$ で与えられるので，求める波数ベクトルは，$\boldsymbol{k} = (\pi\sqrt{2}/2)\mathbf{i}_x + (\pi\sqrt{2}/2)\mathbf{i}_y + (\pi\sqrt{3})\mathbf{i}_z$ となる．

【5】 (1) 平面波の電界（実効値）$|\dot{E}|$ と磁界（実効値）$|\dot{H}|$ の間には，$|\dot{H}| = |\dot{E}|/\eta_0$ の関係がある $(\eta_0 = \sqrt{\mu_0/\varepsilon_0})$．ゆえに，$\dfrac{1}{2}\mu_0|\dot{H}|^2 = \dfrac{1}{2}\mu_0\dfrac{|\dot{E}|^2}{\eta_0^2} = \dfrac{1}{2}\mu_0\dfrac{|\dot{E}|^2}{\mu_0/\varepsilon_0}$

$= \frac{1}{2}\varepsilon_0|\dot{E}|^2$ の関係が得られ,$w = \frac{1}{2}\varepsilon_0|\dot{E}|^2 + \frac{1}{2}\mu_0|\dot{H}|^2 = \varepsilon_0|\dot{E}|^2$ が成り立つ。

(2) $P$ $[J/(m^2 \cdot s)] = P$ $[W/m^2]$ は,ポインチング電力に等しいので,$P = |\dot{E}|^2/\eta_0$ を得る。

(3) $\dfrac{P}{w} = \dfrac{|\dot{E}|^2/\eta_0}{\varepsilon_0|\dot{E}|^2} = \dfrac{1}{\varepsilon_0\sqrt{\mu_0/\varepsilon_0}} = \dfrac{1}{\sqrt{\mu_0\varepsilon_0}} = c$ (真空中)

## 4章

【1】 解図 4.1 に示すように半波長アンテナから $\lambda/2$ 離れた点 (2–2′) のインピーダンスは,半波長アンテナの給電点 (1–1′) のインピーダンスと同じである。また,平行二線式線路 (平衡線路) と純抵抗の整合で,$Z_0 > R$ の関係があるので,回路図および求める $L, C$ の式は以下のようになる (表 4.1 参照)。解図 4.1 中の式に数値を代入して $L = 0.1$ [μH],$C = 9.35$ [pF] を得る。

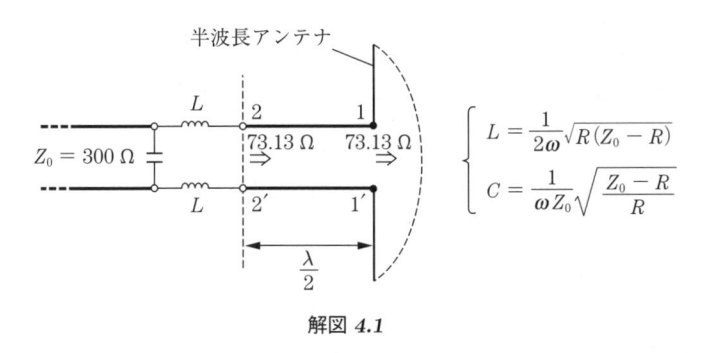

解図 4.1

【2】 4.5.1 項参照

【3】 (1) $x$ 軸方向偏波のとき,その遮断波長 $\lambda_c$ は,$\lambda_c = 2a = 45.8$ [mm] である。したがって,遮断周波数は式 (1.2) より,$f_c$ [GHz] $= 300/45.8$ [mm] $= 6.55$ [GHz] となる。

(2) $f = 10$ [GHz] の電波の自由空間における波長 $\lambda$ は,$\lambda$ [mm] $= 300/f$ [GHz] $= 300/10 = 30$ [mm] となる。これを式 (4.7) に代入して,管内波長 $\lambda_g = 39.70$ [mm] を得る。

【4】 $Z_{in} = Z_0^2/Z_L \fallingdotseq 33.33$ [Ω]

【5】 円形導波管の半径を $a$ としたときの $TE_{11}$ モードに対する遮断波長は，$\lambda_c =$ 3.4129$a$ で与えられ（式 (4.12) 参照），遮断周波数は式 (1.2) より $f_c$〔GHz〕= 299.7924/$\lambda_c$〔mm〕で与えられる。したがって，9 GHz を遮断する円形導波管の半径は $a_2 = 299.7924/(3.4129 \times 9) ≒ 9.760$〔mm〕となる。同様に，10 GHz を遮断する円形導波管の半径 $a_2 = 8.784$〔mm〕が求められる。したがって $a_2$ は，$8.784$〔mm〕$< a_2 \leqq 9.760$〔mm〕の範囲に選べばよい。

【6】
$$\dot{Z}_{in} = Z_0 \frac{\dot{Z}_L + jZ_0 \tan \beta \ell}{Z_0 + j\dot{Z}_L \tan \beta \ell}$$

$$= 50 \times \frac{30 + j50 \cdot \tan\left(\dfrac{2\pi}{\lambda} \cdot \dfrac{3}{4}\lambda\right)}{50 + j30 \cdot \tan\left(\dfrac{2\pi}{\lambda} \cdot \dfrac{3}{4}\lambda\right)}$$

$$= 50 \times \frac{50}{30} ≒ 83 \,〔\Omega〕$$

【7】 伝送線路の特性インピーダンスが $Z_0$，電圧反射係数の大きさが $|\dot{\Gamma}|$ のとき，電圧が最大 ($V_{max}$) で電流が最小 ($I_{min}$)，電圧が最小 ($V_{min}$) で電流が最大 ($I_{max}$) の関係で定在波が発生する。いま，$A$（定数）を入射波の大きさとすれば

$$V_{max} = A(1 + |\dot{\Gamma}|), \quad I_{min} = A(1 - |\dot{\Gamma}|)/Z_0$$
$$V_{min} = A(1 - |\dot{\Gamma}|), \quad I_{max} = A(1 + |\dot{\Gamma}|)/Z_0$$

と表される。したがって

(1) 電圧波腹から見たインピーダンス ($Z_{in}$) は

$$Z_{in} = \frac{V_{max}}{I_{min}} = Z_0 \frac{(1+|\dot{\Gamma}|)}{(1-|\dot{\Gamma}|)} = Z_0 S$$

(2) 電圧波節から見たインピーダンス ($Z_{in}$) は

$$Z_{in} = \frac{V_{min}}{I_{max}} = Z_0 \frac{(1-|\dot{\Gamma}|)}{(1+|\dot{\Gamma}|)} = \frac{Z_0}{S}$$

となる。

【8】 4.7.4 項を参照

## 5 章

【1】 式 (1.2) より，$\lambda$〔m〕$= 300/f$〔MHz〕$= 300/300 = 1$〔m〕。相対利得の真値を $G_h$ とすると

$$16\,〔dB〕= 10 \log_{10} G_h \quad \therefore \quad G_h = 39.8$$

絶対利得 $G_\mathrm{a}$（真値）と $G_\mathrm{h}$ の間には $G_\mathrm{a} = 1.64\,G_\mathrm{h}$ の関係があるので

$$G_\mathrm{a} = 1.64 \times 39.8 \fallingdotseq 65.3$$

これより

$$A_\mathrm{e} = \frac{\lambda^2}{4\pi}G_\mathrm{a} = \frac{1^2}{4\pi} \times 65.3 \fallingdotseq 5.2\,[\mathrm{m}^2]$$

【2】 アンテナの実効面積 $A_\mathrm{e}\,[\mathrm{m}^2]$ は，受信最大有効電力 $W_\mathrm{a}\,[\mathrm{W}]$ および到来電波のポインチング電力 $P\,[\mathrm{W/m}^2]$ を用いて，$A_\mathrm{e} = W_\mathrm{a}/P$ で定義される（式 (5.47)）。いま，アンテナの実効長を $h_\mathrm{e}\,[\mathrm{m}]$，放射抵抗を $R_\mathrm{r}\,[\Omega]$，アンテナの位置における電界強度を $E\,[\mathrm{V/m}]$ とすると，$W_\mathrm{a} = (Eh_\mathrm{e})^2/(4R_\mathrm{r})$，$P = E^2/(120\pi)$ であるので

$$A_\mathrm{e} = \frac{(Eh_\mathrm{e})^2}{4R_\mathrm{r}} \bigg/ \frac{E^2}{120\pi} = \frac{30\pi}{R_\mathrm{r}}h_\mathrm{e}^2$$

となる。一方，このアンテナを送信アンテナとして使用した場合，絶対利得を $G_\mathrm{a}$ とすると，アンテナから $r$ の距離にある最大放射方向の電界強度 $E_0$ は，$E_0 = \dfrac{\sqrt{30G_\mathrm{a}W_0}}{r}$ と表される。ここで $W_0$ はアンテナへの供給電力である。また，アンテナの実効長 $h_e$ および放射抵抗 $R_\mathrm{r}$ を用いると，$E_0$ は次式でも表すことができる。

$$E_0 = \frac{60\pi I h_\mathrm{e}}{\lambda r} = \frac{60\pi h_\mathrm{e}}{\lambda r}\sqrt{\frac{W_0}{R_\mathrm{r}}} \qquad \left(I = \sqrt{\frac{W_0}{R_\mathrm{r}}}\right)$$

それぞれ右辺を等しいとおき，$r$ と $W_0$ を消去すると

$$h_e = \frac{\lambda}{\pi}\sqrt{G_\mathrm{a}}\sqrt{\frac{R_\mathrm{r}}{120}}$$

が得られるので，$A_\mathrm{e}$ は

$$A_\mathrm{e} = \frac{30\pi}{R_\mathrm{r}} \cdot \frac{\lambda^2}{\pi^2}G_\mathrm{a} \cdot \frac{R_\mathrm{r}}{120} = \frac{\lambda^2}{4\pi}G_\mathrm{a}$$

となる。

【3】 まず，受信に必要な最小の電力密度を求める。$1\mathrm{cm}^2$ 当り $-104\,\mathrm{dBm}$ 必要なので，$-104\,[\mathrm{dBm/cm}^2] = 10\log_{10}(P\,[\mathrm{mW/cm}^2])$ より，$P = 10^{-10.4} \fallingdotseq 3.98 \times 10^{-11}\,[\mathrm{mW/cm}^2] = 3.98 \times 10^{-10}\,[\mathrm{W/m}^2]$ を得る。この値をポインチング電力として，受信点における電界強度 $E\,[\mathrm{V/m}]$ を求めると，$P = E^2/(120\pi)$ より

$$E = \sqrt{120\pi \times 3.98 \times 10^{-10}} \ \text{[V/m]}$$

が得られる．一方，半波長ダイポールアンテナにおいて $W$ [W]の電力が供給されたとき，$r$ [m]離れた点の電界 $E'$ は，$E' = \dfrac{\sqrt{49.2W}}{r}$ で与えられるので，$E' = E$，$W = 36$ [W]を代入して $r$ を求めると

$$r = \sqrt{\dfrac{49.2 \times 36}{120\pi \times 3.98 \times 10^{-10}}} \fallingdotseq 108.6 \ \text{[km]}$$

【4】 5.5.3 項を参照．

【5】 アンテナの相対利得 $G_\text{h}$ は，受信最大有効電力 $W_\text{a}$ [W]および基準アンテナとして半波長ダイポールアンテナを用いたときの受信最大有効電力 $W_\text{ah0}$ [W]を用いて $G_\text{h} = W_\text{a}/W_\text{ah0}$ で定義されるので，$W_\text{a} = (Eh_\text{e})^2/(4R)$，$W_\text{ah0} = \left(E \times \dfrac{\lambda}{\pi}\right)^2 \bigg/ (4 \times 73.13)$ を代入して

$$G_\text{h} = \dfrac{73.13}{R}\left(\dfrac{\pi}{\lambda}\right)^2 h_\text{e}^2$$

を得る．

【6】 80 dB□ の電界強度を $E$ [V/m]で表す．$80$ [dB□] $= 20\log_{10}(E$ [□V/m]) より，$E = 10^{-2}$ [V/m]．アンテナの絶対利得を $G_\text{a}$，アンテナに供給される電力を $W$ [W]とすると，アンテナから $r$ [m]の距離の電界 $E'$ は，$E' = \dfrac{\sqrt{30G_\text{a}W}}{r}$ で与えられるので，$E' = E$，$W = 50$ [W]，$r = 10 \times 10^3$ [m]を代入して $G_\text{a}$ を求めると

$$G_\text{a} = \dfrac{(10^{-2})^2 \times (10 \times 10^3)^2}{30 \times 50} \fallingdotseq 6.67 \ (真値)$$

を得る．また，相対利得を $G_\text{h}$ とすると，$G_\text{a} = 1.64\,G_\text{h}$ より，$G_\text{h} \fallingdotseq 4.07$ (真値) を得る．

【7】 (1) 式 (5.60) より $\delta = 0$ として最大放射方向は $\phi = \pm\pi/2$ となる．

(2) アンテナの利得を求める式 (5.33): $G = (E^2/W)/(E_0^2/W_0)$ を用いる．図のアレーアンテナの相対利得 $G$ は $G = \{(2E_0)^2/[2I^2(73.13 + R_{12})]\}/\{E_0^2/(I^2 \times 73.13)\} = (2 \times 73.13)/(73.13 + R_{12})$ で計算できる (例題5.11 参照)．図 5.20 より，素子間の距離 $d = 0.67\lambda$ のとき $R_{12} = -25.1$ [Ω]を読み取り，$G = 3.05$ 倍 ($= 4.84$ [dB]) を得る．

【8】 $L_0$ [dB] $= 10\log_{10} L_0$ に $L_0$ [dB] $= 120$ [dB]を代入し，$L_0$ (真値) として $L_0 = 10^{120/10} = 10^{12}$ を得る．$L_0 = (4\pi r/\lambda)^2$ に $L_0 = 10^{12}$ および $\lambda$ [mm] $= 300/f$ [GHz] $= 300/5 = 60$ [mm]を代入し，$r \fallingdotseq 4.8$ [km]を得る．

演 習 問 題 解 答　　215

【9】 使用電波の波長 $\lambda$ は，式 $(1.2)$ より，$\lambda$〔mm〕$= 300/f$〔GHz〕$= 300/10 = 30$〔mm〕。自由空間基本伝搬損 $L_0$〔dB〕は，$L_0$〔dB〕$= 10\log_{10}(4\pi r/\lambda)^2 = 10\log_{10}(4 \times 3.1415 \times 3.59 \times 10^{10}/30)^2 \fallingdotseq 203.5$〔dB〕。地球局の送信機出力 $W_1 = 3$〔kW〕を dBm 表示すると，$W_1$〔dBm〕$= 10\log_{10}(3 \times 10^3 \times 10^3) \fallingdotseq 64.8$〔dBm〕。以上より，受信機入力（受信電力）$W_2$〔dBm〕は，$W_2$〔dBm〕$= W_1$〔dBm〕$+ G_1$〔dB〕$+ G_2$〔dB〕$- L_0$〔dB〕$= 64.8 + 61 + 25 - 203.5 = -52.7$〔dBm〕。

## 6 章

【1】 2.73 倍（例題 **6.1** 参照）

【2】 (1) 構造：図 **6.12** (a) 参照。このアンテナは，円柱導体の外側にヘリックスを上下方向にたがいに逆方向に巻いたアンテナで，円柱導体の中央部より給電し，アンテナ終端を円柱導体に短絡したものである。ヘリックスの 1 巻きの長さは，波長の整数倍で，ピッチは $\lambda/2$（$\lambda$：波長）にする。

(2) 給電方法：図のように，上下ヘリックスに "同相" で給電する。

(3) 動作原理：中央部給電点から上下ヘリックスに同相で給電すると，図に示すように上側ヘリックスの電流 A と下側ヘリックスの電流 B による合成電界は，ベクトル合成の結果，その垂直偏波成分がキャンセルされ，水平偏波成分のみが放射される。

(4) 電気的特性：
① 水平偏波で，水平面内で無指向性である。
② ヘリックスの高周波電流は放射のため急激に減衰する。このため終端を短絡しても反射波がほとんどない進行波アンテナになり広帯域となる。
③ 給電点インピーダンスは，$50 \sim 100\,\Omega$ である。

【3】 図 **6.33** 参照。(1) 水平偏波となる。

(2) 理由：壁面電流の方向は，$\lambda_g/2$ ごとに上下方向に変化する。一方，スロットの配置も $\lambda_g/2$ ごとに傾斜角 $\theta$ が左右方向に変化する。このため，各スロットからの放射電界ベクトルは図 **6.33** のようになり，水平方向のベクトル成分は同方向で加え合わさるが，垂直方向の成分は $\lambda_g/2$ ごとに逆方向となり打ち消されるため，放射に寄与しない。

【4】 図 **6.26** 参照。(1) 水平偏波となる。

(2) 理由：図 **6.26** (a) において，ループ中心にある給電点（F）から平衡給電すると，ここから $\lambda/4$ 離れた点 a での電流は，給電線上で上向き最大となる。ここから点 b までの長さは約 $\lambda/4$ であるから，点 b 上で電流は零とな

る。つぎに、円弧 b-c-d の長さは $\lambda/2$ であるから、このループ上では、逆向き（左方向）の電流が流れ、点 d では電流が零、点 e で電流最大となり、同様に点 F′ で零となる。

給電点から下側のループについても同様に考えることができる。したがって、ループアンテナに流れる電流分布は図 (a) のようになり、各ループについて上下方向成分はループの左右でキャンセルされ、左右方向成分（水平偏波成分）は同相で励振されるのと等価となる。

給電線上の電流分布は、上下キャンセルされるため、ここからの放射はない。したがってこのループアンテナを図のように上下方向に配置すれば、図 (b) に示すように、水平方向に励振された4個のダイポールアンテナが上下方向に存在する水平偏波アンテナとなる。

【5】 フリスの伝達公式を使って求める。

$$W_2 = \left(\frac{\lambda}{4\pi r}\right)^2 G_{a1} G_{a2} W_1 \qquad (解\ 6.1)$$

ここで、$W_1$ と $W_2$ は送信電力と受信電力で、$G_{a1}$ と $G_{a2}$ は送信アンテナと受信アンテナの絶対利得、そして $r$ は送信アンテナと受信アンテナ間の距離、$\lambda$ は波長である。送信用パラボラアンテナの直径および開口効率をそれぞれ $D_1$、$\eta_1$ とすれば、絶対利得 $G_{a1}$ は、つぎのように与えられる。

$$G_{a1} = \eta_1 \left(\frac{\pi D_1}{\lambda}\right)^2 \qquad (解\ 6.2)$$

また、受信用正方形平面アンテナの一辺の長さを $S$、効率を $\eta_2$ とすれば、その絶対利得 $G_{a2}$ は

$$G_{a2} = \eta_2 \left[\frac{S^2}{\lambda^2/(4\pi)}\right] \qquad (解\ 6.3)$$

となる。式 (解 6.2), (解 6.3) を式 (解 6.1) に代入し、与えられた数値を代入すると、求める正方形平面アンテナの一辺の長さ $S$ は、83.6 cm と求められる。

【6】 6.4.5 項参照。

(1) 構造：カセグレンアンテナは図 **6.45** に示すように、パラボラ反射鏡の焦点 F に回転双曲面（副反射鏡）の一方の焦点を合わせ、もう一方の双曲面の焦点に一次放射器の位相中心を合わせて構成した2枚の反射鏡システムのアンテナをいう。一次放射器の位相中心 F から放射された電波は副反射鏡に照射されるが、この副反射鏡から反射された波は、パラボラ反射鏡の焦点から放射された波のように主反射鏡に向けて照射される。

(2) 特徴：
① 一次放射器に接続する入出力装置を主反射鏡頂点付近に設置可能なためアンテナの可動が要求される場合に有効であり，衛星通信および宇宙通信用，電波望遠鏡用として利用される．
② 2枚の反射鏡の鏡面修正により，70～80％の高能率特性が得られる．
③ 絶対利得が50～70dB程度，開口直径が100波長以上のアンテナに用いられる．
④ 副反射鏡と主反射鏡の寸法比が通常1:10程度である．
⑤ 交差偏波成分が小さい．

【7】 図6.52(a)参照．図に示すように，$x$軸方向に偏波された電界$E_1$と，$y$軸方向に偏波された電界$E_2$が，その大きさが等しく，たがいに90°の位相差（$E_2$が$E_1$より90°遅れ位相）で$z$軸方向に進んでいるとする．このとき，合成波のベクトルの先端は，伝搬軸に垂直に位置された途中のつい立て上で時間の経過とともに右回りで回転し，その軌跡は円となる．このように，電界ベクトルの先端が電波を発射する方向から見て右回りに回転する電波を右旋円偏波と呼ぶ．

【8】 図6.10参照．
(1) 構造：同軸線路の中心導体をらせん（ヘリックス）状に巻き，一方，同軸の外部導体を半径$\lambda/2$程度の地板として同軸線路に直角に折り曲げることによって構成したアンテナで，ヘリックスの直径$D$が$0.24\lambda \sim 0.42\lambda$程度，ピッチ角$\alpha$が12°～15°程度のとき，エンドファイアヘリカルアンテナとなる．
(2) 特徴：
① アンテナの軸方向（図の右側方向）に最大の単方向性ビーム（円偏波）を放射する．
② ヘリックス上に進行波電流が流れるため広帯域である．
③ 11～15dB程度の相対利得がある．

【9】 開き角$\alpha = 60°$であるので，解図6.1のように実在のアンテナ①（電流：$\dot{I}_1 = I$）に対して，五つの影像アンテナ②，③，④，⑤，⑥が発生し，それぞれに$\dot{I}_2 = -I$，$\dot{I}_3 = I$，$\dot{I}_4 = -I$，$\dot{I}_5 = I$，$\dot{I}_6 = -I$の電流が流れる．自由空間中の半波長アンテナに電流$I$が流れたときの距離$r$の点の電界は，$\dot{E} = j\dfrac{60I}{r}e^{-jkr}$で与えられるので，アンテナ①を基準にすると，正面方向では，$r_2 = r_6 = r_1 + d/2$，$r_3 = r_5 = r_1 + 3d/2$，$r_4 = r_1 + 2d$となる．したがって，これら六つのアンテナによる合成電界$\dot{E}_T$は

$$\dot{E}_T \approx j\frac{60I}{r_1}e^{-jkr_1}(e^{-jkr_1} - e^{-jkr_2} + e^{-jkr_3} - e^{-jkr_4} + e^{-jkr_5} - e^{-jkr_6})$$

$$= j\frac{60I}{r_1}e^{-jkr_1}(1 - e^{-j\pi/2} + e^{-j3\pi/2} - e^{-j2\pi} + e^{-j3\pi/2} - e^{-j\pi/2})$$

$$= j\frac{60I}{r_1}e^{-jkr_1}(j4)$$

となる。これより，$\dot{E}_T$ はアンテナ①のみによる電界 $|\dot{E}| = E$ に比べて，4 倍の強さとなる。一方，アンテナ①の入力インピーダンス $\dot{Z}_1$ は，式 (5.65) を拡張して，$\dot{Z}_1 = \dot{Z}_{11} + \sum_{n=2}^{6}\left(\frac{\dot{I}_n}{\dot{I}_1}\right)\dot{Z}_{1n} = 71.1 + j119.0$ 〔Ω〕となる。これより，アンテナ①への入力電力 $W$ は，$W = I^2 \times \mathrm{Re}\{\dot{Z}_1\} = 71.1I^2$ 〔W〕となる。したがって，アンテナの相対利得 $G_\mathrm{h}$ は

$$G_\mathrm{h} = \frac{\dfrac{(4E)^2}{71.1I^2}}{\dfrac{E^2}{73.1I^2}} = 16.5 \ (= 12.2 \ \text{〔dB〕})$$

となる。

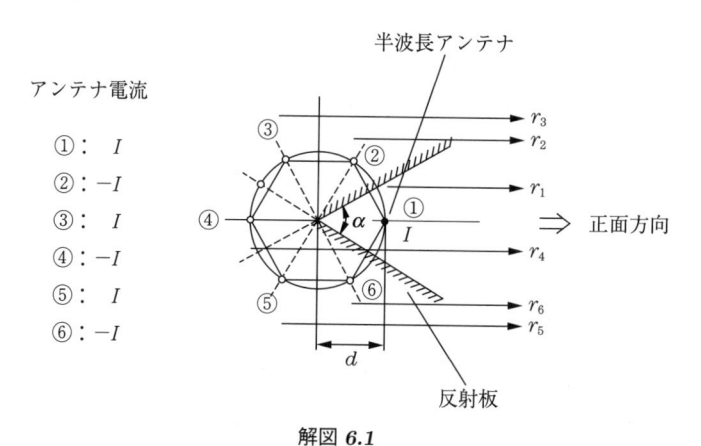

解図 6.1

【10】図 6.48 (a) 参照。図に示すように，波源 O から発した球面波が自由空間を伝搬し，距離 $r$ の誘電体上の点 P に到達したときの位相遅れは

$$kr = \frac{2\pi}{\lambda}r \tag{解 6.4}$$

である。一方，波源 O から同時に発してレンズの軸上を $S$ だけ伝搬し，さらにレンズ内を点 Q まで伝搬したときの位相遅れの和は

$$\frac{2\pi}{\lambda}S + \frac{2\pi}{\lambda_\mathrm{d}}(r\cos\theta - S) \tag{解 6.5}$$

となる。ここで，$\lambda_\mathrm{d}$ は誘電体中の波長で，自由空間中の波長 $\lambda$ との間には

$$\lambda_\mathrm{d} = \frac{\lambda}{\sqrt{\varepsilon_\mathrm{s}}} = \frac{\lambda}{n} \tag{解 6.6}$$

の関係がある。

したがって，点 P と点 Q での位相遅れが同じになるためには，式 (解 6.4) = 式 (解 6.5) であればよい。これに式 (解 6.6) を代入して，$r = \dfrac{(n-1)S}{n\cos\theta - 1}$ の関係式を得る。

【11】 中波放送用垂直接地アンテナにおいて，アンテナからの垂直面内放射が高角度になると，地表波と電離層反射波との干渉（フェージング）が発生する。これを防ぐため，アンテナの上部に頂冠を装荷することなどにより，高角度放射を抑制する。通常，地表から 60° 方向の放射を抑制して電離層反射波を低減するため，等価的電気長が $0.53\lambda$ の垂直アンテナを利用する。このアンテナをフェージング防止アンテナと呼ぶ。

【12】 ① 電波暗室の内側壁面には，電波吸収体が取り付けられているため，内部で発生した電波の壁面からの反射がない。また，電波暗室の外側は金属でシールドされており，電波吸収体で未吸収の電磁波も外部には漏洩しない。同時に，外部からの不要電磁波も暗室内へ侵入しない。したがって "外部に干渉せず，外部からの干渉を受けない，室内自由空間" である。

② 室内空間であるため，全天候における実験が可能である。同時に，長期にわたる測定も可能である。

③ 試験アンテナなどの特性測定において，その測定システムを電波暗室の近くに設置でき，また試験アンテナへのアクセスも容易であるため，実験効率がきわめて良い。

【13】 解図 6.2 のように送受信アンテナ間の最大距離 $R'$ は

$$R' = \sqrt{R^2 + \left(\frac{d+D}{2}\right)^2} = R\sqrt{1 + \left(\frac{d+D}{2R}\right)^2}$$

で与えられる。ここで $\dfrac{d+D}{2R} \ll 1$ のときは

$$R' \approx R\left\{1 + \frac{1}{2}\left(\frac{d+D}{2R}\right)^2\right\} = R + \frac{(d+D)^2}{8R}$$

となる。

$$\therefore \quad \Delta R = R' - R = \frac{(d+D)^2}{8R} < \frac{\lambda}{16}$$

$$\therefore \quad R > \frac{2(d+D)^2}{\lambda}$$

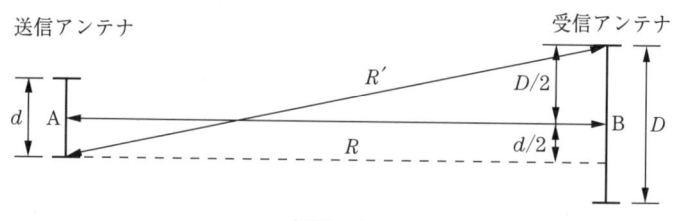

送信アンテナ　　　　　　　　　　　　　　　　受信アンテナ

解図 **6.2**

- 【14】 電波吸収体からの反射係数を $|\dot{\Gamma}|$ とする。

  (1) $-20\,\mathrm{dB}$ の場合：$-20 = 10\log_{10}|\dot{\Gamma}|^2$ より $|\dot{\Gamma}|^2 = 0.01$ となる。したがって，$1-|\dot{\Gamma}|^2 = 0.99$ であり，99%が熱になる。

  (2) $-30\,\mathrm{dB}$ の場合：$-30 = 10\log_{10}|\dot{\Gamma}|^2$ より $|\dot{\Gamma}|^2 = 0.001$ である。したがって，$1-|\dot{\Gamma}|^2 = 0.999$ であり 99.9%が熱になる。

- 【15】 E 面放射パターンとは，アンテナの電界を含む面内の放射パターンをいう。したがって，送信アンテナの偏波を水平にし，アンテナ回転台上にはパラボラアンテナの偏波が水平になるように取り付け，アンテナ回転台を回して，受信強度の特性を測定すればよい。一方，H 面放射パターンの測定は，送信偏波を垂直偏波とし，パラボラアンテナの偏波も垂直となるようにアンテナ回転台に取り付け，回転台を回転して同様の測定を行えばよい。

- 【16】 図**6.56**参照。電波暗室内に平面波を発生するアンテナを設置し，アンテナの放射パターンや，利得などの特性試験を可能にした環境をコンパクトレンジ (compact range) と呼んでいる。平面波発生用アンテナの代表的な例として，オフセットパラボラアンテナがある。通常，電波暗室内の長手方向の壁面近くにアンテナをセットし，アンテナ焦点に設置された一次放射器により反射鏡を照射し，平面波を電波暗室内で実現する。試験用の受信アンテナは，電波暗室の対向壁面から適当な距離をおいて設置されたアンテナ回転台の上に取り付けられる。コンパクトレンジの性能は，試験アンテナが設置される近傍での平面波の振幅および位相のリップルの少なさで評価される。このリップルを低減するため，反射鏡周辺部をゆるやかな曲面で構成したり，セレーション（のこぎり状のギザギザ）を施したりする。

# 索引

## 【あ】

アップリンク　　168
アドミタンスチャート　192
アルミシース同軸ケーブル
　　　　　　　　　63
アレーアンテナ　　138
アンペアの周回積分の法則
　　　　　　　　　39

## 【い】

位相速度　　17, 77
位相定数　　12
一次放射器　　164
一点給電　　157

## 【う】

右旋円偏波　　175

## 【え】

影像アンテナ　　103
円形導波管　　79
エンドファイアアレー　119
エンドファイアヘリカル
　アンテナ　　133
円偏波　　175
円偏波アンテナ　　175
遠方界領域　　179

## 【お】

オフセットパラボラアンテナ
　　　　　　　　　166

## 【か】

開口面アンテナ　　159
回折波　　202

回　転　　44
ガウスの法則　　42
角錐ホーンアンテナ　163
拡張されたアンペアの法則
　　　　　　　　　42
カージオイド　　131
カセグレンアンテナ　169
可とう性　　62
完全導体　　39
管内波長　　73

## 【き】

基準アンテナ　　107
逆 L アンテナ　　129
給電点インピーダンス　102
球面波　　93
狭帯域アンテナ　　176
鏡面修整　　170
鏡面修整カセグレン
　アンテナ　　170
共役整合　　111
共用回路　　69
金属グリッド　　146
金属反射板付きアンテナ
　　　　　　　　　142
近傍界－遠方界変換法　182

## 【く】

空胴共振器　　82
矩形導波管　　71
屈折率　　51
グレゴリアンアンテナ　171
クワイエットゾーン　183
群速度　　77

## 【け】

結合度　　85
減衰定数　　12

## 【こ】

交差偏波　　168
交差偏波識別度　　168
構成方程式　　38
広帯域アンテナ　　176
コーナーリフレクタ
　アンテナ　　145
固有インピーダンス　48
コルヌの積分　　161
コンパクトレンジ　185

## 【さ】

サイドファイアヘリカル
　アンテナ　　134
サイドローブレベル　137
再放射　　112
左旋円偏波　　176

## 【し】

磁　界　　38
軸モード　　133
自己インピーダンス　121
指向性　　95
指向性係数　　95
磁性体　　39
磁性電波吸収材　　185
磁束密度　　38
実効高　　101
実効長　　101
実効面積　　113
遮断周波数　　75

| | | | | | |
|---|---|---|---|---|---|
| 遮断波長 | 75 | 線路 | | 電荷密度 | 38 |
| 自由空間 | 39 | ——の一次定数 | 9 | 電磁波 | 1 |
| 自由空間基本伝送損 | 116 | ——の二次定数 | 12 | 電磁ホーンアンテナ | 159 |
| 自由空間中の電波伝搬 | 202 | ——の入力インピーダンス | | 伝送電力 | 22 |
| 集中定数回路 | 8 | | 25 | 電束密度 | 38 |
| 周波数 | 1 | | | 伝導電流 | 41 |
| 受信開放電圧 | 111 | 【そ】 | | 電波 | 1 |
| 受信最大有効電力 | 111 | 相互インピーダンス | 120 | 電波暗室 | 182 |
| 受端開放線路 | 26 | 相対利得 | 107 | 電波吸収体 | 182 |
| 受端短絡線路 | 27 | 挿入損失 | 85 | 電波伝搬 | 200 |
| 主反射鏡 | 169 | | | 伝搬速度 | 16 |
| 主ビーム | 137 | 【た】 | | 伝搬定数 | 11 |
| 主偏波 | 168 | 対数周期アンテナ | 140 | 伝搬様式 | 200 |
| 進行波 | 18 | 大地反射波 | 202 | 伝搬路 | 200 |
| | | 対流圏 | 202 | 電離圏 | 203 |
| 【す】 | | 対流圏伝搬 | 202 | 電離層 | 203 |
| 垂直アンテナ | 127 | ダウンリンク | 168 | 電離層伝搬 | 203 |
| 垂直偏波アンテナ | 175 | だ円偏波 | 176 | 電流 | 38 |
| 垂直偏波双ループアンテナ | | 単一方向性アンテナ | 174 | 電流密度 | 38 |
| | 149 | 短縮率 | 103 | 電力パターン | 95 |
| 水平偏波アンテナ | 175 | | | 電力半値ビーム幅 | 165 |
| 水平偏波双ループアンテナ | | 【ち】 | | 電力分配器 | 70 |
| | 147 | 地上波 | 202 | | |
| 水平ワイヤアンテナ | 135 | 地上波伝搬 | 202 | 【と】 | |
| スーパーゲインアンテナ | | 地表波 | 202 | 等位相面 | 56 |
| | 144 | 中央給電パラボラアンテナ | | 同軸ケーブル | 61 |
| スーパーターンスタイル | | | 164 | 同軸線路 | 61 |
| アンテナ | 141 | 超広帯域アンテナ | 176 | 同軸導波管変換器 | 81 |
| スペクトラムアナライザ | | 頂点整合板 | 166 | 透磁率 | 39 |
| | 180 | 直接波 | 202 | 同調給電 | 126 |
| スミスチャート | 192 | 直線偏波 | 56 | 導電性電波吸収材 | 184 |
| スロットアンテナ | 151 | 直線偏波アンテナ | 175 | 導電電流 | 41 |
| | | | | 導電率 | 39 |
| 【せ】 | | 【て】 | | 導波管 | 71 |
| 正規化インピーダンス | 192 | 定在波 | 28 | 導波管スロットアレー | |
| 整合 | 26 | 定在波測定器 | 83, 193 | アンテナ | 150 |
| 静電界 | 92 | デシベル単位 | 190 | 導波管平面アンテナ | 153 |
| 絶対利得 | 107 | テーパ導波管 | 87 | 導波器 | 139 |
| セミリジッドケーブル | 63 | 電圧定在波比 | 33 | 等方性 | 96 |
| 扇形ホーンアンテナ | 160 | 電圧定在波分布 | 30 | 等方性アンテナ | 107, 173 |
| 全方向性 | 96 | 電荷 | 38 | 特性インピーダンス | 12 |
| 全方向性アンテナ | 174 | 電界 | 38 | | |
| 前方後方比 | 139 | 電界パターン | 95 | | |

## 【に】

| | |
|---|---|
| 入射波 | 21 |
| 入力インピーダンス | 102 |

## 【ぬ】

| | |
|---|---|
| ヌル | 131 |

## 【ね】

| | |
|---|---|
| ネットワークアナライザ | 180 |
| ネーパ | 191 |

## 【は】

| | |
|---|---|
| 媒質定数 | 39 |
| ハイブリッド線路 | 59 |
| 背面給電 | 157 |
| 波　数 | 46 |
| 波数チャート | 193 |
| 波数ベクトル | 55 |
| 波　長 | 1 |
| 発　散 | 44 |
| パッチ | 156 |
| バットウィングアンテナ | 141 |
| 波動インピーダンス | 48 |
| 波動方程式 | 46 |
| 波　面 | 56 |
| パラボラアンテナの焦点 | 165 |
| バラン | 68 |
| 反射器 | 138 |
| 反射係数 | 27 |
| 反射損 | 34 |
| 反射波 | 21 |
| 半波長アンテナ | 97, 125 |
| ——の入力インピーダンス | 103 |

## 【ひ】

| | |
|---|---|
| 光の速さ | 48 |
| 微小ダイポール | 91 |
| 微小ダイポールからの放射界 | 93 |
| 比透磁率 | 50 |
| 非同調給電 | 127 |
| 比誘電率 | 50 |
| 標準電磁ホーンアンテナ | 177 |
| 表皮効果 | 54 |
| 表皮の深さ | 54 |

## 【ふ】

| | |
|---|---|
| ファラデーの電磁誘導の法則 | 42 |
| フェージング | 203 |
| 複素誘電率 | 52 |
| 副反射鏡 | 169 |
| 不平衡線路 | 67 |
| フランジ | 81 |
| フリスの伝達公式 | 116 |
| ブロードサイドアレー | 119 |
| ブロードサイドヘリカルアンテナ | 133 |
| 分布定数回路 | 9 |

## 【へ】

| | |
|---|---|
| 平衡線路 | 67 |
| 平行二線式線路 | 59 |
| 平衡－不平衡変換器 | 68 |
| 平面アンテナ | 150 |
| 平面電磁波 | 1 |
| 平面波 | 1, 49 |
| 平面反射板付き半波長アンテナ | 142 |
| ヘリカルアンテナ | 132 |
| ヘリックス | 132 |
| 変位電流 | 40 |
| ペンシルビーム | 164 |
| 偏　波 | 56 |

## 【ほ】

| | |
|---|---|
| ポインチング電力 | 47 |
| 方向性 | 85 |
| 方向性結合器 | 83 |
| 放射インピーダンス | 102 |
| 放射界 | 92 |
| 放射器 | 138 |
| 放射損 | 61 |
| 放射抵抗 | 95 |
| 放射電力 | 94 |
| 放射パターン | 95 |
| ——の測定 | 180 |
| 放射リアクタンス | 102 |
| ポストによる整合 | 199 |
| ホーンリフレクタアンテナ | 171 |

## 【ま】

| | |
|---|---|
| マイクロストリップアンテナ | 156 |
| マイクロストリップ線路 | 63 |
| マイクロ波 | 3 |
| マクスウェルの方程式 | 39 |
| マクスウェルの方程式（微分形） | 43 |
| マジックT | 85 |

## 【み】

| | |
|---|---|
| 源 | 38 |

## 【む】

| | |
|---|---|
| 無給電アンテナ | 157 |
| 無指向性 | 96 |
| 無損失線路 | 14 |

## 【や】

| | |
|---|---|
| 八木・宇田アンテナ | 138 |

## 【ゆ】

| | |
|---|---|
| 誘電性電波吸収材 | 185 |
| 誘電体 | 39 |
| 誘電体レンズ | 172 |
| 誘電体レンズアンテナ | 172 |
| 誘電率 | 38 |
| 誘導性窓 | 87 |
| 誘導電磁界 | 92 |

## 【よ】

| | |
|---|---|
| 容量性ポスト | 87 |
| 1/4 波長整合回路 | 65 |
| $\lambda/4$ 垂直接地アンテナ | 104 |
| $\lambda_g/4$ 整合器 | 88 |

## 【ら】

| | |
|---|---|
| ラジオダクト | 203 |

## 【り】

| | |
|---|---|
| 利　得 | 106 |
| ──の測定 | 177 |
| リファレンスチャンネル | 180 |
| 臨界周波数 | 75 |
| 臨界波長 | 75 |

## 【る】

| | |
|---|---|
| ループアンテナ | 130 |

## 【れ】

| | |
|---|---|
| 連続の式 | 43 |

## 【ろ】

| | |
|---|---|
| ロンビックアンテナ | 135, 137 |

## 【C】

| | |
|---|---|
| C バンド | 70 |

## 【D】

| | |
|---|---|
| dBi | 107 |
| dBm | 191 |
| dB□ | 191 |
| dip 点 | 83 |

## 【E】

| | |
|---|---|
| E 面扇形ホーンアンテナ | 160 |
| E 面放射パターン | 96, 181 |
| EH 整合器 | 87 |

## 【G】

| | |
|---|---|
| GP-IB | 180 |

## 【H】

| | |
|---|---|
| H 面扇形ホーンアンテナ | 161 |
| H 面放射パターン | 97, 181 |

## 【K】

| | |
|---|---|
| Ka バンド | 70 |
| Ku バンド | 70 |

## 【L】

| | |
|---|---|
| L バンド | 70 |

## 【M】

| | |
|---|---|
| MIC | 156 |

## 【N】

| | |
|---|---|
| null | 131 |

## 【S】

| | |
|---|---|
| S バンド | 70 |
| SWR メータ | 83 |

## 【T】

| | |
|---|---|
| TE モード | 59 |
| TEM モード | 59 |
| $TE_{10}$ モード | 73 |
| $TE_{11}$ モード | 79 |
| TM モード | 59 |

## 【V】

| | |
|---|---|
| VSWR | 33 |

## 【X】

| | |
|---|---|
| X バンド | 70 |
| X バンド空胴周波数計 | 83 |
| XPD | 168 |

―― 著者略歴 ――

**松田　豊稔**（まつだ　とよのり）
- 1980年　熊本大学工学部電子工学科卒業
- 1982年　熊本大学大学院工学研究科修士課程修了（電子工学専攻）
　　　　　熊本電波工業高等専門学校助手
- 1992年　熊本電波工業高等専門学校助教授
- 1994年　博士（工学）（熊本大学）
- 2000年　熊本電波工業高等専門学校教授
- 2009年　熊本高等専門学校教授（校名変更）
- 2021年　熊本高等専門学校名誉教授

**南部　幸久**（なんぶ　ゆきひさ）
- 1984年　第一級無線技術士（HAIF13）
- 1985年　佐世保工業高等専門学校電気工学科卒業
- 1987年　長岡技術科学大学工学部電子機器工学課程卒業
　　　　　長崎県立佐世保工業高等学校教諭
- 1990年　九州大学助手
- 1991年　佐世保工業高等専門学校講師
- 1996年　博士（工学）（九州大学）
- 1997年　佐世保工業高等専門学校助教授
- 2007年　佐世保工業高等専門学校准教授
- 2011年　佐世保工業高等専門学校教授
- 2018年　有明工業高等専門学校教授
　　　　　現在に至る

**宮田　克正**（みやた　かつまさ）
- 1970年　北海道大学工学部電気工学科卒業
- 1970年　三菱電機株式会社勤務
- 1972年　秋田工業高等専門学校助手
- 1973年　第一級無線技術士（IWF3）
- 1983年　秋田工業高等専門学校助教授
- 1986年　工学博士（北海道大学）
- 1998年　秋田工業高等専門学校教授
- 2011年　秋田工業高等専門学校名誉教授
　　　　　秋田工業高等専門学校特任教授
- 2012年　秋田工業高等専門学校嘱託教授
- 2013年　INTEC Education College（マレーシア）講師
- 2014年〜15年，2017年〜18年
　　　　　秋田工業高等専門学校非常勤講師

# 電波工学
Radio Wave Engineering

　　　　　　　　　　　　　　　　© Matsuda, Miyata, Nanbu 2008

2008年4月21日　初版第1刷発行
2024年1月15日　初版第13刷発行

|  | 著　者 | 松　田　豊　稔 |
|---|---|---|
| 検印省略 |  | 宮　田　克　正 |
|  |  | 南　部　幸　久 |
|  | 発行者 | 株式会社　コロナ社 |
|  |  | 代表者　牛来真也 |
|  | 印刷所 | 三美印刷株式会社 |
|  | 製本所 | 有限会社　愛千製本所 |

112-0011　東京都文京区千石4-46-10
発行所　株式会社　コロナ社
CORONA PUBLISHING CO., LTD.
Tokyo Japan
振替 00140-8-14844・電話(03)3941-3131(代)
ホームページ　https://www.coronasha.co.jp

ISBN 978-4-339-01204-0　C3355　Printed in Japan　　　（安達）

<JCOPY> <出版者著作権管理機構 委託出版物>
本書の無断複製は著作権法上での例外を除き禁じられています。複製される場合は，そのつど事前に，出版者著作権管理機構（電話 03-5244-5088, FAX 03-5244-5089, e-mail: info@jcopy.or.jp）の許諾を得てください。

本書のコピー，スキャン，デジタル化等の無断複製・転載は著作権法上での例外を除き禁じられています。購入者以外の第三者による本書の電子データ化及び電子書籍化は，いかなる場合も認めていません。
落丁・乱丁はお取替えいたします。

# 電子情報通信レクチャーシリーズ

(各巻B5判，欠番は品切または未発行です)

■電子情報通信学会編

| | 配本順 | | 著者 | 頁 | 本体 |
|---|---|---|---|---|---|
| **共通** | | | | | |
| A-1 | (第30回) | 電子情報通信と産業 | 西村 吉雄 著 | 272 | 4700円 |
| A-2 | (第14回) | 電子情報通信技術史<br>―おもに日本を中心としたマイルストーン― | 「技術と歴史」研究会編 | 276 | 4700円 |
| A-3 | (第26回) | 情報社会・セキュリティ・倫理 | 辻井 重男 著 | 172 | 3000円 |
| A-5 | (第6回) | 情報リテラシーとプレゼンテーション | 青木 由直 著 | 216 | 3400円 |
| A-6 | (第29回) | コンピュータの基礎 | 村岡 洋一 著 | 160 | 2800円 |
| A-7 | (第19回) | 情報通信ネットワーク | 水澤 純一 著 | 192 | 3000円 |
| A-9 | (第38回) | 電子物性とデバイス | 益 一哉<br>天川 修平 共著 | 244 | 4200円 |
| **基礎** | | | | | |
| B-5 | (第33回) | 論理回路 | 安浦 寛人 著 | 140 | 2400円 |
| B-6 | (第9回) | オートマトン・言語と計算理論 | 岩間 一雄 著 | 186 | 3000円 |
| B-7 | (第40回) | コンピュータプログラミング<br>―Pythonでアルゴリズムを実装しながら問題解決を行う― | 富樫 敦 著 | 208 | 3300円 |
| B-8 | (第35回) | データ構造とアルゴリズム | 岩沼 宏治 他著 | 208 | 3300円 |
| B-9 | (第36回) | ネットワーク工学 | 田中 敬裕<br>村野 正介<br>仙石 和 共著 | 156 | 2700円 |
| B-10 | (第1回) | 電磁気学 | 後藤 尚久 著 | 186 | 2900円 |
| B-11 | (第20回) | 基礎電子物性工学<br>―量子力学の基本と応用― | 阿部 正紀 著 | 154 | 2700円 |
| B-12 | (第4回) | 波動解析基礎 | 小柴 正則 著 | 162 | 2600円 |
| B-13 | (第2回) | 電磁気計測 | 岩﨑 俊 著 | 182 | 2900円 |
| **基盤** | | | | | |
| C-1 | (第13回) | 情報・符号・暗号の理論 | 今井 秀樹 著 | 220 | 3500円 |
| C-3 | (第25回) | 電子回路 | 関根 慶太郎 著 | 190 | 3300円 |
| C-4 | (第21回) | 数理計画法 | 山下 信雄<br>福島 雅夫 共著 | 192 | 3000円 |

| 配本順 | | | 頁 | 本体 |
|---|---|---|---|---|
| C-6 (第17回) | インターネット工学 | 後藤滋樹・外山勝保 共著 | 162 | 2800円 |
| C-7 (第3回) | 画像・メディア工学 | 吹抜敬彦 著 | 182 | 2900円 |
| C-8 (第32回) | 音声・言語処理 | 広瀬啓吉 著 | 140 | 2400円 |
| C-9 (第11回) | コンピュータアーキテクチャ | 坂井修一 著 | 158 | 2700円 |
| C-13 (第31回) | 集積回路設計 | 浅田邦博 著 | 208 | 3600円 |
| C-14 (第27回) | 電子デバイス | 和保孝夫 著 | 198 | 3200円 |
| C-15 (第8回) | 光・電磁波工学 | 鹿子嶋憲一 著 | 200 | 3300円 |
| C-16 (第28回) | 電子物性工学 | 奥村次徳 著 | 160 | 2800円 |

【展開】

| | | | | |
|---|---|---|---|---|
| D-3 (第22回) | 非線形理論 | 香田徹 著 | 208 | 3600円 |
| D-5 (第23回) | モバイルコミュニケーション | 中川正雄・大槻知明 共著 | 176 | 3000円 |
| D-8 (第12回) | 現代暗号の基礎数理 | 黒澤馨・尾形わかは 共著 | 198 | 3100円 |
| D-11 (第18回) | 結像光学の基礎 | 本田捷夫 著 | 174 | 3000円 |
| D-14 (第5回) | 並列分散処理 | 谷口秀夫 著 | 148 | 2300円 |
| D-15 (第37回) | 電波システム工学 | 唐沢好男・藤井威生 共著 | 228 | 3900円 |
| D-16 (第39回) | 電磁環境工学 | 徳田正満 著 | 206 | 3600円 |
| D-17 (第16回) | VLSI工学 ―基礎・設計編― | 岩田穆 著 | 182 | 3100円 |
| D-18 (第10回) | 超高速エレクトロニクス | 中村徹・三島友義 共著 | 158 | 2600円 |
| D-23 (第24回) | バイオ情報学 ―パーソナルゲノム解析から生体シミュレーションまで― | 小長谷明彦 著 | 172 | 3000円 |
| D-24 (第7回) | 脳工学 | 武田常広 著 | 240 | 3800円 |
| D-25 (第34回) | 福祉工学の基礎 | 伊福部達 著 | 236 | 4100円 |
| D-27 (第15回) | VLSI工学 ―製造プロセス編― | 角南英夫 著 | 204 | 3300円 |

定価は本体価格+税です。
定価は変更されることがありますのでご了承下さい。

図書目録進呈◆

# 電気・電子系教科書シリーズ

(各巻A5判)

- ■編集委員長　高橋　寛
- ■幹　　　事　湯田幸八
- ■編集委員　　江間　敏・竹下鉄夫・多田泰芳
- 　　　　　　　中澤達夫・西山明彦

| 配本順 | | 書名 | 著者 | 頁 | 本体 |
|---|---|---|---|---|---|
| 1. | (16回) | 電　気　基　礎 | 柴田尚志・皆藤新一・田中尚芳 共著 | 252 | 3000円 |
| 2. | (14回) | 電　磁　気　学 | 多田泰芳・柴田尚 共著 | 304 | 3600円 |
| 3. | (21回) | 電　気　回　路 Ⅰ | 柴田　尚志 著 | 248 | 3000円 |
| 4. | (3回) | 電　気　回　路 Ⅱ | 遠藤　勲・鈴木靖純・吉澤昌純 共著／福吉昌典 編 | 208 | 2600円 |
| 5. | (29回) | 電気・電子計測工学(改訂版)　—新SI対応— | 降矢典雄・吉村和己・高田拓明二・西川西平鎮 共著 | 222 | 2800円 |
| 6. | (8回) | 制　御　工　学 | 下奥青山俊西堀木正幸 共著 | 216 | 2600円 |
| 7. | (18回) | ディジタル制御 | 青西俊幸 共著 | 202 | 2500円 |
| 8. | (25回) | ロボット工学 | 白水俊次 著 | 240 | 3000円 |
| 9. | (1回) | 電子工学基礎 | 中藤澤達勝夫幸 共著 | 174 | 2200円 |
| 10. | (6回) | 半　導　体　工　学 | 渡辺英夫 著 | 160 | 2000円 |
| 11. | (15回) | 電気・電子材料 | 中澤・森田・押山・服部・藤田原 共著 | 208 | 2500円 |
| 12. | (13回) | 電　子　回　路 | 須田健二 共著 | 238 | 2800円 |
| 13. | (2回) | ディジタル回路 | 伊原充博・若海弘夫・吉澤昌純・室賀進也・土田純巌 共著 | 240 | 2800円 |
| 14. | (11回) | 情報リテラシー入門 | 山下　巌 共著 | 176 | 2200円 |
| 15. | (19回) | C++プログラミング入門 | 湯田幸八 著 | 256 | 2800円 |
| 16. | (22回) | マイクロコンピュータ制御プログラミング入門 | 柚賀正光・千代谷慶 共著 | 244 | 3000円 |
| 17. | (17回) | 計算機システム(改訂版) | 春日健・舘泉雄治 共著 | 240 | 2800円 |
| 18. | (10回) | アルゴリズムとデータ構造 | 湯田幸八・伊原充博 共著 | 252 | 3000円 |
| 19. | (7回) | 電気機器工学 | 前田勉・新谷邦弘 共著 | 222 | 2700円 |
| 20. | (31回) | パワーエレクトロニクス(改訂版) | 江間　敏・高橋　勲 共著 | 232 | 2600円 |
| 21. | (28回) | 電　力　工　学(改訂版) | 江間　敏・甲斐隆章 共著 | 296 | 3000円 |
| 22. | (30回) | 情　報　理　論(改訂版) | 三木成彦・吉川英機 共著 | 214 | 2600円 |
| 23. | (26回) | 通　信　工　学 | 竹下鉄夫・藤掛英夫 共著 | 198 | 2500円 |
| 24. | (24回) | 電　波　工　学 | 松宮克豊・田口　稔・田中正史 共著 | 238 | 2800円 |
| 25. | (23回) | 情報通信システム(改訂版) | 岡田裕・桑原唯史 共著 | 206 | 2500円 |
| 26. | (20回) | 高電圧工学 | 植月唯夫・松原孝史・箕田志 共著 | 216 | 2800円 |

定価は本体価格+税です。
定価は変更されることがありますのでご了承下さい。

図書目録進呈◆